Mind Maps

BIOLOGIE

10 cartes mentales analysées
pour tout comprendre de la biologie

Titre original : *Mind Maps Biology*

The History Press
97 St George's Place
Cheltenham
GL50 3QB
www.thehistorypress.co.uk

Une marque du Groupe Guy Trédaniel Éditeur

Traduit de l'anglais par Antonia Leibovici
Maquette, diagrammes et dessins par Lindsey Johns
Projet dirigé par Kate Duffy

ISBN : 978-2-7029-1777-0

Imprimé en Chine

www.editions-tredaniel.com
info@guytredaniel.fr

Mind Maps
BIOLOGIE

10 cartes mentales analysées
pour tout comprendre de la biologie

DR HELEN PILCHER

LE COURRIER DU LIVRE
27, rue des Grands-Augustins
75006 - Paris

Mind Maps

SOMMAIRE

INTRODUCTION

Ce livre se penche sur le monde naturel et les organismes vivants qu'il abrite. Il s'adresse à toute personne qui s'intéresse à la vie ou qui souhaite en savoir davantage sur la biologie. Il parle de tout ce qui existe, depuis les champignons jusqu'aux furets, en passant par les fossiles et en y ajoutant une bonne pincée d'écosystèmes, d'organismes extrêmophiles et de problèmes environnementaux.

Si vous faites des études, c'est un ajout utile à ce que vous apprendrez lors de vos cours, ainsi qu'une aide pratique aux révisions. C'est aussi une excellente manière d'aborder l'un des domaines les plus passionnants de la science.

Vous découvrirez qu'un cerveau humain pèse autant qu'un gros cochon d'Inde et que le métabolisme unique du panda lui permet de manger sans problème du bambou aspergé d'arsenic.

Ce livre vous présente des faits fascinants, des bribes étonnantes d'information et des histoires remontant aux premiers jours de la biologie.

Connaissez-vous l'histoire du médecin hongrois qui s'inquiétait que les gens ne se lavaient pas assez les mains ? Ou celle des loups réintroduits dans un parc national américain ? Les deux ont une fin heureuse.

Chacun de ces dix chapitres débute par une carte mentale offrant une vue d'ensemble de son contenu. Ces cartes sont un excellent point de départ lorsque vous explorez un chapitre, et un formidable endroit à revisiter à mesure que vous le parcourez.

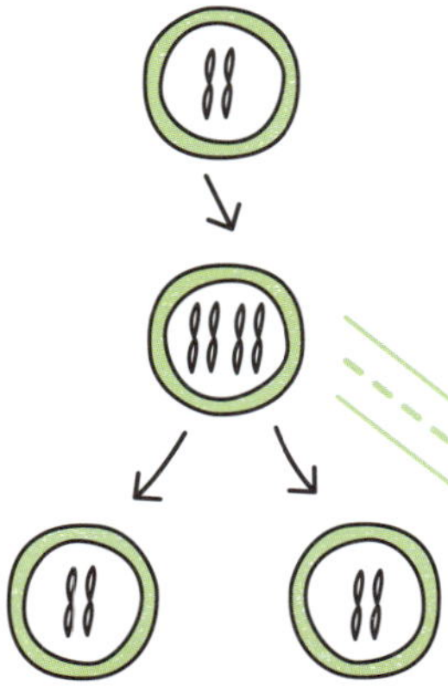

Les sujets complexes et variés sont distillés pour vous proposer des pépites plus digestes, plus faciles à comprendre et à retenir. Le cas échéant, la terminologie et le jargon ont été « traduits » en un langage simple et accessible. Les idées compliquées ont été simplifiées afin de favoriser la clarté et la compréhension. Des domaines entiers

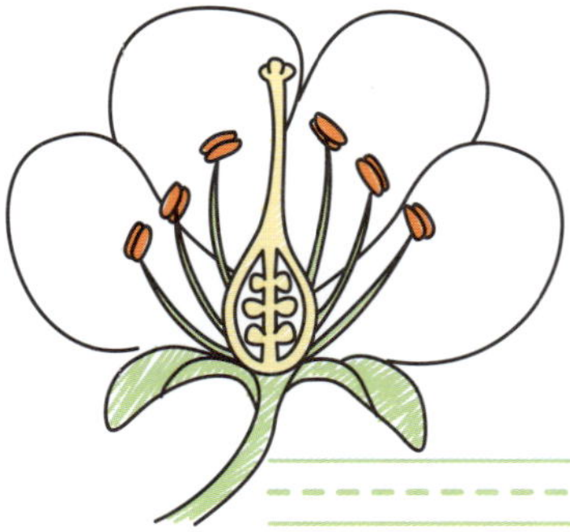

d'étude ont été ramenés à des cartes visuellement captivantes, qui attirent les yeux et stimulent le cerveau.

Cet ouvrage est délibérément ambitieux. Il aborde bon nombre de sujets enseignés à l'école, et d'autres qui ne le sont pas. La biologie est un domaine actif d'étude scientifique, où de nouvelles techniques et découvertes émergent sans cesse. En gardant cela à l'esprit, ces pages tentent d'aboutir à un équilibre entre ce qui est évident et avéré et ce qui est nouveau et original. Ainsi, par exemple, le domaine classique de la génétique côtoie le domaine nouveau de l'épigénétique, pour qui l'environnement influence l'activité du code génétique.

Ce n'est certes pas là un guide complet ou exhaustif de la biologie. Il inclut cependant certains de ses champs d'étude les plus intéressants et vise un large public. Tout animal au cerveau curieux et au pouce opposable capable de tourner des pages en sera assurément diverti.

Les dernières pages évoquent le changement climatique – l'un des problèmes les plus pressants de notre époque. Les scientifiques sont certains que notre usage continu des combustibles fossiles élève la température du globe et menace la stabilité de notre planète. Le niveau des mers monte, le climat devient plus instable et des espèces disparaissent. Le changement prend place à une échelle épique dans le monde entier et, selon les scientifiques, nous sommes entrés dans une nouvelle ère géologique, définie par nos actions sur la planète.

Comme les organismes vivants sont en état de siège, l'époque n'a jamais été plus pertinente pour s'intéresser à la biologie, l'étude de la vie. Soyez le bienvenu !

Comment utiliser ce livre

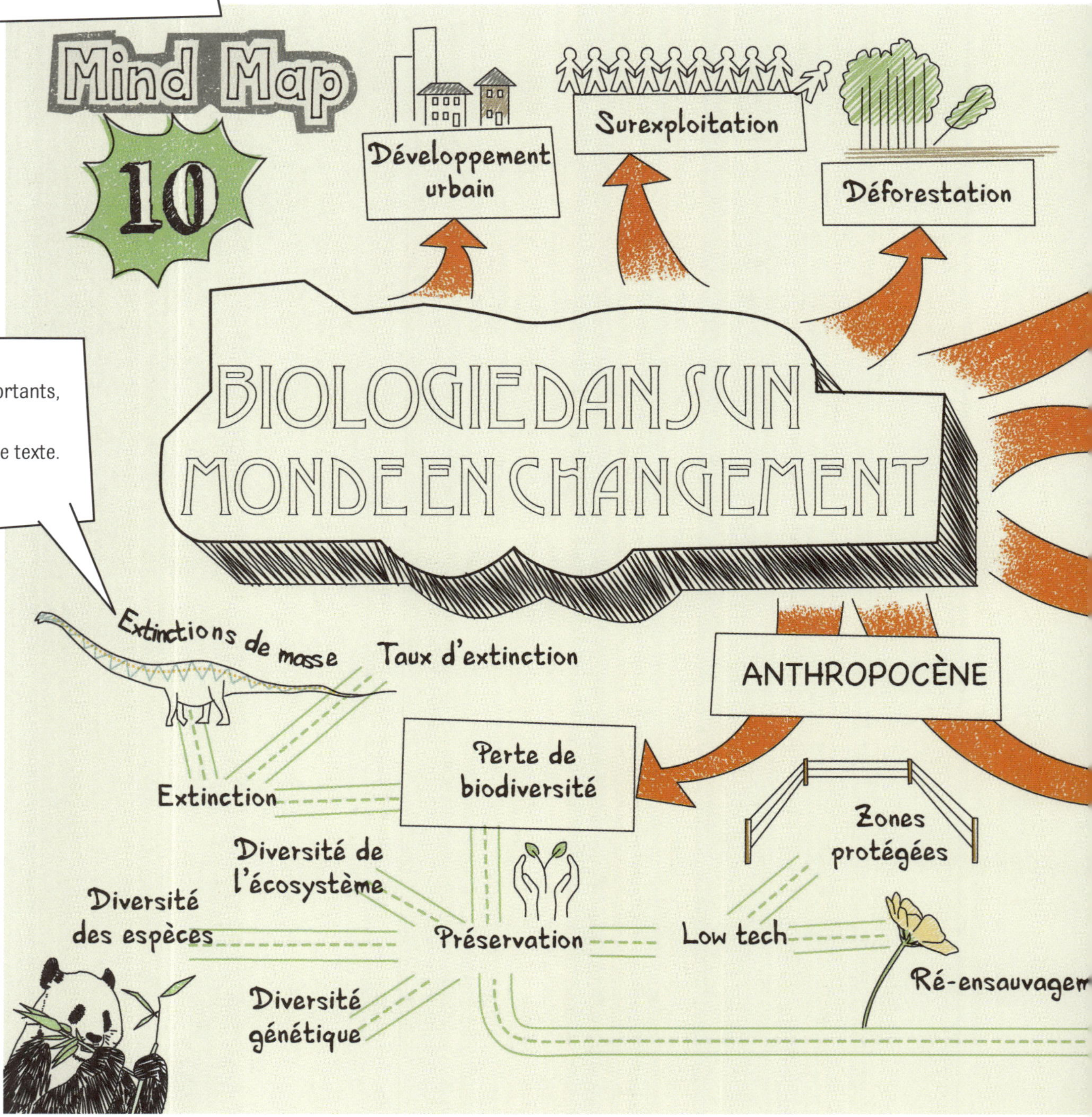

Les termes importants, en **gras**, sont expliqués dans le texte.

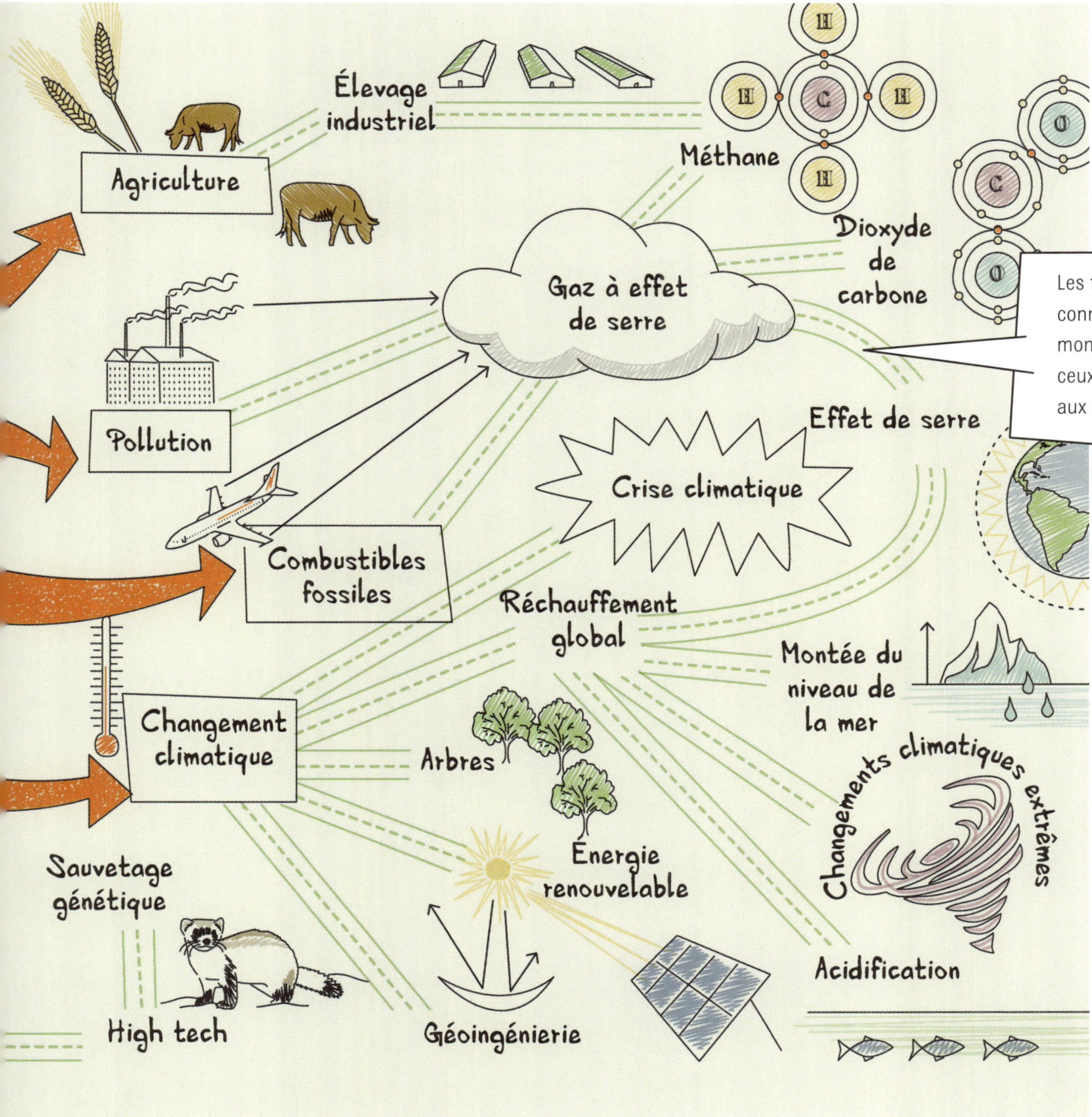

Les flèches et les voies connectant les sujets montrent comment ceux-ci sont liés les uns aux autres.

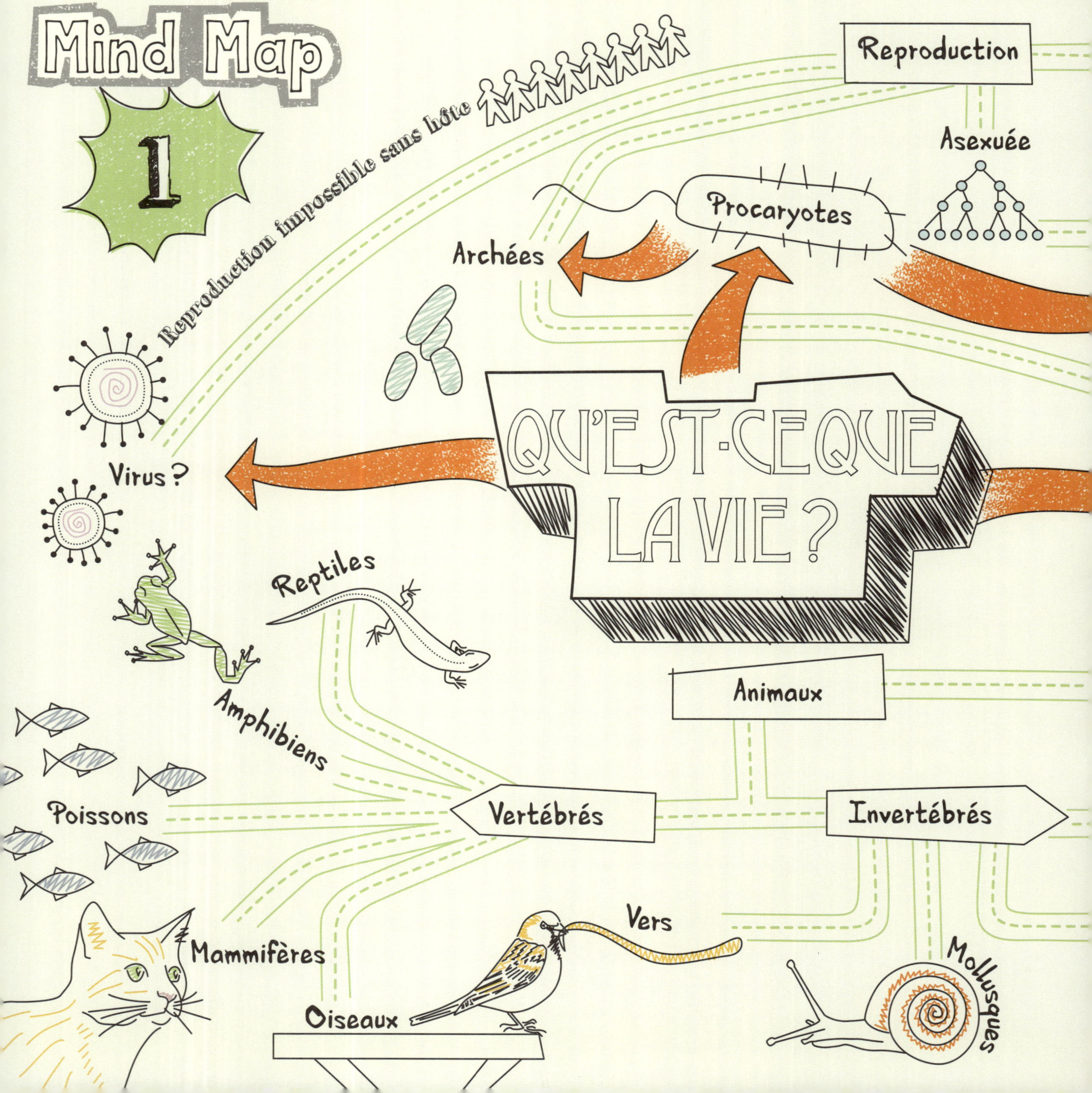
Mind Map
1
Reproduction impossible sans hôte
Reproduction
Asexuée
Procaryotes
Archées
Virus ?
QU'EST-CE QUE LA VIE ?
Reptiles
Amphibiens
Animaux
Poissons
Vertébrés
Invertébrés
Vers
Mammifères
Mollusques
Oiseaux

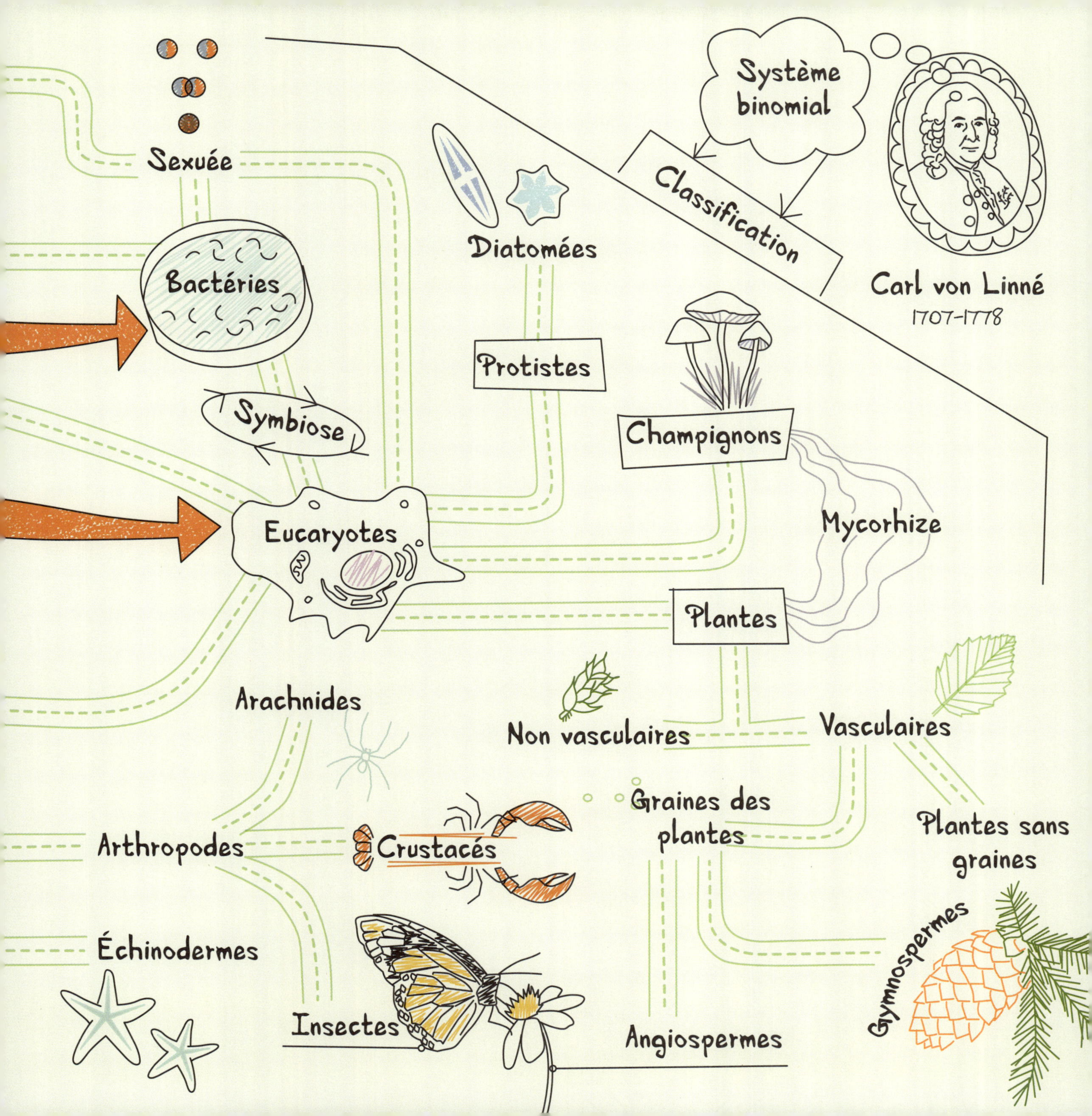
Système binomial
Classification
Carl von Linné
1707-1778
Sexuée
Bactéries
Diatomées
Protistes
Champignons
Symbiose
Mycorhize
Eucaryotes
Plantes
Arachnides
Non vasculaires
Vasculaires
Graines des plantes
Plantes sans graines
Arthropodes
Crustacés
Échinodermes
Gymnospermes
Insectes
Angiospermes

ORGANISMES VIVANTS

Des champignons aux drosophiles, des bactéries aux papillons, des myxomycètes aux épicéas, la Terre abrite une extraordinaire diversité d'organismes vivants. La biologie est l'étude de la vie, mais *Homo sapiens* a beaucoup de mal à définir ce qu'est la vie. Les biologistes identifient la vie plutôt par ce que font les organismes vivants.

Les organismes vivants partagent une gamme de caractéristiques communes. Ils se développent, se reproduisent, bougent, respirent, absorbent et utilisent la nourriture, excrètent les déchets, sont capables de détecter les changements de leur environnement et d'y réagir. Ils sont par ailleurs façonnés par le processus d'évolution.

Intuitivement, il est facile de savoir qu'une personne est vivante et qu'une pierre ne l'est pas, mais certaines choses sont plus difficiles à classer que d'autres. Les virus, par exemple, sont constitués des mêmes composantes que les organismes vivants. Ils se nourrissent et se reproduisent, bien que seulement en détournant les mécanismes d'autres cellules. La question de savoir s'ils sont ou non vivants est au centre du débat scientifique.

Homo sapiens

Homo neanderthalensis

Les organismes étroitement apparentés, comme l'homme moderne et le Néandertalien, partagent un nom de genre, mais ont des noms d'espèce distincts.

Nul ne sait combien il y a d'espèces vivantes. Les estimations varient de millions à trillions. À ce jour, les biologistes en ont identifié et nommé quelque 1,5 million.

Les biologistes ont décrit environ 144 000 espèces de champignons, 390 000 espèces de végétaux et 70 000 espèces de **vertébrés**. Des 5,5 millions d'espèces d'insectes du monde, à peu près 1 million ont été nommées. Il pourrait y avoir des trillions d'espèces de microbes, dont on ne connaît encore qu'un nombre infime. Les bactéries, par exemple, constituent de nos jours moins de 1 % de toutes les espèces décrites.

Même si beaucoup d'espèces ont des noms communs familiers, comme méduse ou hirondelle, elles ont aussi des noms scientifiques, officiels, en deux parties. Les espèces apparentées appartiennent à un groupe plus large, un genre : la première partie du nom est le genre, la seconde, l'espèce. Les hommes modernes, par exemple, appartiennent au genre *Homo* et à l'espèce *sapiens*. Les Néandertaliens sont une espèce distincte d'humain – ils appartiennent au genre *Homo*, mais ont pour nom d'espèce *neanderthalensis*.

CLASSIFICATION DE LA VIE

L'homme de science suédois **Carl von Linné** a inventé ce **système binomial** au XVIIIe siècle, élément d'un système bien plus considérable de classification de la vie qu'il avait conçu. Le système de **classification** linnéen divise la vie en grandes catégories, puis subdivise ces catégories en groupes de plus en plus petits. C'est comme identifier une personne qui vit dans un appartement d'un immeuble avec beaucoup d'appartements, dans une rue aux nombreux immeubles, dans une ville aux innombrables rues.

De nos jours, ce système a été modifié. Au sommet de la hiérarchie, la vie est divisée en une poignée de domaines distincts. Ceux-ci sont subdivisés en règnes, partagés en phylums (embranchements), classes, ordres, familles, genres et espèces.

L'étude de la classification, la taxonomie, permet aux scientifiques d'identifier, de regrouper et de désigner sans erreur les organismes, ce qui aide à comprendre leurs relations de parenté et leur évolution.

Jadis, les hommes de science plaçaient les organismes dans des catégories données en comparant leurs traits évidents, comme la structure et la fonction. Maintenant, on utilise aussi des méthodes plus sophistiquées, comme l'analyse génétique, ce qui permet d'affiner sans cesse la classification de la vie.

La Terre est âgée de quelque 4,5 milliards d'années. Les premiers organismes unicellulaires primitifs, qui ont fini par se diviser pour former les trois domaines distincts qui caractérisent toute vie, ont émergé il y a environ 3,8 milliards d'années.

Les trois domaines de la vie sont les **bactéries**, les **archées** et les **eucaryotes**. Les bactéries et les archées sont des micro-organismes unicellulaires. Les infimes structures qu'ils renferment ne sont entourées d'aucune membrane : ce sont des procaryotes. Les eucaryotes sont des organismes plus complexes renfermant des structures enveloppées d'une membrane, comme le noyau.

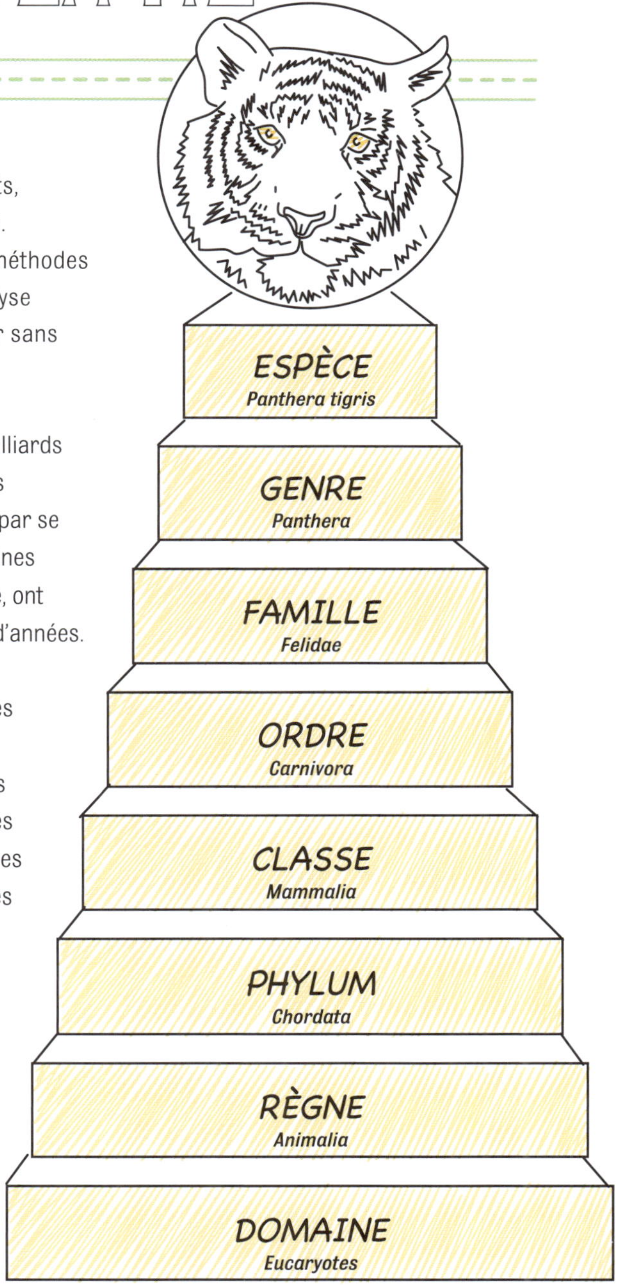

Classification du tigre

Procaryotes

Les procaryotes ont été la forme de vie dominante pendant les 3 premiers milliards d'années de vie de la Terre. De bien des façons, ils le sont encore. Les scientifiques estiment que notre planète abrite autour de 5 x 10^{30} procaryotes, un ahurissant 1 suivi de 30 zéros, qui comptent pour 13 % de la biomasse globale.

Les bactéries sont les procaryotes les plus divers et répandus. On peut faire tenir des centaines de milliers de bactéries dans le point placé à la fin de cette phrase. Elles vivent pratiquement partout, dans l'eau, le sol et le permafrost, même dans les déchets radioactifs. On a découvert des bactéries aux profondeurs de la croûte terrestre et au sommet de la stratosphère. Elles vivent dans les plantes et les animaux et sur eux, où elles se montrent nuisibles ou utiles.

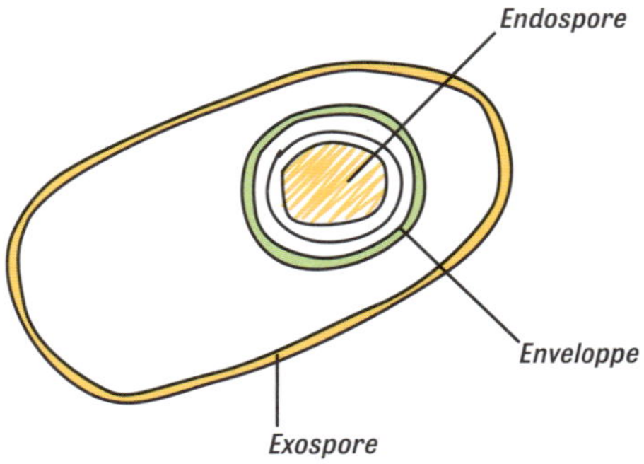

Lorsque les conditions sont difficiles, certaines bactéries se constituent des structures résistantes, les endospores. Nombre d'endospores peuvent survivre aux désinfectants et aux températures extrêmes, ce qui permet à la bactérie de rester dormante pendant de longues périodes de temps, puis de s'« éveiller » quand les conditions deviennent meilleures. Les scientifiques ont fait germer des endospores découverts dans les tombes des pharaons égyptiens et dans des abeilles prises dans de l'ambre vieux de 30 millions d'années.

Les formes les plus communes des bactéries

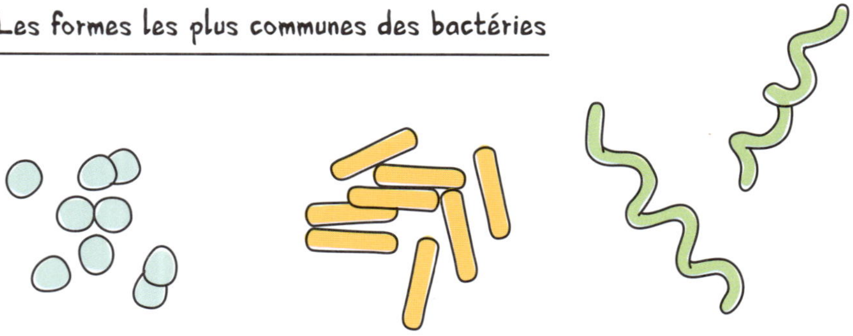

Sphérique
par ex. bactéries Cocci

Bâtonnet
par ex. bactéries Bacilli

Spirale
par ex. bactéries Spirillum

Endospore bactérien

L'endospore de* Bacillus anthracis*, la bactérie qui cause l'anthrax, est très résistant. Il peut survivre pendant des décennies dans un milieu chimique très corrosif, à des températures extrêmes et à des niveaux de nutrition faibles.

Les archées sont en général plus petites que les bactéries. Elles partagent certaines des caractéristiques des bactéries, et certaines de celles des eucaryotes, en plus d'avoir leurs propres caractéristiques uniques. Par exemple, elles ont développé des aptitudes métaboliques qui leur permettent d'utiliser des sources variées d'énergie, y compris des composants organiques comme les sucres, des substances inorganiques comme les ions métal et hydrogène, et les rayons solaires.

En comparaison des bactéries, relativement faciles à produire et à étudier en laboratoire, on sait peu de choses sur les archées. On a découvert des archées dans les sources volcaniques, dans les cheminées hydrothermales du plancher marin et dans les eaux salées de la mer Morte. Lorsqu'elles ont été décrites pour la première fois il y a plus de quarante ans, les scientifiques les tenaient pour des extrêmophiles, mais depuis lors elles ont été découvertes presque partout ailleurs.

LE RÔLE CRUCIAL DES PROCARYOTES

Les procaryotes ont un rôle vital pour la biosphère de la Terre. Si les hommes disparaissaient du jour au lendemain, la vie continuerait, mais si tous les procaryotes disparaissaient, la vie serait incapable de continuer. Nous pensons souvent aux procaryotes comme à un fléau, car certains causent des maladies, mais bien plus sont soit inoffensifs, soit bénéfiques pour les formes de vie eucaryotes.

Les procaryotes aident d'autres organismes en agissant comme recycleurs ou décomposeurs. À mesure qu'ils décomposent les déchets et les organismes morts, ils libèrent du carbone, de l'azote et d'autres éléments. De plus, ils convertissent les molécules dans des formes qui peuvent être utilisées par d'autres organismes. Par exemple, les cyanobactéries – algues bleu-vert – convertissent le dioxyde de carbone en sucres simples, qui passent ensuite dans la chaîne alimentaire. Les cyanobactéries sont photosynthétiques (*voir* page 62), si bien qu'elles produisent aussi de l'oxygène ; certains procaryotes convertissent l'azote atmosphérique en une forme utilisable par d'autres organismes.

Les procaryotes ont d'importantes fonctions écologiques. Aux profondeurs des océans, par exemple, des cheminées hydrothermales abritent une vie foisonnante de **vers**, de limaces, de crevettes et de **poissons**. Les bactéries sont la base de cette chaîne alimentaire, car elles collectent l'énergie chimique des métaux, des gaz et des minéraux qu'éjectent ces cheminées. Quand ces organismes consomment les bactéries, celles-ci leur transmettent cette énergie.

Souvent, elles vivent en contact étroit avec d'autres organismes bien plus grands dans une interaction biologique, la **symbiose**. Les relations symbiotiques peuvent être mutuellement bénéfiques (les deux espèces en bénéficient), commensales (une espèce bénéficie, l'autre n'est pas affectée) ou parasitiques (une espèce est affectée).

Le poisson-phare dispose d'organes particuliers, remplis de bactéries bioluminescentes, situés sous ses yeux. Cette relation est mutuelle, car les bactéries reçoivent des nutriments du poisson et le poisson se sert de la lumière pour attirer des proies et se signaler aux partenaires. Chez l'homme, les « bonnes » bactéries intestinales protègent de certaines maladies et stimulent le fonctionnement du système immunitaire.

Le poisson-phare

Les bactéries bioluminescentes agissent comme une lampe électrique attirant les proies et les partenaires et reçoivent en échange des nutriments du poisson.

Eucaryotes

Les eucaryotes sont le domaine le plus divers de la vie, comportant bon nombre des formes multicellulaires, des champignons aux singes, en passant par les érables, mais aussi beaucoup d'organismes unicellulaires simples, comme le phytoplancton. Le nombre de ces eucaryotes unicellulaires dépasse de loin celui de leurs équivalents multicellulaires, mais, comme les organismes multicellulaires sont plus grands, collectivement leur masse compte pour plus de 80 % de la biomasse globale.

Les eucaryotes sont divisés en quatre règnes : protistes, champignons, plantes et animaux. Ils sont différents des procaryotes, car leurs cellules comportent des structures – noyaux, mitochondries, chloroplastes – contenues dans une membrane (*voir* page 29). Les eucaryotes multicellulaires, comme les vers et les baleines, sont eux aussi constitués de nombreux types différents de cellules et de tissus.

L'émergence de la vie multicellulaire a été un événement déterminant dans l'histoire de la vie ; les biologistes tentent d'établir quand et où il est intervenu. À un certain point, les cellules ont commencé à se regrouper et à acquérir des fonctions spécialisées. Cela leur a conféré de nouvelles capacités, par exemple une mobilité accrue leur permettant d'éviter les prédateurs et de trouver plus facilement de la nourriture.

La vie eucaryote complexe, avec des corps structurés et de multiples types de cellules, est nettement visible chez les fossiles remontant à quelque 600 millions d'années. Les premiers eucaryotes ont dû évoluer avant eux, mais leurs corps simples s'étant rapidement dégradés, difficiles d'en découvrir des traces fossilisées.

En 2017, les chercheurs ont découvert des fossiles simples, pareils à des champignons, dans des roches d'Afrique du Sud âgées de 2,4 milliards d'années. Durant leur vie, ces organismes se trouvaient probablement sur le plancher marin – cette découverte suggère donc que les eucaryotes ne sont pas apparus sur la terre ferme, mais dans la mer. Il pourrait s'agir là de certains des eucaryotes les plus anciens du monde.

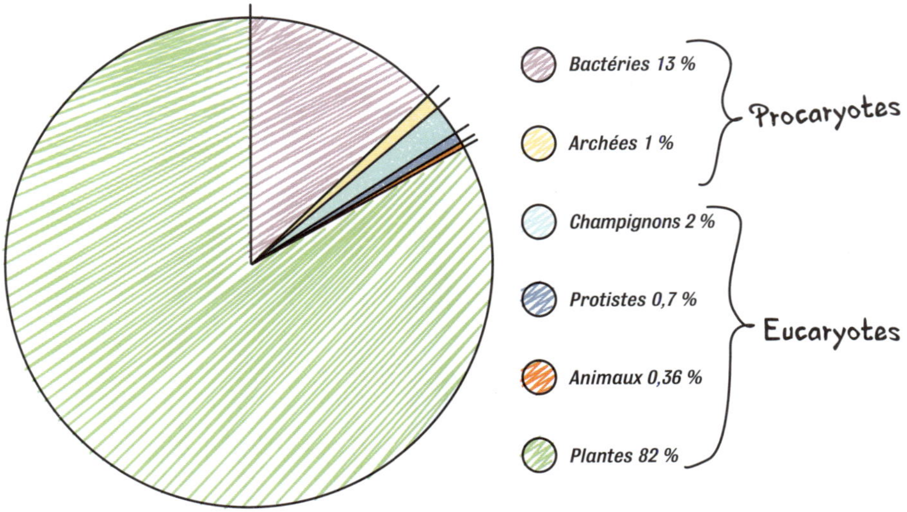

Composition de la biomasse globale

Bien qu'on aime penser que les animaux, dont nous-mêmes, sont puissants, ils ne constituent qu'une infime proportion de la biomasse globale, les plantes formant la majorité.

Formes de vie semblables aux champignons

Des formes semblables aux champignons ont été découvertes dans des roches âgées 2,4 milliards d'années. Ces créatures vivant dans la mer pourraient avoir été parmi les premiers eucaryotes.

PROTISTES

En 1674, l'homme de science hollandais Antonie van Leeuwenhoek a regardé à travers son microscope et a vu une foule de minuscules créatures unicellulaires, les **protistes**.

Les protistes se présentent dans bien des formes et tailles. Certains ont l'air de mini-trompettes ou de joyaux. D'autres montrent de minuscules structures de propulsion pareilles à des poils, les cils. D'autres encore ont une queue en fouet, le flagelle. La plupart sont unicellulaires, mais certains vivent en colonies ou sont multicellulaires. Les protistes sont plus divers – sur le plan fonctionnel et morphologique – que les champignons, les animaux et les plantes.

Protistes de différentes formes

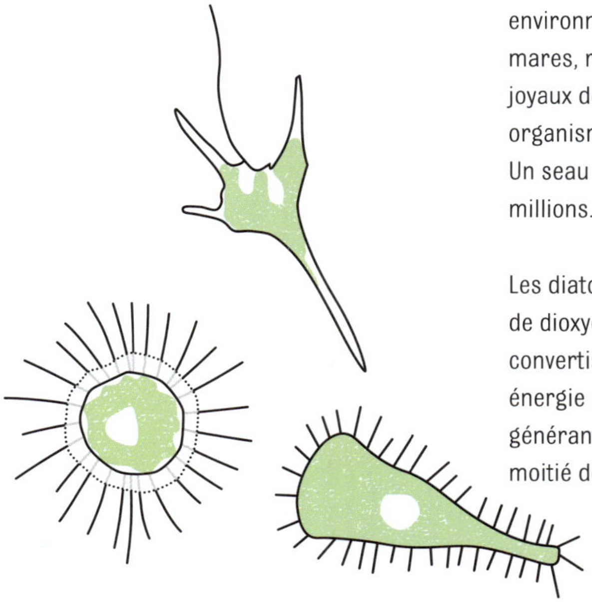

Van Leeuwenhoek disait : « Je n'ai aperçu de spectacle plus agréable que celui-ci, des milliers de créatures vivantes dans une petite goutte d'eau. »

Les protistes obtiennent leur nourriture de bien des façons. Certains produisent leur propre nourriture à partir de substances inorganiques, en utilisant la lumière comme source d'énergie. D'autres sont hétérotrophes et absorbent des molécules organiques ou ingèrent de grandes particules de nourriture. D'autres encore, les mixotrophes, combinent les deux approches.

Les **diatomées,** type de protiste à l'enveloppe siliceuse, sont d'infimes organismes qui vivent surtout dans des environnements aquatiques (océans, lacs, mares, ruisseaux). Surnommées « les joyaux de la mer », elles sont parmi les organismes les plus abondants de l'océan. Un seau d'eau de mer en contient des millions.

Les diatomées affectent les taux globaux de dioxyde de carbone et d'oxygène. Ils convertissent l'énergie du Soleil en énergie chimique *via* la photosynthèse, générant chaque année pratiquement la moitié des composants organiques produits dans les océans et un cinquième de l'oxygène produit sur Terre.

Diatomées : les joyaux de la mer

D'autres protistes et créatures aquatiques se nourrissent de diatomées. Le corps de celles qui échappent à ce sort prend des décennies pour se décomposer, s'accumulant sur le plancher marin, dans des strates denses, qui gardent très longtemps le carbone qu'ils contiennent.

Vu la montée des taux de CO_2 atmosphérique, les scientifiques réfléchissent actuellement à la fertilisation des océans avec des produits chimiques nourrissant les diatomées, afin de favoriser leur capacité à séquestrer le carbone.

Champignons

Les levures, les moisissures et les champignons font partie du règne des *Fungi*, plus ordinairement appelés « champignons ». Certains sont unicellulaires, d'autres ont un corps multicellulaire complexe. Ils ne peuvent pas produire leur propre nourriture, comme les plantes et les algues, ni consommer la nourriture comme les animaux, et sont plutôt hétérotrophes.

Certains champignons se procurent leurs nutriments en sécrétant des enzymes, qui décomposent les molécules complexes en composantes organiques plus simples et plus faciles à absorber. La diversité des enzymes signifie que les champignons peuvent digérer des composantes provenant de toute une gamme de sources. Les champignons parasitiques, comme ceux qui causent le pied d'athlète, absorbent les nutriments des cellules de l'hôte vivant. Les champignons qui agissent comme des décomposeurs absorbent les nutriments provenant de la matière organique inanimée, comme les feuilles mortes et les cadavres.

Les champignons sont présents sur la terre ferme et dans l'eau. Essentiels pour le bien-être de la plupart des écosystèmes, ils décomposent la matière organique et recyclent les nutriments, les rendant accessibles aux autres organismes.

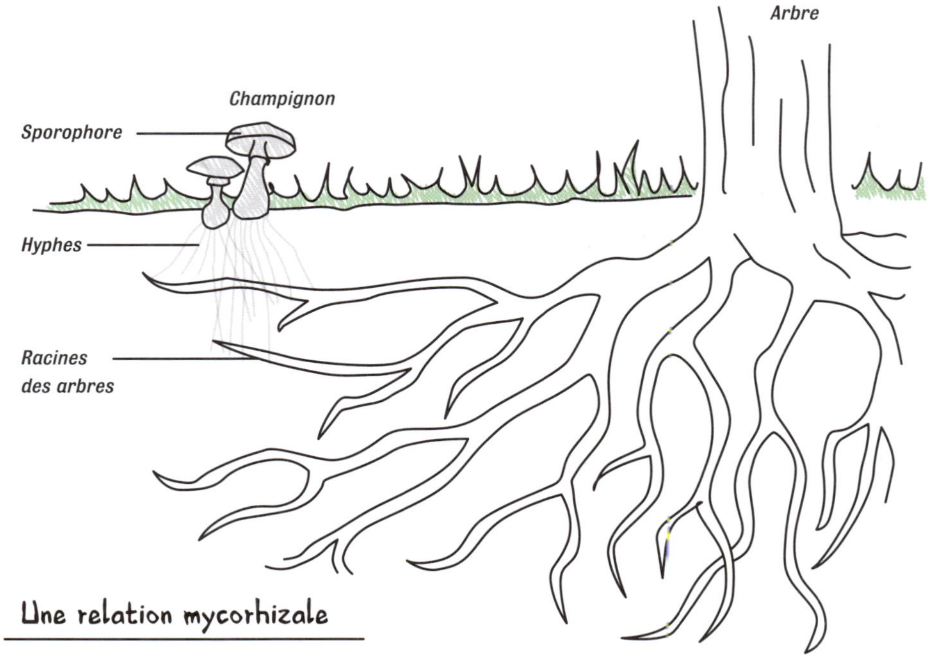

Une relation mycorhizale

Les hyphes des champignons entrent en contact avec les racines des arbres, les aidant à communiquer et à échanger des nutriments.

Les champignons ne sont pas mobiles, si bien qu'ils se reproduisent en produisant des spores qu'ils dispersent à partir de leurs sporophores (leurs parties situées au-dessus du sol), remplis de minuscules filaments, les hyphes, qui s'étendent dans le sol, créant une masse de fils entrelacés, le mycélium.

À mesure que les filaments souterrains s'étendent, ils absorbent des nutriments. Les filaments des champignons **mycorhiziens** forment des associations étroites avec les racines des arbres, leur fournissent eau et nutriments essentiels et recevant en échange les sucres dont ils ont besoin pour leur croissance, dans une relation de réciprocité.

La plupart des plantes terrestres ont des relations mycorhiziennes, qui les connectent en dessous du sol. Les champignons peuvent même transférer les sucres entre arbres d'espèces différentes, de sorte que les nutriments d'un arbre peuvent nourrir les cellules d'un autre. De plus, on pense que les plantes utilisent les mycorhizes pour communiquer : elles peuvent, par exemple, se prévenir l'une l'autre d'une attaque imminente d'insectes.

VÉGÉTAUX

Plantes vasculaires

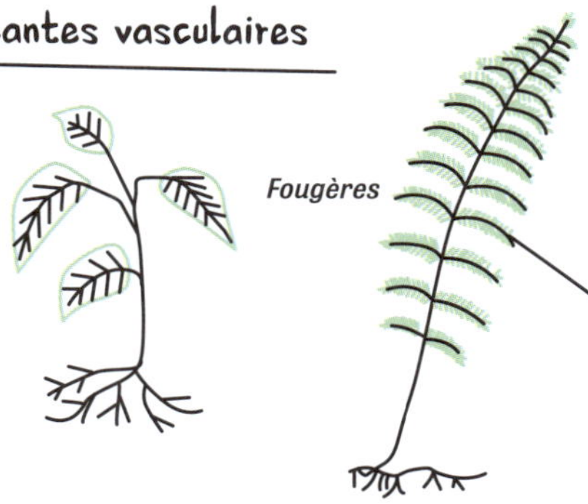

Plantes non vasculaires

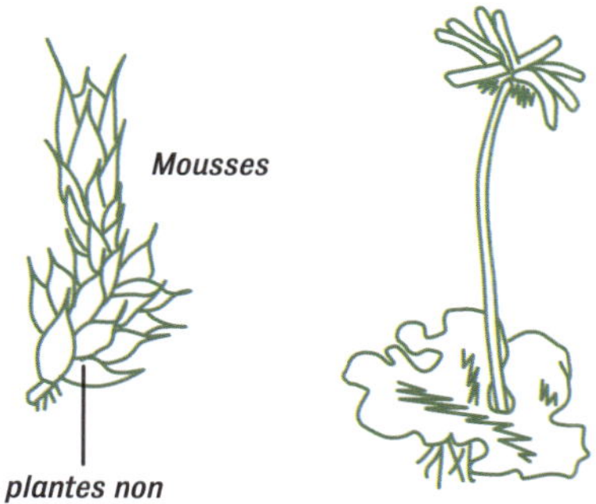

Le règne végétal est très divers : plantes à fleurs, conifères, fougères, anthocérotes, hépatiques, mousses, algues vertes.

Les végétaux sont à la base de la plupart des écosystèmes, constituent plus de 80 % de la biomasse globale et sont une source de nourriture, d'abri et de diverses matières (bois, remèdes).

Les plantes vertes produisent leur propre nourriture *via* la photosynthèse (*voir* page 62), absorbant le carbone et libérant l'oxygène dans l'atmosphère. Les plantes terrestres et marines produisent une bonne partie de l'oxygène que nous respirons.

Les plantes ont évolué il y a plus de 500 millions d'années à partir d'algues vertes unicellulaires vivant dans l'eau. Les premiers fossiles de plantes terrestres datent d'il y a quelque 470 millions d'années, période après laquelle elles ont divergé, formant plusieurs groupes majeurs.

Les plantes vasculaires, comme les fougères et les arbres, disposent d'un système étendu de tissus vasculaires, formés de cellules jointes en des conduits par lesquels circulent l'eau et les nutriments. La plupart des plantes actuelles sont vasculaires. Les plantes dépourvues de système défini de transport (hépatiques, anthocérotes) sont des plantes **non vasculaires**.

Aux débuts de l'évolution des végétaux, les plantes non vasculaires dominaient. Des plantes vasculaires primitives sont apparues il y a environ 425 millions d'années, dépourvues de graines, mais disposant de systèmes vasculaires bien développés, ce qui leur a permis d'atteindre des très grandes tailles.

Les plantes vasculaires actuelles sont classées en deux groupes : **plantes sans graines** (fougères, prêles), qui se reproduisent grâce aux spores portées par les vents, et **plantes à graines**.

Une graine est une plante embryonnaire enfermée dans une coque protectrice, où se trouve aussi une provision de nourriture. Les plantes à graines sont soit des **gymnospermes** (cycas, conifères), soit des **angiospermes** (graminées, arbustes, beaucoup d'arbres). Les graines des gymnospermes ne sont pas protégées par une coque. Celles des angiospermes se développent à l'intérieur des espaces spécialisés des fleurs.

Anatomie d'une graine

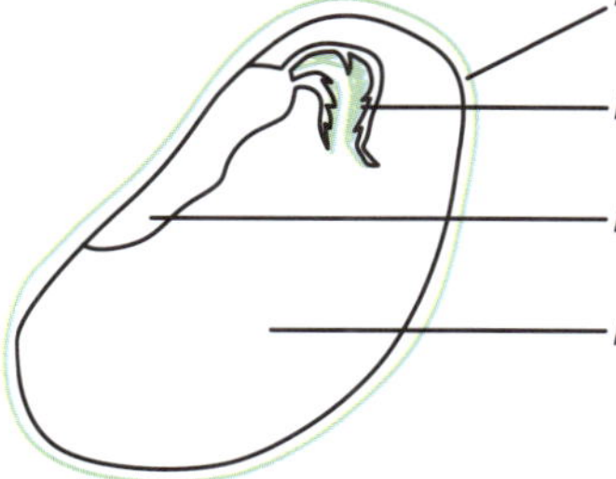

ANIMAUX

La vie animale est extrêmement diverse. Les coraux, les étoiles de mer, les **arachnides** et les humains sont tous des animaux. Nous nous considérons comme spéciaux, pourtant le règne animal constitue moins de 0,5 % de la biomasse globale.

Les plus petits animaux existants sont microscopiques. Les myxozoaires, animaux infimes apparentés aux étoiles de mer, ne sont qu'un peu plus grands qu'une bactérie. La baleine bleue, le plus grand animal vivant du globe, peut atteindre 30 mètres de long.

La plupart des animaux respirent de l'oxygène, se déplacent, se reproduisent sexuellement et se développent à partir d'une petite boule de cellules, une blastula. Comme les champignons, les animaux sont hétérotrophes, autrement dit ils ne peuvent pas produire leur propre nourriture et doivent l'obtenir de l'environnement en consommant et en digérant d'autres organismes.

Les animaux sont des eucaryotes multicellulaires, formés d'une énorme diversité de cellules spécialisées – cellules musculaires et neurones (*voir* page 30) –, les aidant à remplir des fonctions complexes, comme se déplacer et transmettre des influx nerveux.

Les animaux présentent de grandes variations de leur apparence, pourtant ils partagent un nombre relativement limité d'agencements corporels. Certains, comme les éponges de mer, sont asymétriques, d'autres sont symétriques. Les étoiles de mer, qui appartiennent aux **échinodermes**, sont symétriques radialement ; les coléoptères, qui sont des **insectes**, sont bilatéralement symétriques. La plupart des espèces animales vivantes, y compris l'homme, montrent une symétrie bilatérale.

Les animaux peuvent être classés en fonction de leur rôle écologique. Les carnivores mangent de la viande, les herbivores des plantes, les omnivores de tout. Les détritivores consomment les détritus, les parasites se nourrissent sur d'autres organismes. Les interactions entre animaux forment des chaînes alimentaires complexes (*voir* page 132).

Corps des animaux

Les corps des animaux sont divers, mais ils partagent un nombre limité de parties. Celui-ci, radialement symétrique, n'a qu'un côté haut et un côté bas.

Les animaux qui ont une face avant et une face arrière, ainsi qu'un côté haut et un côté bas, sont bilatéralement symétriques.

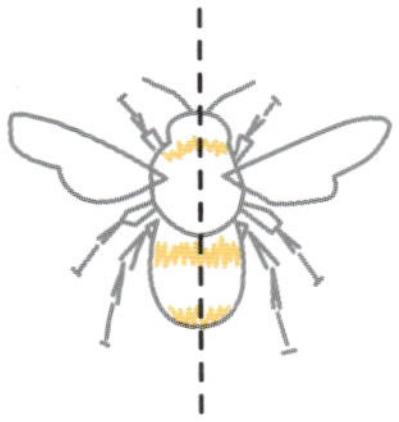

La vie animale a évolué il y a quelque 700 000 millions d'années. Les premiers animaux étaient des créatures pareilles aux éponges de mer. Les premiers animaux à symétrie bilatérale sont apparus 70 millions d'années plus tard, créatures vermiformes, parmi les premiers **invertébrés**.

Durant l'explosion du cambrien, qui a débuté il y a 540 millions d'années, de nouvelles variétés et agencements corporels sont apparus, dont les mollusques pareils à des **limaces**, les vertébrés et les **arthropodes**, tels que les **crustacés** au corps segmenté et enveloppe externe dure. Il y a 400 millions d'années, alors que les insectes évoluaient, les premiers quadrupèdes ont rampé sur la terre ferme. Avec le temps, leur évolution a produit les **amphibiens**, les **reptiles**, les **oiseaux** et les **mammifères**. Les humains sont une addition récente au règne animal. *Homo sapiens* a évolué il y a environ 300 000 ans.

VIRUS

Les virus sont très différents des bactéries, des archées et des eucaryotes. Ils ne sont pas constitués de cellules, mais sont de petits paquets d'information génétique enveloppés d'une couche de protéine appelée « capside ». Certains disposent aussi d'une enveloppe externe.

Les virus peuvent se reproduire uniquement à l'intérieur d'une cellule hôte, qu'ils infectent pour prendre le contrôle de son mécanisme interne, lui faisant produire de nouvelles copies d'eux-mêmes.

Les virus ont été découverts dans les années 1800 par l'homme de science hollandais Martinus Beijerinck, qui a démontré qu'une maladie végétale, la maladie de la mosaïque du tabac, est causée par un infime agent infectieux, qu'il a nommé « virus », du mot latin signifiant « venin » ou « poison ».

Depuis lors, les scientifiques ont décrit environ 5 000 des millions d'espèces virales supposées exister. Les virus, les plus nombreuses entités biologiques, sont présents dans pratiquement tous les écosystèmes de la planète.

Ces agents infectieux causent des maladies dans tout organisme vivant. Chaque virus peut infecter toute une série d'hôtes. Les phages, par exemple, sont des virus qui infectent les bactéries. Le virus de la mosaïque du tabac affecte une large gamme de plantes, les poxvirus peuvent infecter les vertébrés et les insectes.

Les virus se répandent d'une diversité de manières. Les virus de la grippe sont transmis par la toux et les éternuements. Le VIH se propage principalement par contact sexuel. Dans le monde végétal, les insectes se nourrissant de sève transfèrent les virus d'une plante à une autre.

Les scientifiques n'ont pas de certitude quant au moment et à la manière de leur évolution, ainsi qu'à leur rapport aux espèces vivantes, ce qui les rend difficiles à classer. Les virus ne sont pas considérés comme faisant partie du système à trois domaines.

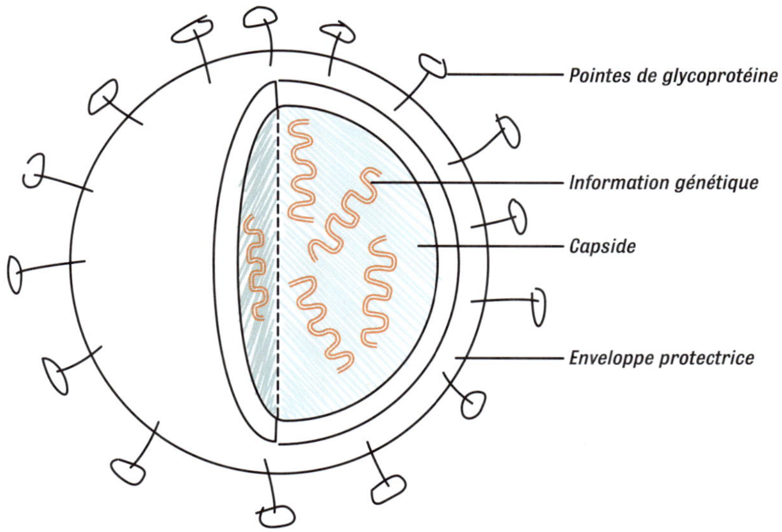

Virus de la grippe

Ce virus cause la grippe. Les symptômes peuvent aller de bénins à graves, et provoquent parfois des pandémies. La pandémie de grippe espagnole de 1918 a tué 50 millions de personnes.

REPRODUCTION

Pour que la vie sur Terre continue, les organismes doivent se reproduire. Il existe deux formes différentes de reproduction : sexuée et asexuée.

Reproduction sexuée

La reproduction sexuée prend place chez beaucoup d'organismes vivants, depuis ceux unicellulaires à l'homme. Elle implique deux parents et des cellules sexuelles spécialisées, les gamètes. Chez les plantes, les gamètes sont les ovules et le pollen. Chez les animaux, les gamètes sont les ovules et les spermatozoïdes. Les gamètes sont produits par un type spécial de division cellulaire, la méiose (*voir* page 35). Les gamètes provenant des deux parents se rencontrent et fusionnent, fécondation créant un zygote, qui se développera en un nouvel individu.

Fécondation chez les animaux

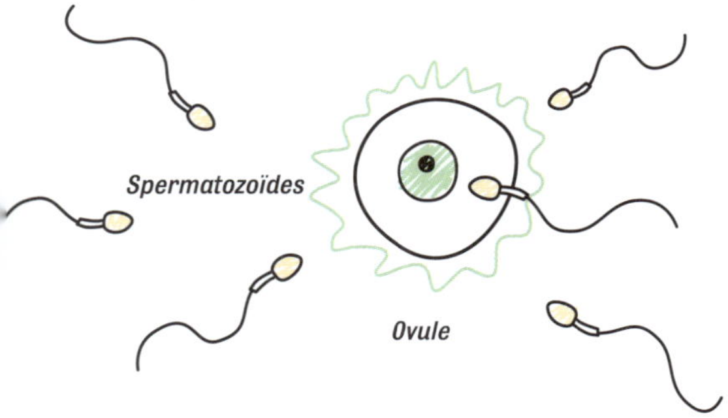

Les descendants héritent de l'information génétique des deux parents, ce qui les rend similaires à ceux-ci, mais pas identiques. Cette combinaison de l'information génétique conduit à la variation, élément essentiel de l'évolution (*voir* page 110), qui aide les espèces à s'adapter au changement, d'où son importance pour la réussite à long terme d'une espèce.

Reproduction asexuée

La reproduction asexuée est commune chez les plantes et les animaux infimes, ainsi que chez les bactéries, les archées, les protistes et les champignons. Impliquant un seul parent, elle est exempte de fusion des cellules sexuelles spécialisées. La cellule parente se divise par mitose (*voir* page 34).

Ces descendants, les clones, sont génétiquement identiques au parent et ne présentent donc pas de variation. Autrement dit, à mesure que l'environnement change, ils sont moins susceptibles de s'adapter et de survivre en comparaison des espèces se reproduisant de façon sexuée.

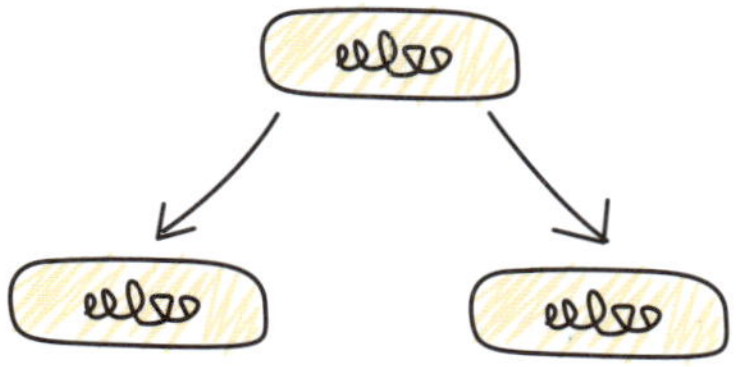

Clones

Les cellules bactériennes se divisent et produisent des copies identiques, des clones.

Du côté avantages, comme la reproduction asexuée ne requiert qu'un parent, les organismes n'ont pas à passer du temps à chercher un partenaire ou à s'accoupler, si bien qu'ils peuvent produire rapidement un grand nombre de descendants. Les aphidés, par exemple, peuvent produire dix-huit générations en une année sans jamais avoir besoin de s'accoupler.

Parfois, les plantes et les animaux plus grands se reproduisent de façon asexuée. Les tulipes, les pommes de terre et les ronces peuvent se reproduire ainsi et, bien que rare, le phénomène a été aussi documenté chez les requins-marteaux, les boas constricteurs, les dindes et les dragons de Komodo.

De nombreux organismes recourent aux deux et récoltent leurs bénéfices.

La plupart des champignons se reproduisent de façon asexuée. Les parties comestibles des champignons à chapeau sont en fait leurs sporophytes asexués portant les spores. Les moisissures qui se forment sur le pain et d'autres aliments se reproduisent aussi de manière asexuée. Quand les conditions sont difficiles – par exemple, si l'eau se fait rare –, ces champignons peuvent passer à la reproduction sexuée. Les hyphes des deux champignons fusionnent, formant un zygote, mélange génétique des deux parents. Les nouveaux individus résultants montrent plus de différences, si bien qu'ils sont plus capables de s'adapter à des environnements divers.

Les plantes à fleurs, comme les fraisiers et les jonquilles, se reproduisent de façon sexuée. Les fleurs renferment des organes sexuels, les étamines et le pistil. L'étamine est l'organe reproducteur mâle, qui produit le pollen. Le pistil est l'organe reproducteur femelle, qui comporte le carpelle enfermant l'ovaire, où se trouvent les gamètes femelles, les ovules.

Pour que la reproduction sexuée prenne place, le pollen d'une fleur doit atteindre les ovules d'une autre – processus de pollinisation. Parfois, le pollen est véhiculé par le vent, parfois il est transféré par des pollinisateurs comme les insectes et les oiseaux. Après la pollinisation, le zygote résultant devient la graine et le reste du carpelle devient le fruit.

Beaucoup de plantes se reproduisent de manière asexuée. Les fraisiers produisent des tiges spécialisées, les stolons, qui portent de minuscules plants, les tubercules des jonquilles et des pommes de terre peuvent être divisés pour former de nouveaux plants.

Les organes de reproduction d'une plante à fleurs

La plupart des plantes à fleurs ont des fleurs ayant des organes tant mâles que femelles, mais certaines ont des fleurs d'un seul sexe, qui renferment seulement des organes mâles ou femelles.

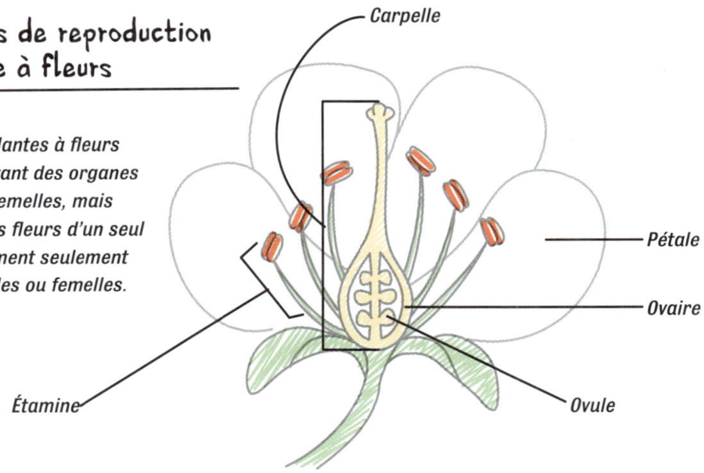

Clonage des mammifères

Dolly la brebis a été clonée à partir de l'ADN d'une cellule mammaire de brebis.

L'homme peut **cloner** artificiellement des organismes. Certaines plantes peuvent être clonées en prélevant une bouture. Le clonage animal est plus difficile. Dolly la brebis a été le premier mammifère à avoir été cloné à partir d'une cellule adulte.

Les chercheurs ont pris l'ADN d'une cellule adulte de brebis et l'ont injecté dans un ovule dont on avait retiré l'ADN. La cellule a été incitée à commencer sa division et, quand l'embryon était encore minuscule, il a été transféré dans l'utérus d'une brebis porteuse, qui a mis au monde Dolly.

Le clonage est utilisé actuellement dans l'élevage. Les scientifiques s'en servent pour produire des clones de certains taureaux reproducteurs de grand prix.

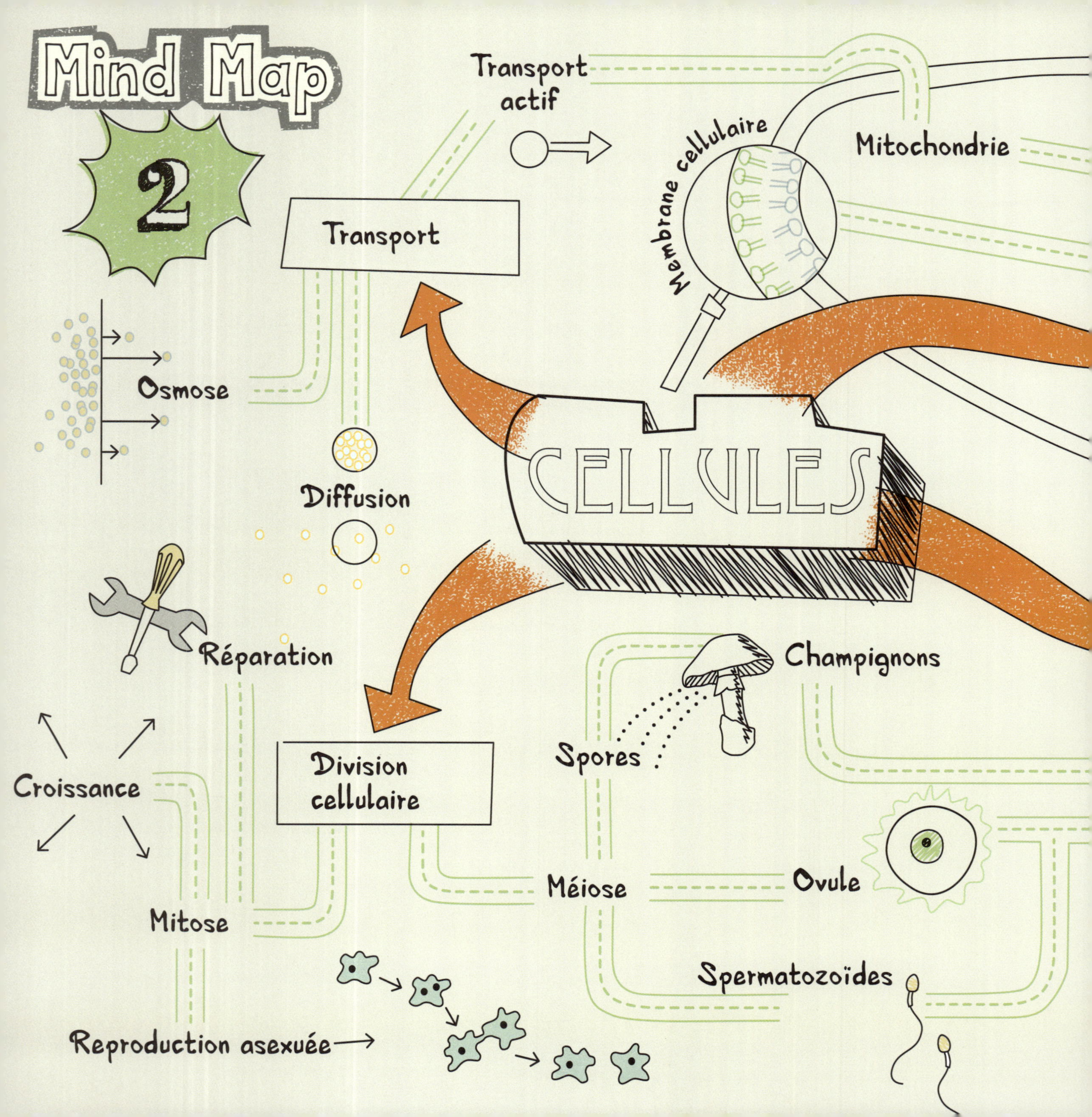
Mind Map
2
Transport actif
Membrane cellulaire
Mitochondrie
Transport
Osmose
Diffusion
CELLULES
Réparation
Champignons
Spores
Croissance
Division cellulaire
Méiose
Ovule
Mitose
Spermatozoïdes
Reproduction asexuée

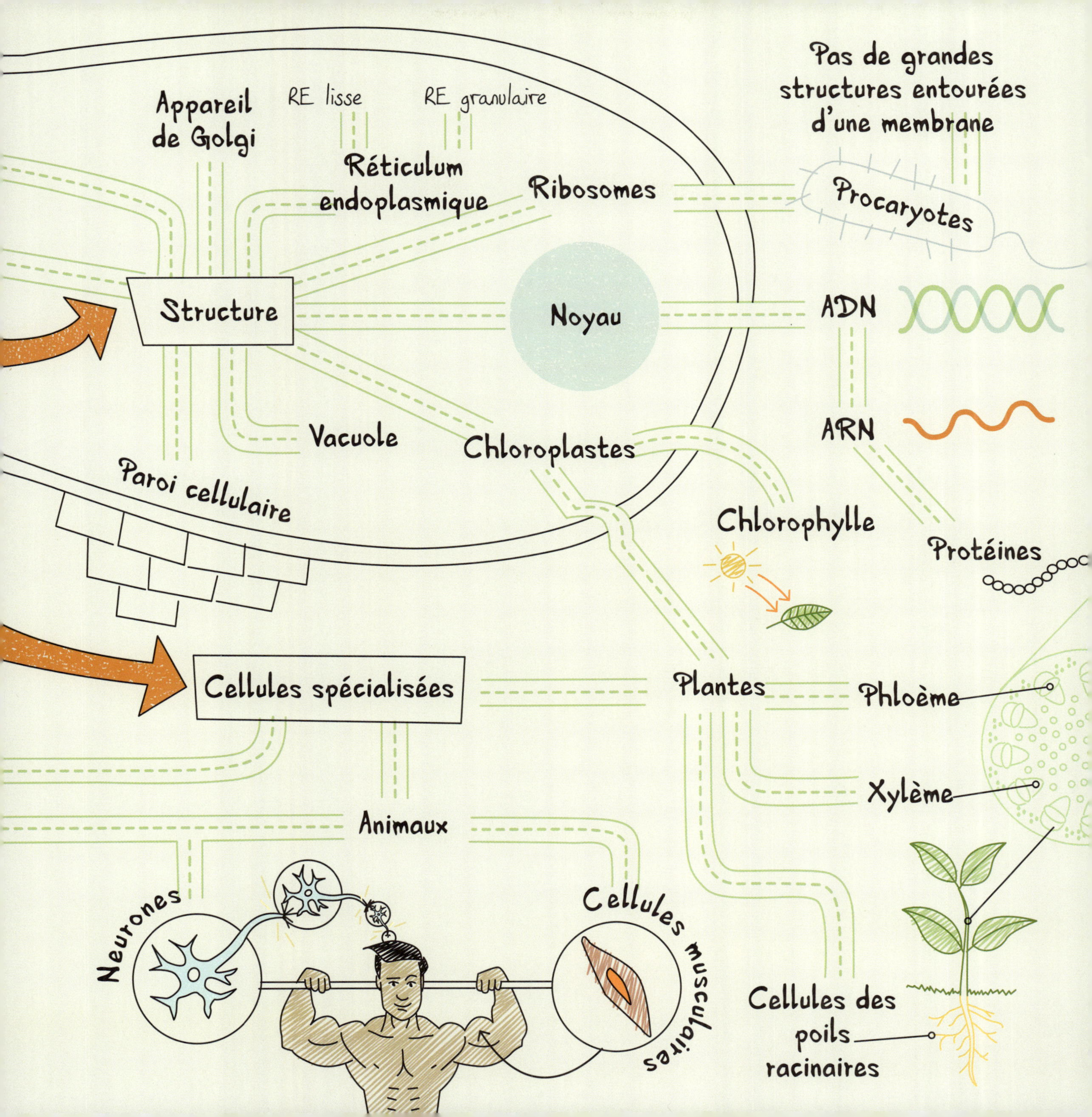
Appareil de Golgi
RE lisse
RE granulaire
Réticulum endoplasmique
Ribosomes
Pas de grandes structures entourées d'une membrane
Procaryotes
Structure
Noyau
ADN
ARN
Vacuole
Chloroplastes
Paroi cellulaire
Chlorophylle
Protéines
Cellules spécialisées
Plantes
Phloème
Xylème
Animaux
Neurones
Cellules musculaires
Cellules des poils racinaires

LES MOLÉCULES DE LA VIE

Tous les organismes vivants sont faits de cellules constituées de quatre molécules de base : hydrates de carbone, lipides, protéines et acides nucléiques. Sans ces molécules, les cellules et les organismes seraient incapables de vivre.

Les macromolécules, telles que les hydrates de carbone, les protéines et les acides nucléiques, sont formées de plusieurs molécules plus petites.

Hydrates de carbone

Les monosaccharides (glucose, fructose) sont les plus simples, à la base de sucres plus complexes, les polysaccharides (amidon, glycogène) qui aident les cellules à stocker l'énergie.

Les plantes stockent l'énergie sous forme d'amidon qui, en cas de besoin, est décomposé en glucose. La plupart des animaux disposent d'enzymes qui décomposent l'amidon, leur permettant d'accéder à l'énergie d'une plante.

Les animaux stockent l'énergie sous forme de glycogène, dont la décomposition libère de l'énergie, cependant de courte durée. Sans apport de nourriture, les réserves de glycogène sont épuisées en un jour.

Les polysaccharides servent aussi de matériaux de construction. Les **parois des cellules** végétales renferment un polysaccharide, la cellulose, le composé organique le plus abondant de la planète. La plupart des animaux sont incapables de digérer la cellulose, mais les intestins de certains animaux (vaches), renferment des microbes qui le font pour eux.

La chitine est un hydrate de carbone important, dont les **champignons** bâtissent les parois de leurs cellules et les arthropodes leur enveloppe externe dure.

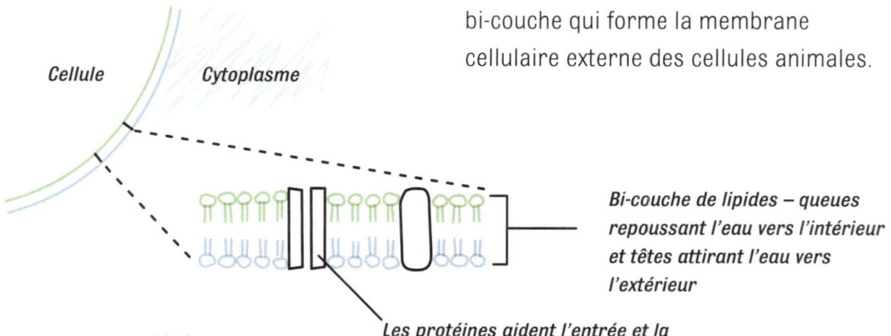

Membrane cellulaire

Lipides

Les lipides – graisses, phospholipides, stéroïdes – sont des composants majeurs des cellules vivantes.

La graisse est une réserve d'énergie. Les mammifères emmagasinent leurs réserves de nourriture à long terme dans les adipocytes. Le tissu adipeux aide aussi à isoler le corps et forme une couche protectrice autour des organes vitaux comme le cœur.

Les phospholipides sont des molécules structurales essentielles. Leurs têtes sont hydrofuges (attirent l'eau), leurs queues hydrophobes (repoussent l'eau). En présence d'eau, ils s'assemblent naturellement dans une structure bi-couche qui forme la membrane cellulaire externe des cellules animales.

Protéines

Les protéines sont de grandes molécules complexes formées de molécules plus petites, les acides aminés. Les organismes vivants renferment des milliers de protéines différentes, remplissant des fonctions très diverses.

Certaines protéines sont des enzymes, molécules qui accélèrent les réactions chimiques. Par exemple, les enzymes digestifs des animaux contribuent à la décomposition de la nourriture (*voir* page 44).

D'autres protéines sont des molécules de stockage. La caséine, la principale protéine présente dans le lait des mammifères, emmagasine les acides aminés afin qu'ils puissent être utilisés par leurs petits.

Les hormones de type protéine aident à coordonner diverses activités. Par exemple, quand le pancréas sécrète l'insuline, celle-ci incite les autres tissus à absorber le glucose, régulant ainsi les taux du sucre dans le sang.

Les protéines défensives, comme les anticorps, aident à détecter et à détruire les virus et les bactéries, tandis que les protéines de transport aident à déplacer des molécules autour du corps. Par exemple, l'hémoglobine transporte l'oxygène des poumons aux autres parties du corps.

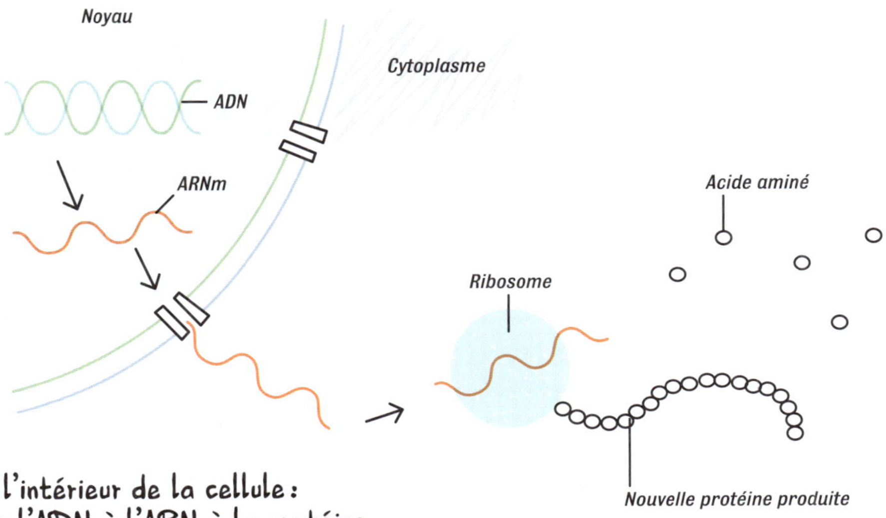

À l'intérieur de la cellule : de l'ADN à l'ARN à la protéine

L'information génétique contrôle les processus cellulaires et guide la synthèse des protéines, ce qui implique de multiples étapes.

Certaines protéines sont impliquées dans la signalisation cellulaire. Elles identifient les signaux chimiques et y réagissent, permettant aux cellules de communiquer l'une avec l'autre.

Acides nucléiques

Les acides nucléiques sont de minces molécules longues. L'**ADN**, quant à lui, est un acide nucléique qui stocke et transmet l'information héréditaire. Les organismes héritent leur ADN de leurs parents (*voir* page 96).

L'ADN renferme un jeu d'instructions codées sous forme chimique. Ces instructions dirigent tout ce qui se passe à l'intérieur d'une cellule. Les séquences d'ADN appelées « gènes » renferment le code de synthèse des protéines. Ce processus à plusieurs étapes implique un second acide nucléique, l'**ARN**.

L'ARN est très similaire à l'ADN. Un type spécial d'ARN, l'ARN messager (ARNm) aide la cellule à lire les instructions inscrites dans l'ADN nucléaire, puis à les convertir en protéines dans le cytoplasme (*voir* page 99).

Les **procaryotes** et les eucaryotes stockent leur information génétique en tant qu'ADN, alors que certains virus stockent la leur en tant qu'ARN.

CELLULES EUCARYOTES

Cellules animales

Les cellules animales se présentent dans bien des tailles et des formes. Un **ovule** humain, structure sphérique d'environ 0,1 mm de diamètre, est assez grand pour être visible à l'œil nu.

La plupart des cellules animales sont bien plus petites, quasi infinitésimales, visibles uniquement au microscope.

Le premier microscope optique a été conçu il y a plus de 300 ans. Les microscopes optiques utilisent un faisceau de lumière pour former l'image grossie d'un objet. Les plus puissants microscopes optiques grossissent les images 2 000 fois.

Depuis cette époque, de nouveaux microscopes ont été inventés. Les microscopes électroniques utilisent un faisceau d'électrons pour former une image et grossissent les objets jusqu'à 2 millions de fois. Les microscopes confocaux permettent aux scientifiques d'obtenir des images 3 D détaillées de l'intérieur des cellules. Ces nouveaux microscopes sont bien plus complexes et chers que les microscopes optiques qui équipent les laboratoires des écoles du monde entier. La microscopie a révélé la **structure** des cellules.

Le **noyau** est le centre de contrôle de la cellule. Cette petite structure entourée d'une membrane renferme la vaste majorité de l'ADN cellulaire. Une cellule humaine moyenne contient environ 2 mètres d'ADN.

Le cytoplasme, pareil à un gel, forme la masse de la cellule. Il enveloppe le noyau et toutes les autres structures présentes à l'intérieur d'une cellule. C'est là que prennent place la plupart des activités cellulaires, y compris la division, ainsi que d'importantes réactions chimiques.

La **membrane cellulaire**, formée de deux strates de phospholipides, parsemées de protéines bien plus grandes, entoure le cytoplasme. La membrane cellulaire contrôle le mouvement des substances entrant et sortant de la cellule.

Les **mitochondries**, minuscules structures pareilles à des batteries présentes dans le cytoplasme, fournissent à la cellule de l'énergie, qu'elles produisent grâce à la respiration cellulaire. Elles renferment un volume d'ADN infime.

Les **ribosomes**, petites usines à protéines, joignent les acides aminés pour fabriquer celles-ci. Les cellules qui fabriquent beaucoup de protéines comportent de nombreux ribosomes. Les cellules du pancréas humain fabriquent quantité d'enzymes digestifs, si bien que chaque cellule contient des millions de ribosomes.

Le **réticulum endoplasmique** (RE) est un réseau de structures tubulaires aplaties. Il se présente sous deux formes différentes : le RE granulaire, constellé de ribosomes, impliqué dans la synthèse des protéines, et le RE lisse, dépourvu de ribosomes, impliqué dans la synthèse des lipides.

L'**appareil de Golgi** est pareil à un entrepôt qui reçoit, fabrique, modifie et déplace toutes sortes de produits cellulaires différents, comme les enzymes et d'autres protéines. Il est constitué d'un ensemble de vésicules membraneuses

Cellule animale

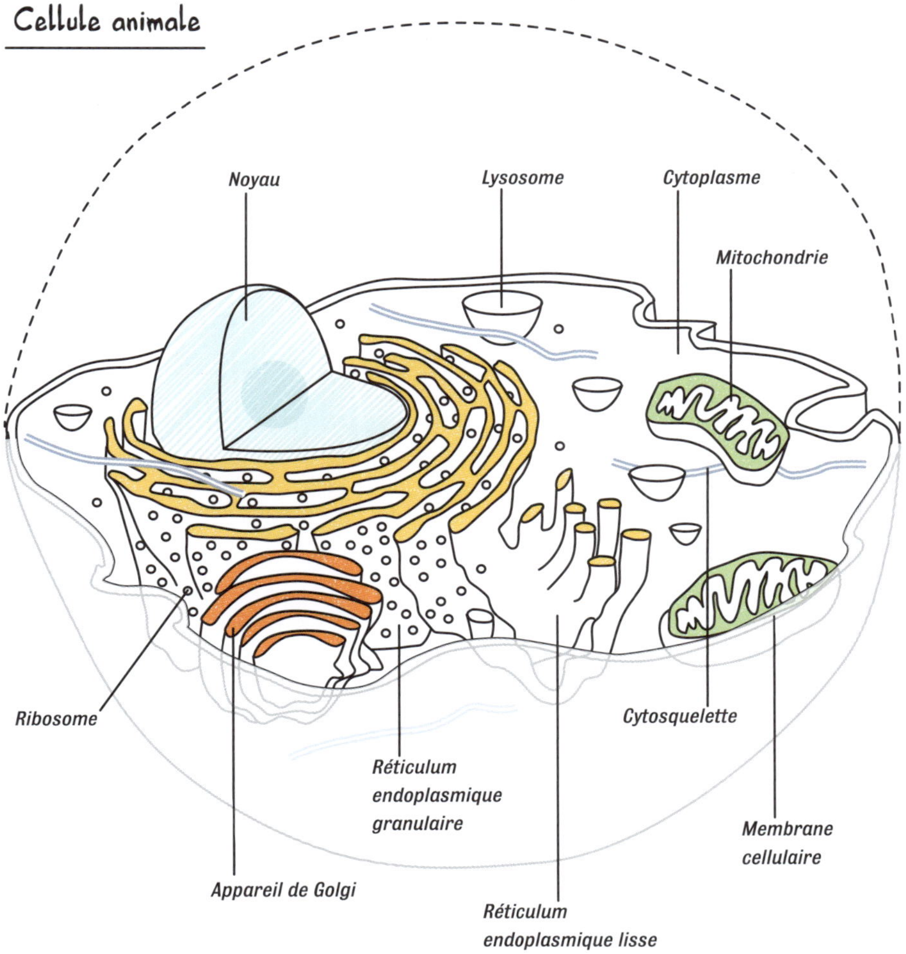

Les organites sont les structures entourées d'une membrane des cellules eucaryotes. Pendant longtemps, les scientifiques ont pensé qu'ils étaient en suspension dans le cytoplasme, avant que la microscopie montre qu'ils sont encastrés dans un réseau de fibres de support, le cytosquelette.

SPÉCIALISATION DES CELLULES ANIMALES

Les animaux adultes possèdent des centaines de types de **cellules spécialisées**, qui remplissent des fonctions spécifiques. Certaines, comme les ovules et les spermatozoïdes, agissent seules. D'autres, comme les neurones et les **cellules musculaires**, sont des éléments d'un tissu, d'un organe ou d'un système.

Les **spermatozoïdes** contiennent l'information génétique du parent mâle. Ces cellules mobiles doivent se déplacer afin de trouver un ovule et le féconder.

Spermatozoïde

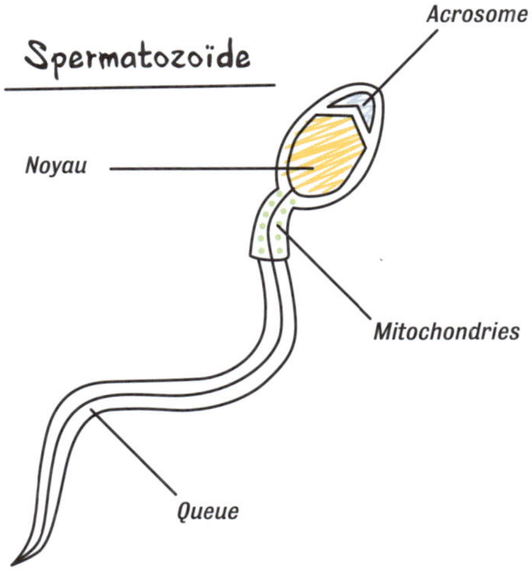

aplaties. En raison de sa large forme inhabituelle, cet appareil a été l'une des premières structures cellulaires à être identifiées. Le médecin italien Camillo Golgi l'a découvert en 1898, lorsqu'il étudiait le système nerveux.

Les lysosomes sont d'infimes vésicules prises dans une membrane, contenant des enzymes qui dégradent les macromolécules, les réduisant à des molécules plus petites. Ils aident à digérer les nutriments en produisant des sucres, des acides aminés et d'autres molécules que la cellule peut utiliser. Ils contribuent aussi à la décomposition et au recyclage des organites endommagés devenus inutiles.

Un spermatozoïde est petit et mince, muni d'une longue queue qui le propulse par un mouvement de fouet d'un côté sur l'autre. Ses nombreuses mitochondries lui fournissent l'énergie nécessaire pour se déplacer.

Sa tête renferme le noyau contenant l'ADN et un acrosome. L'acrosome, structure spécialisée, contient des enzymes digestifs qui aident à décomposer les enveloppes externes de l'ovule pour que le spermatozoïde puisse y pénétrer (*voir* page 29).

Les **neurones** (cellules nerveuses), présents dans le cerveau et la moelle épinière, ainsi que dans les faisceaux de fibres nerveuses qui s'étendent à travers notre corps comme des câbles, sont spécialisés dans la transmission et la réception de l'information. On estime que le cerveau humain comporte quelque 100 milliards de neurones.

Les neurones reçoivent des signaux des autres cellules *via* des branches, les dendrites. Un seul neurone peut avoir des centaines de dendrites.

Ils ont aussi des projections, les axones. Le plus long axone du corps va de la base de la colonne vertébrale au bout du gros orteil. La plupart des neurones n'ont qu'un axone.

Certains axones sont entourés d'une gaine de myéline qui contribue au passage rapide de l'information électrique le long de l'axone.

Au point où la dendrite d'une cellule rencontre l'axone d'une autre, on trouve un minuscule espace, une synapse (*voir* page 71).

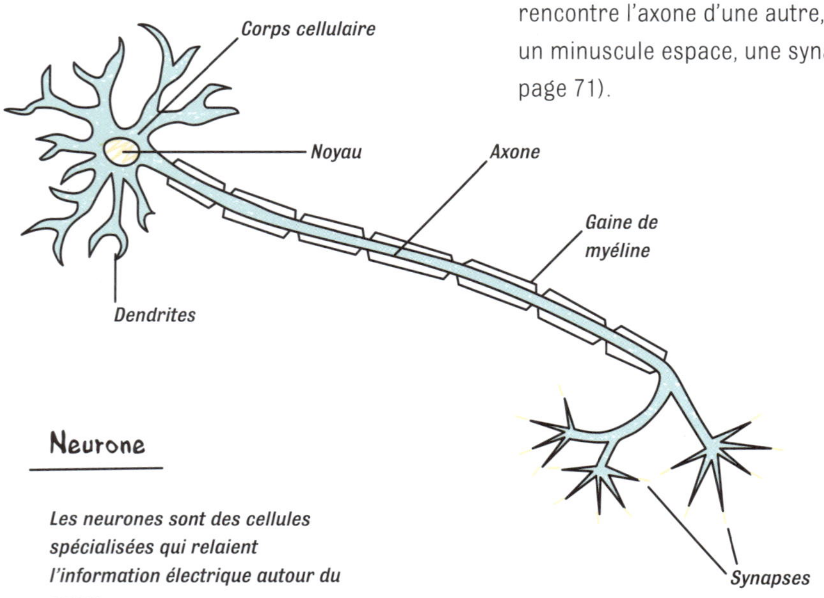

Neurone

Les neurones sont des cellules spécialisées qui relaient l'information électrique autour du corps.

Cellules végétales

Les plantes et les animaux sont très différents, mais leurs cellules partagent bon nombre de caractéristiques communes. Comme les cellules animales, les cellules végétales sont constituées d'un cytoplasme riche en organites, incluant le noyau enfermant l'ADN, le réticulum endoplasmique, l'appareil de Golgi et les mitochondries productrices d'énergie.

Les plantes et les animaux ont des modes de vie très dissemblables. La plupart des animaux sont mobiles, alors que les plantes sont incapables de se déplacer, les animaux consomment des nutriments qu'ils ne produisent pas, alors que les plantes fabriquent les leurs *via* la photosynthèse. Les cellules végétales ont par ailleurs nombre de caractéristiques uniques.

Les cellules végétales contiennent des **chloroplastes**, minuscules structures renfermant un pigment vert, la chlorophylle. Les chloroplastes sont présents dans toutes les parties vertes d'une plante (feuilles, boutons, tiges), où prend place la photosynthèse. Comme les racines sont souterraines, elles ne contiennent pas de chloroplastes et ne participent pas à la photosynthèse.

La **chlorophylle** est un pigment qui absorbe la lumière, ce qui permet à la

Cellule végétale

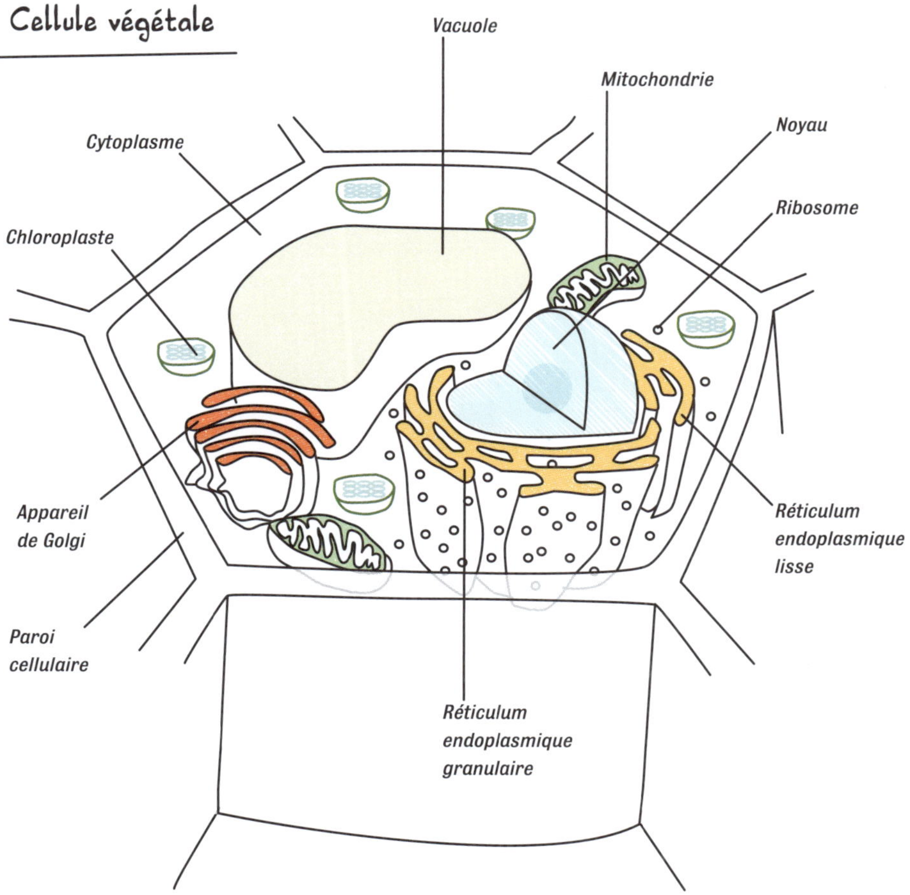

plante de produire sa nourriture *via* la photosynthèse.

Les cellules végétales contiennent également une **vacuole** permanente. La vacuole, large espace au milieu du cytoplasme, remplie de sève, aide à maintenir les cellules rigides et à soutenir les plantes.

Au lieu d'être enveloppées d'une membrane cellulaire flexible, les cellules végétales sont entourées d'une paroi cellulaire rigide, bien plus épaisse que la membrane cellulaire de la cellule animale. La paroi cellulaire aide à protéger la plante, à maintenir sa forme et à l'empêcher d'absorber trop d'eau.

Bien que la composition de cette paroi cellulaire varie d'espèce à espèce, les parois de toute cellule végétale sont consolidées par un polysaccharide, la cellulose.

SPÉCIALISATION DES CELLULES VÉGÉTALES

Les plantes et les animaux mènent des vies très différentes, si bien que leurs cellules ont des spécialisations distinctes. Les cellules photosynthétiques sont spécialisées dans l'exécution de la photosynthèse ; de nombreux autres types de cellules végétales spécialisées existent, comme les cellules du poil racinaire (poil absorbant), les cellules du xylème et les cellules du phloème.

Les **cellules du poil racinaire** sont présentes à l'extrémité des racines. Elles aident les plantes à absorber l'eau et les ions minéraux. Leurs longues structures pareilles à des poils ressortent du corps de la cellule, accroissant la superficie disponible, donc facilitent l'absorption de l'eau.

Comme leurs parois cellulaires sont minces, elles ne comportent pas de

Cellule du poil racinaire

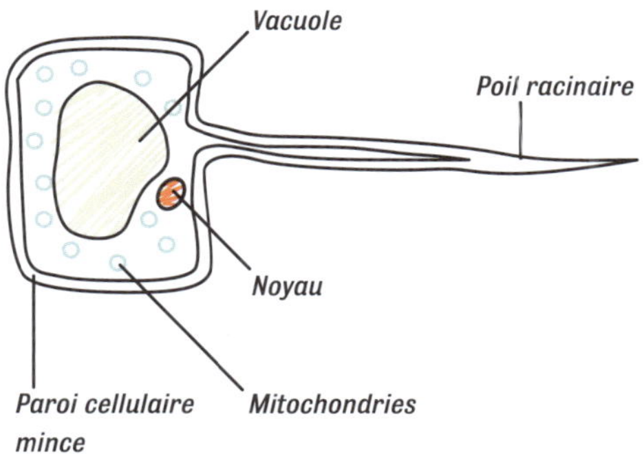

Cellules du xylème

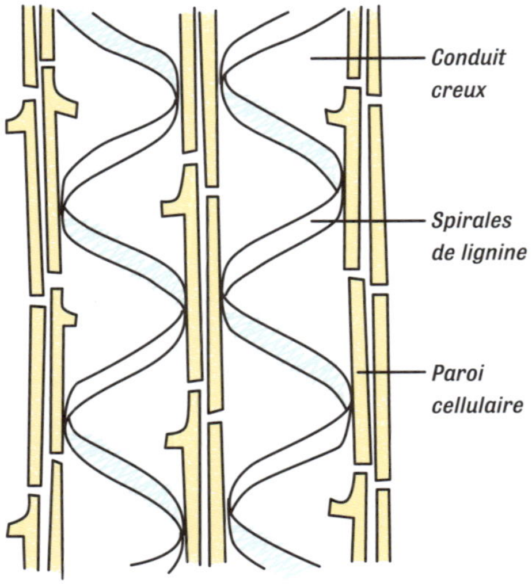

Cellules du phloème

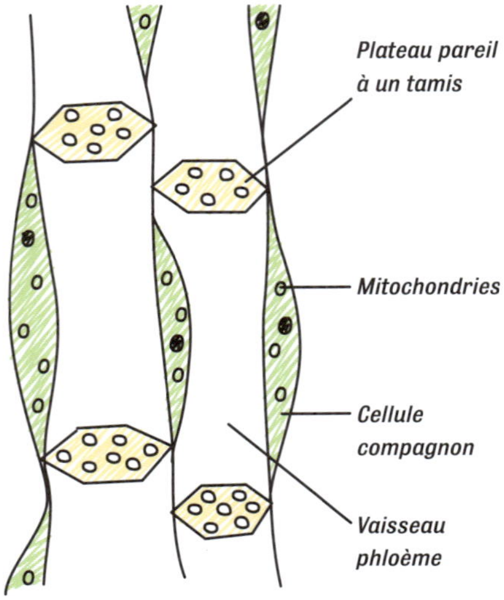

strate externe épaisse, la cellule absorbe plus rapidement l'eau. Les cellules sont aussi riches en mitochondries qui libèrent l'énergie nécessaire à l'absorption des ions minéraux.

Le **xylème** est un type de tissu végétal de transport, qui véhicule l'eau et les ions minéraux des racines aux feuilles. Au fil du temps, la lignine forme des spirales creuses dans les cellules du xylème, qui meurent, laissant de longs conduits évidés qu'empruntent l'eau et les ions minéraux.

Ces cellules lignifiées sont ce qu'on nomme « bois ». Les spirales de lignine, très fortes, aident la plante à rester debout.

Le **phloème** est un autre type de tissu de transport, qui distribue la nourriture fabriquée par la plante. Ses cellules forment des conduits, mais, à la différence des cellules du xylème, elles ne sont pas lignifiées.

Pour faciliter le déplacement des nutriments, les parois séparant les cellules du phloème se brisent, formant des plateaux pareils à des tamis. Pour laisser plus de place au mouvement des nutriments, ces cellules sont dépourvues de plusieurs structures de base, dont les noyaux et les ribosomes. Pour survivre, elles sont étayées par les cellules compagnon voisines.

Algues

Les algues sont des formes de vie eucaryotes (*voir* page 16). Elles présentent des formes et des tailles extrêmement variées, de celles unicellulaires, comme les diatomées, aux grands organismes multicellulaires comme le varech géant, qui peut atteindre 30 mètres de long.

Pendant longtemps, les scientifiques ont considéré les algues comme des végétaux ; elles appartiennent en fait au règne des protistes (*voir* page 17). Les algues produisent leur propre nourriture par photosynthèse, de sorte que leurs cellules contiennent des chloroplastes. Leurs parois cellulaires sont aussi fortifiées par la cellulose.

Cellules d'une algue

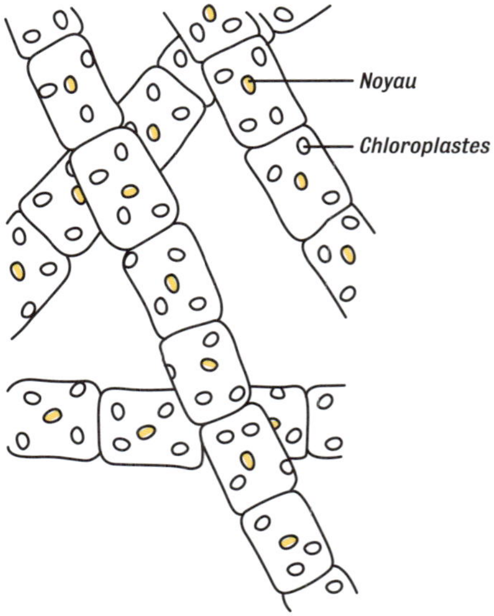

CELLULES PROCARYOTES

Les cellules procaryotes, comme les bactéries et les archées, diffèrent des cellules eucaryotes, car leur cytoplasme **ne comporte pas** de grandes structures enveloppées de membrane. Elles sont dépourvues de noyau, de mitochondries ou de chloroplastes. Les cellules bactériennes présentent des anneaux entremêlés d'ADN en suspension dans le cytoplasme.

Comme tous les autres organismes, les bactéries contiennent des ribosomes producteurs de protéines, mais la structure de ceux-ci est différente de celle des eucaryotes et des archées.

Le cytoplasme est entouré d'une membrane cellulaire faite de phospholipides, entourée à son tour par une paroi cellulaire. Cette paroi est différente des parois cellulaires végétales, qui contiennent de la cellulose, et des parois cellulaires des champignons, qui contiennent de la chitine. Les parois cellulaires des bactéries sont faites d'une molécule complexe, le peptidoglycane.

La paroi cellulaire est vitale pour la survie des bactéries. L'antibiotique pénicilline est capable de tuer certaines bactéries, car il empêche la production de peptidoglycane.

Les bactéries sont classées en variétés Gram positives et Gram négatives, selon la structure de leurs parois cellulaires. Les bactéries Gram positives ont une paroi cellulaire épaisse formée de plusieurs strates de peptidoglycane. Les bactéries Gram négatives ont une paroi cellulaire relativement mince, avec moins de strates de peptidoglycane.

Les bactéries en forme de bâtonnet, comme la *Salmonella*, montrent aussi une strate protectrice gluante qui couvre la paroi cellulaire, et une longue queue mobile, le flagelle, qu'elles utilisent pour se déplacer.

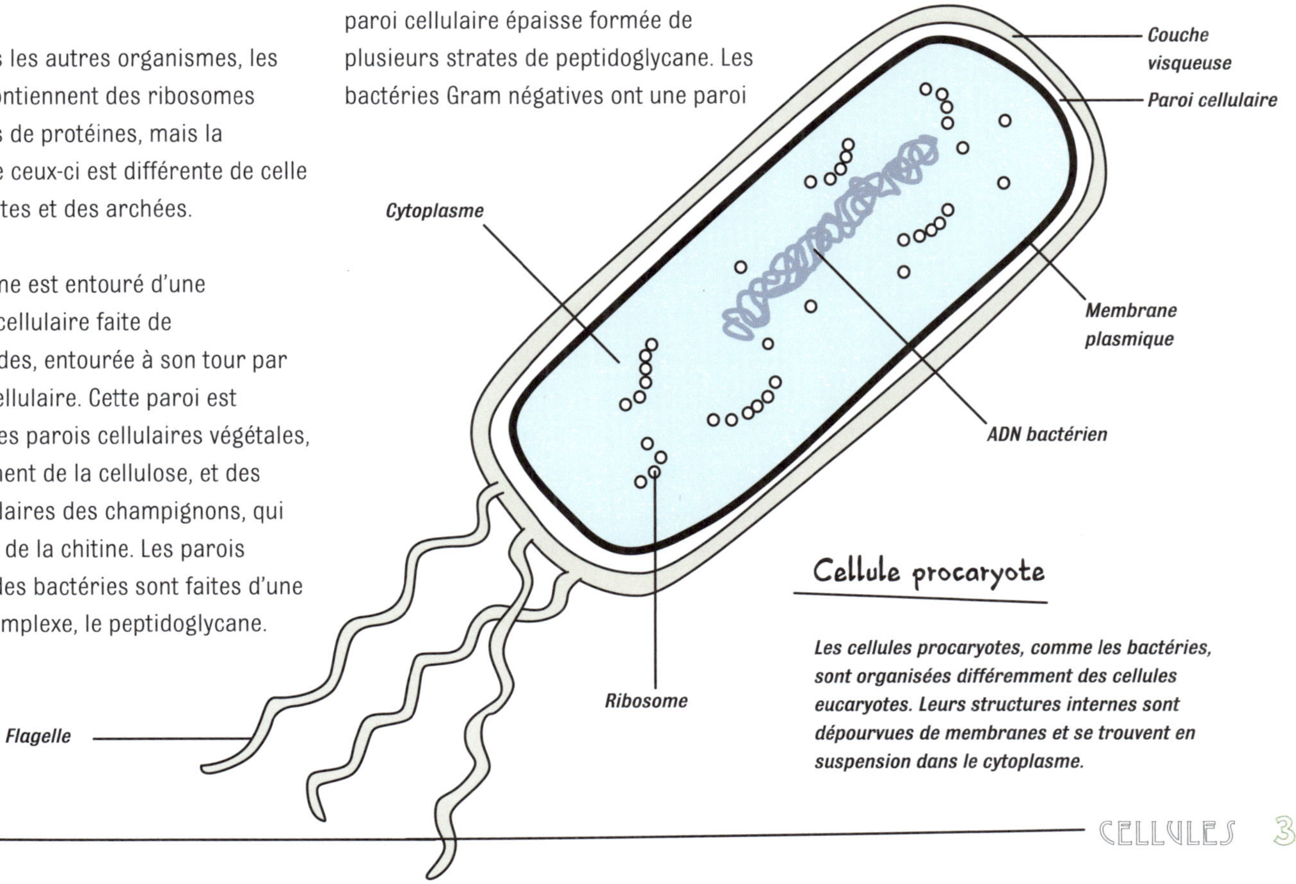

Cellule procaryote

Les cellules procaryotes, comme les bactéries, sont organisées différemment des cellules eucaryotes. Leurs structures internes sont dépourvues de membranes et se trouvent en suspension dans le cytoplasme.

DIVISION CELLULAIRE

Dans les cellules eucaryotes, l'ADN présent dans le noyau est divisé en éléments plus petits, les chromosomes. Les cellules humaines contiennent 23 paires de chromosomes (*voir* page 102).

Les chromosomes sont de longs segments d'ADN, émaillés de gènes. Les gènes contiennent l'information nécessaire pour produire des cellules, des tissus et des organismes.

Mitose

Parfois, le corps a besoin de produire des copies identiques de cellules déjà existantes, ce qui passe par le processus de mitose. Les cellules ainsi produites ont les mêmes chromosomes et la même information génétique que les cellules parentes.

Division des cellules

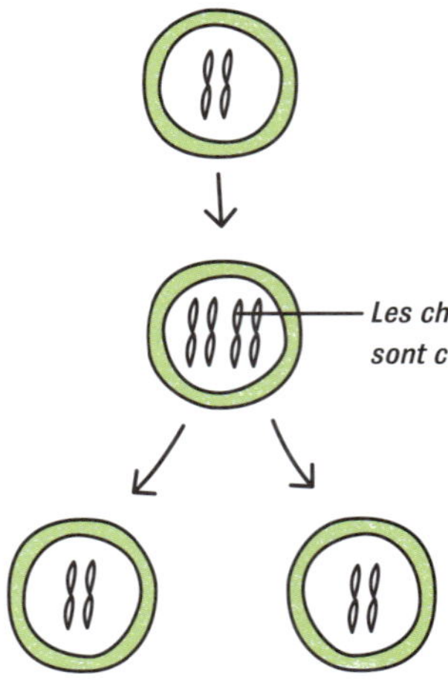

Les cellules filles sont identiques à l'original.

Chez les organismes multicellulaires, la mitose est utilisée pour créer les cellules nécessaires à la **croissance** et à la **réparation**. Les organismes unicellulaires s'en servent pour la **reproduction asexuée**, afin de produire des copies identiques d'eux-mêmes. La division cellulaire active passe par une série d'étapes, formant collectivement le cycle cellulaire. La mitose fait partie de ce cycle.

LE CYCLE CELLULAIRE

Le cycle cellulaire peut être long ou court, en fonction des cellules impliquées et de l'étape de vie de l'organisme. Par exemple, les cellules d'un adulte tendent à se diviser plus lentement que les cellules d'un embryon. Il y a des exceptions, dont les cellules dermiques, les globules sanguins et les cellules des follicules pileux, qui se divisent régulièrement durant toute la vie.

Les étapes du cycle cellulaire prennent toujours place dans un ordre donné. Lors de la première étape, la cellule grossit et poursuit ses activités normales, mais commence aussi à se préparer à la division. Elle réalise des copies de tous ses chromosomes, ainsi que des organites supplémentaires, comme les chloroplastes et les mitochondries. C'est la phase la plus longue.

Durant la deuxième étape – la mitose –, la cellule commence sa division. Les deux jeux de chromosomes sont tirés vers les côtés opposés de la cellule qui se divise et le noyau se sépare en deux. Lors de l'étape finale, le cytoplasme et les membranes cellulaires se divisent, produisant deux cellules filles identiques.

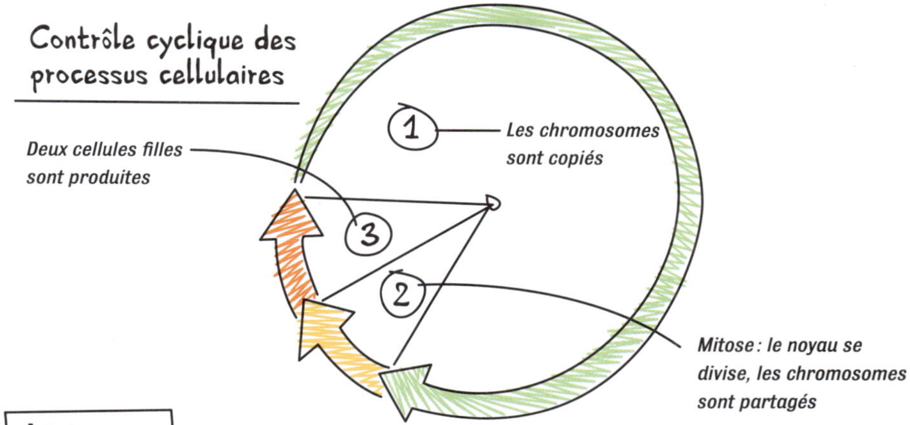

Méiose

La méiose est une division cellulaire produisant des cellules sexuelles, comme les spermatozoïdes, les ovules et les **spores**. À la différence de la mitose, qui produit des cellules filles avec le même nombre de chromosomes que les cellules parentes, la méiose produit des cellules avec la moitié du nombre original de chromosomes.

La plupart des cellules du corps contiennent deux jeux de chromosomes, chaque jeu provenant d'un parent. Les cellules sexuelles sont des cellules spécialisées qui contiennent un jeu de chromosome. Quand les cellules sexuelles se rencontrent et que la fécondation prend place, l'embryon résultant dispose de deux jeux de chromosomes, un de chaque parent.

Chez les animaux, les cellules sexuelles femelles (ovules) sont produites dans les ovaires, les cellules sexuelles mâles (spermatozoïdes) dans les testicules, emplacements où prend place la méiose.

Similaire à la mitose, la méiose comporte une étape supplémentaire de division cellulaire. Les deux jeux de chromosomes de la cellule initiale sont copiés, si bien qu'elle finit par renfermer quatre jeux. Elle se divise alors deux fois en rapide succession, formant quatre cellules filles, chacune contenant un seul jeu de chromosomes.

Génétiquement, toutes les cellules filles sont différentes les unes des autres, car les chromosomes se mélangent durant la méiose. Des segments d'ADN sont échangés, ce qui introduit une variation. Davantage de variation intervient après la fécondation, quand les chromosomes des cellules sexuelles distinctes se combinent pour former un jeu double, complet.

Différents organismes ont un nombre distinct de chromosomes. Les ovules humains ont 23 chromosomes, tout comme les spermatozoïdes humains. Lorsque l'ovule est fécondé, la cellule résultante a 23 paires de chromosomes. À partir de ce moment-là, la cellule et sa progéniture se divisent par mitose pour former un nouvel individu. Le nombre de cellules s'accroît rapidement. À mesure que l'embryon se développe, certaines cellules se divisent pour créer d'autres formes plus spécialisées, qui produisent à leur tour des tissus, des organes et des systèmes organiques (*voir* page 41).

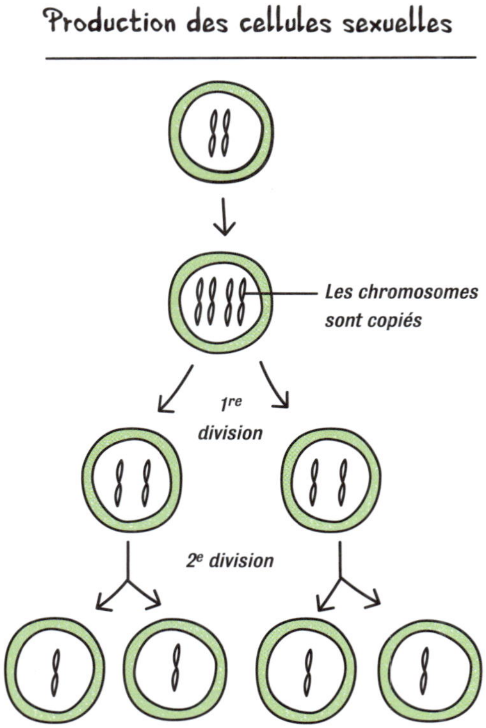

Les cellules filles contiennent la moitié du nombre original de chromosomes.

TRANSPORT

Les cellules doivent être capables d'absorber certaines substances, comme les nutriments et l'oxygène, et de se débarrasser d'autres, comme les déchets. Les substances dissoutes entrent et sortent de la cellule de plusieurs manières *via* la membrane cellulaire.

Diffusion

La diffusion est le mouvement des particules d'une zone à la concentration élevée vers une zone à la concentration moindre. La diffusion prend place parce que les particules se déplacent de façon aléatoire et entrent en collision, ce qui provoque leur dispersion.

Les sucres simples comme le glucose, les gaz comme l'oxygène et le dioxyde de carbone, et les déchets comme l'urée, sont tous véhiculés par diffusion.

Lorsqu'on respire, l'oxygène inspiré va vers les poumons, puis entre dans les globules rouges par diffusion. Il passe d'une zone de forte concentration en oxygène dans les poumons à une zone de faible concentration en oxygène dans le sang.

Lorsque les cellules respirent (*voir* page 60), elles produisent du dioxyde de carbone en tant que déchet. Le dioxyde de carbone s'accumule à l'intérieur des cellules jusqu'à ce que sa concentration dépasse sa concentration à l'extérieur des cellules. À ce moment-là, il se diffuse hors de la cellule à travers la membrane cellulaire et passe dans le sang.

Lorsqu'il décompose les protéines, le foie produit de l'urée, déchet qui est éliminé des cellules hépatiques par diffusion.

Osmose

L'osmose est un type spécial de diffusion. Les solutions présentes à l'intérieur des cellules sont séparées de leur extérieur par la membrane cellulaire. Cette membrane, sélectivement perméable, ne laisse passer que certaines molécules. L'osmose est la diffusion des molécules d'eau d'une zone montrant une forte concentration en eau à une zone à faible concentration en eau, à travers une membrane sélectivement perméable. Ce processus est très important, car il aide les cellules à réguler les concentrations des molécules vitales.

Diffusion des particules

Les particules noires se dispersent à travers le liquide par diffusion. Elles passent d'une zone de forte concentration à une zone de faible concentration.

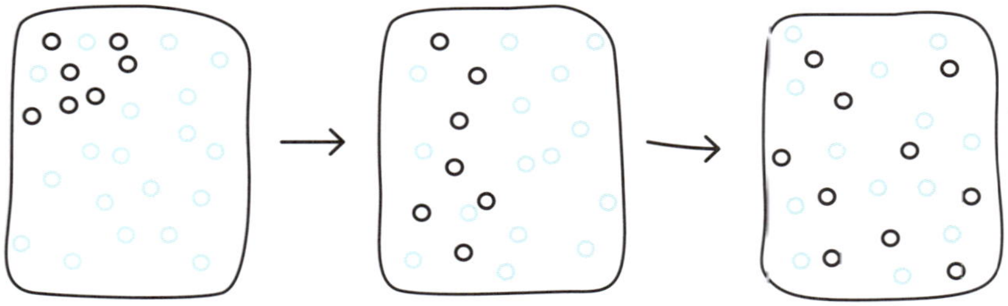

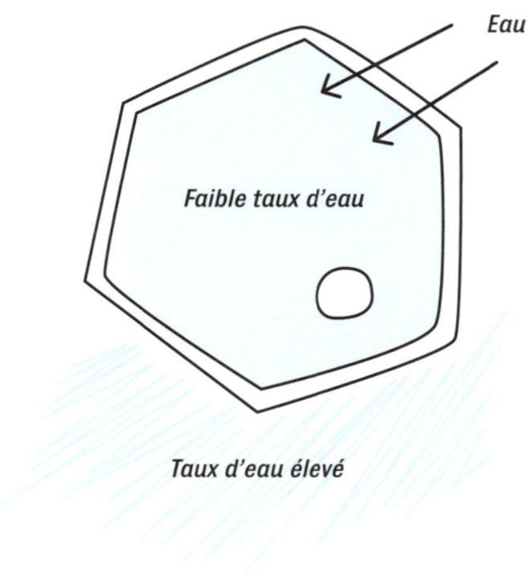

Les plantes se reposent sur l'osmose pour rester debout. L'eau arrive dans les cellules végétales par osmose, faisant enfler la vacuole et, en exerçant une pression sur les parois cellulaires, les raffermissant, ce qui raffermit les feuilles et les tiges.

Pareillement, l'osmose aide les cellules animales à ajuster la concentration de leur contenu. Si une cellule épuise entièrement son eau et que son cytoplasme devient trop épais, l'eau arrive dans la cellule par osmose. Si une cellule contient trop d'eau, le surplus est évacué par osmose. Dans les deux cas, l'osmose rétablit l'équilibre naturel.

Osmose

L'eau entre dans la cellule végétale par osmose, l'aidant à rester turgide et ferme.

Transport actif

Parfois, les cellules ont besoin de transporter des substances dissoutes d'une zone de faible concentration à une zone de haute concentration. Elles y parviennent grâce au transport actif, le contraire de la diffusion et de l'osmose. À la différence de la diffusion et de l'osmose, qui n'exigent pas d'énergie, le transport actif a besoin d'énergie, que les cellules produisent durant la respiration.

Transport actif chez un requin

Le sel présent dans le sang du requin est conduit dans la glande à sel par transport actif, puis excrété du corps dans l'eau.

Le transport actif est particulier, car il exige une protéine porteuse ou vecteur, molécule qui enjambe la membrane cellulaire. Durant le transport actif, ces protéines porteuses se saisissent de molécules spécifiques et les transportent à travers la membrane.

Le transport actif aide les organismes à déplacer les molécules qu'ils renferment. Dans le corps humain, le transport actif conduit des sucres comme le glucose hors des intestins et des reins et les fait passer dans le sang. Il permet aux cellules d'absorber des ions depuis des solutions très diluées. Par exemple, les plantes utilisent le transport actif pour absorber des minéraux, tels que les nitrates, du sol. Les requins qui vivent dans des eaux salées utilisent le transport actif pour favoriser l'élimination de l'excès de sel de leur corps. Ils disposent de glandes à sel rectales, grâce auxquelles le sel du sang est excrété sous forme de solution concentrée.

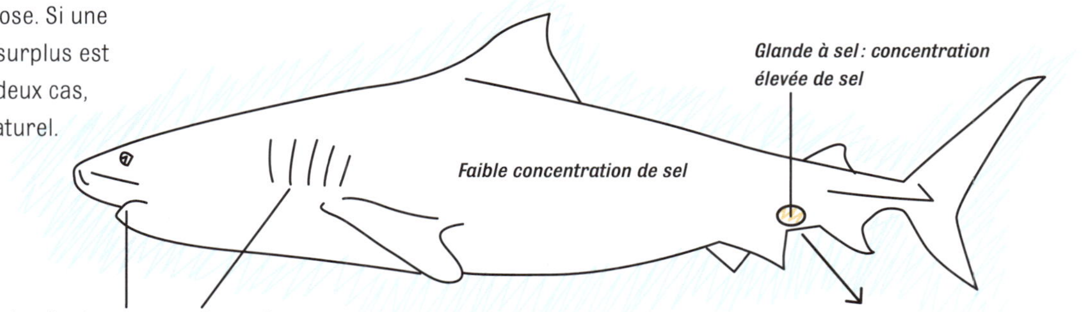

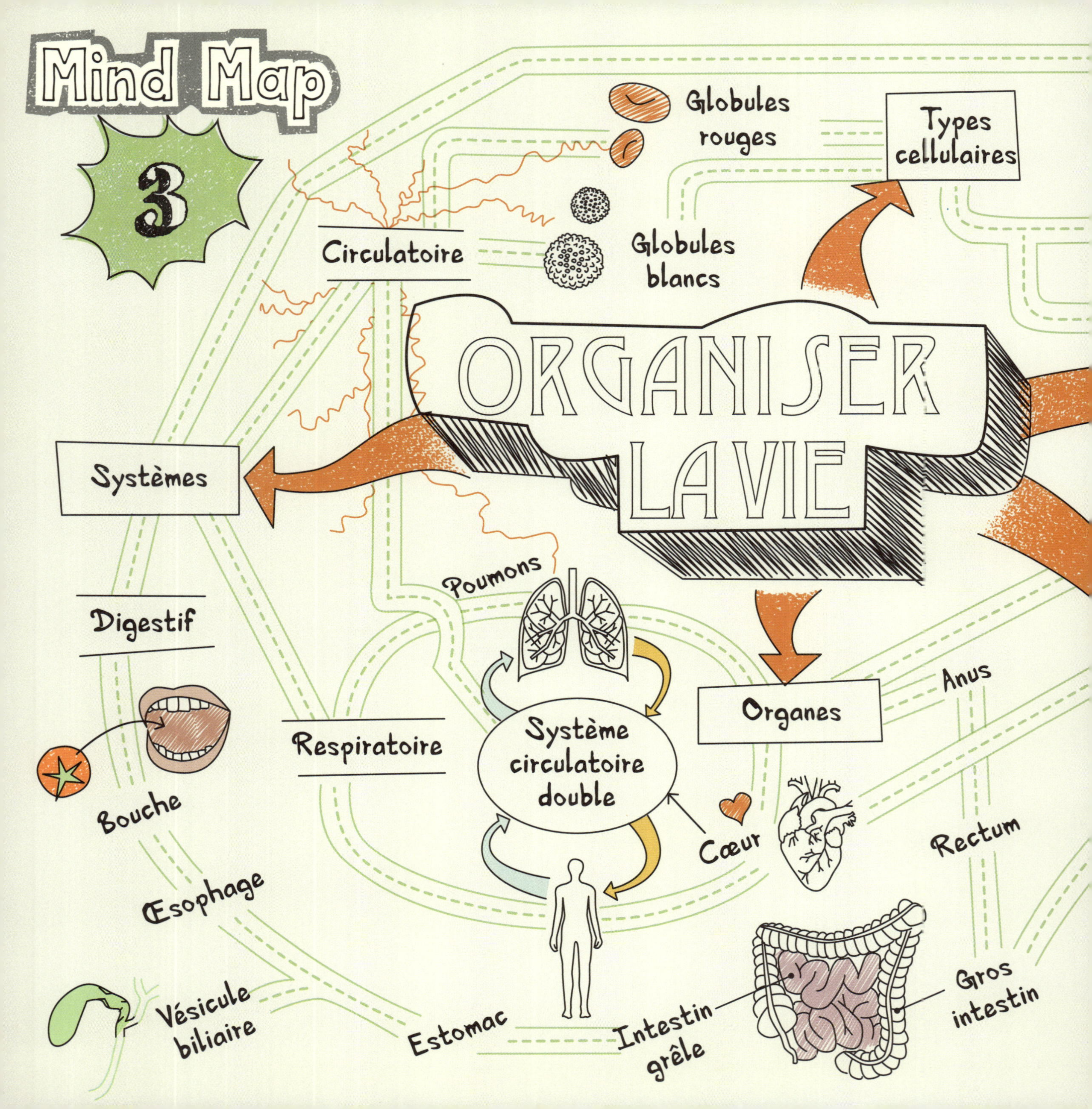
Mind Map
3
ORGANISER LA VIE
Types cellulaires
Globules rouges
Globules blancs
Systèmes
Circulatoire
Digestif
Respiratoire
Système circulatoire double
Poumons
Organes
Cœur
Anus
Rectum
Gros intestin
Intestin grêle
Estomac
Vésicule biliaire
Œsophage
Bouche

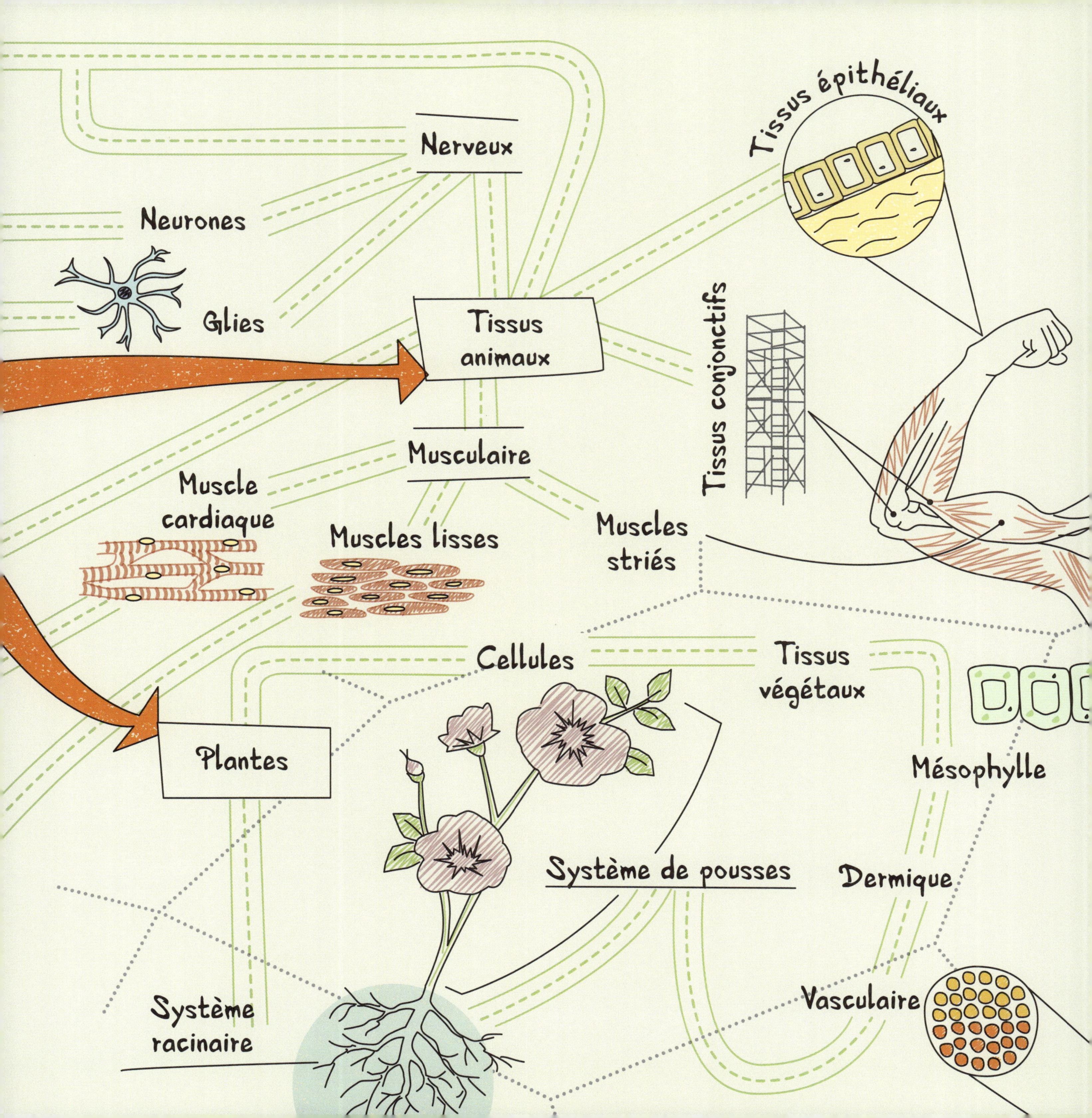
Nerveux
Neurones
Glies
Tissus animaux
Tissus épithéliaux
Tissus conjonctifs
Musculaire
Muscle cardiaque
Muscles lisses
Muscles striés
Cellules
Tissus végétaux
Plantes
Mésophylle
Système de pousses
Dermique
Vasculaire
Système racinaire

CROISSANCE ANIMALE ET DÉVELOPPEMENT

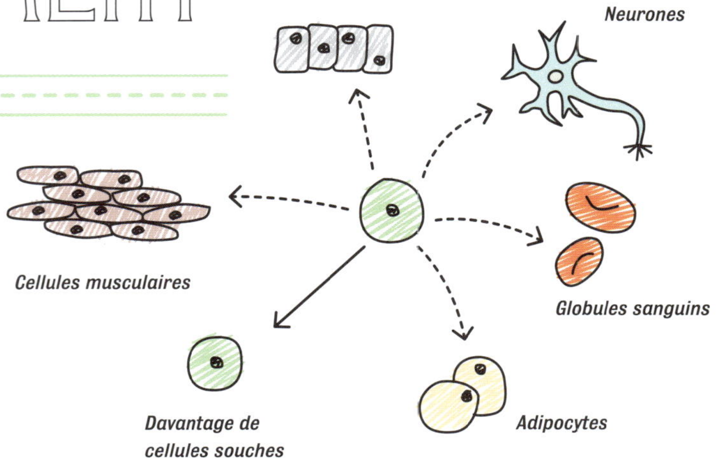

Cellules souches

Les cellules souches ont de multiples talents. Elles peuvent faire des copies d'elles-mêmes, ainsi que d'autres cellules plus spécialisées.

Lorsque la vie commence et que l'embryon n'est qu'une petite boule de cellules se divisant rapidement, toutes les cellules sont similaires. Ce sont les cellules souches, cellules non spécialisées capables de se diviser et de produire des copies d'elles-mêmes, mais aussi des cellules plus spécialisées, comme les cellules musculaires et les neurones – processus de différenciation.

Chez les animaux, les cellules spécialisées émergent très tôt. Au moment où un bébé humain naît, la plupart de ses cellules sont déjà extrêmement spécialisées.

La mitose entretient la croissance des organismes vivants, mais, quand un animal arrive à la maturité, il cesse de grandir. Ensuite, la mitose vise surtout à remplacer des cellules endommagées ou agonisantes (*voir* page 34).

Bien que toutes les cellules d'un organisme aient le même code génétique, des gènes différents sont activés et désactivés selon le type cellulaire spécifique. On dit que ces cellules ont des profils d'expression génique différents. Ainsi, le profil d'expression génique d'un neurone, qui lui confère sa forme et sa fonction spécialisées, est différent de celui d'une cellule musculaire.

La plupart des cellules spécialisées ne peuvent se diviser que par mitose, autrement dit sont incapables de générer des types différents de cellules spécialisées. Par exemple, quand une cellule musculaire se divise, elle ne peut produire que des cellules musculaires.

Certaines cellules spécialisées sont incapables de se diviser. Les globules rouges, par exemple, meurent constamment et de nouveaux sont produits par les cellules souches présentes dans la moelle osseuse. Le corps humain produit environ 2 millions de nouveaux globules rouges par seconde.

Les **neurones** ne parviennent pas non plus à se diviser. Bien que le cerveau adulte abrite quelques cellules souches, la majorité des neurones qui meurent ne sont pas remplacés. Les neuroscientifiques tentent de trouver des manières d'activer les cellules souches du cerveau afin de ralentir la progression des maladies dégénératives, comme la maladie d'Alzheimer.

DES CELLULES AUX SYSTÈMES

Les organismes unicellulaires échangent facilement des molécules avec leur environnement. Une amibe dans une mare absorbe des nutriments directement de l'eau. L'oxygène est absorbé à travers la membrane cellulaire par diffusion ; le dioxyde de carbone et les déchets sont excrétés de même.

Amibe

Les organismes unicellulaires comme les amibes échangent des substances directement avec l'environnement.

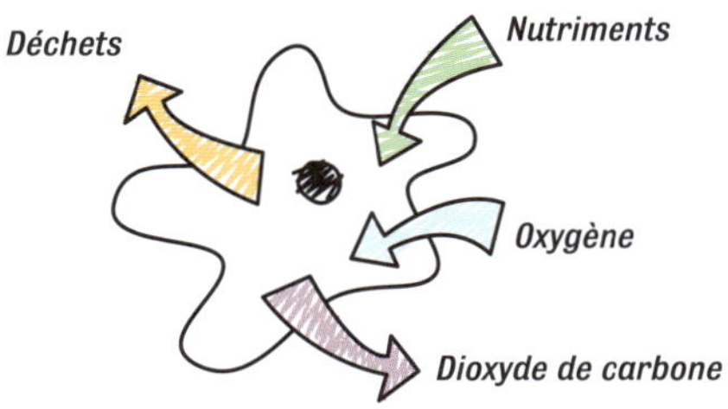

Les organismes multicellulaires ont plus de mal à échanger des molécules avec leur environnement. On estime que le corps humain adulte renferme 37 trillions de cellules, dont la plupart n'ont aucun contact avec le monde extérieur, si bien qu'elles ne peuvent pas absorber des nutriments et excréter des déchets directement. Les cellules des organismes complexes sont entourées d'un milieu interne, un liquide extracellulaire. L'homme est formé à 60 % d'eau, dont deux tiers sont du liquide intracellulaire et un tiers du liquide extracellulaire, avec lequel les cellules des organismes complexes échangent des molécules.

Toutes les cellules d'un organisme travaillent de façon coordonnée pour réaliser l'ensemble des processus le gardant en vie. Les cellules sont organisées en tissus, organes et systèmes organiques.

Les **tissus** sont des groupes de cellules ayant un aspect et des fonctions similaires. Par exemple, le tissu musculaire aide à bouger, le tissu nerveux, à propager l'information.

Les **organes** sont des structures formées de deux ou plusieurs tissus servant de concert une fonction particulière. Ainsi, le cœur pompe le sang, les poumons font entrer l'oxygène dans le corps, l'estomac aide à digérer la nourriture.

Les systèmes organiques sont des groupes d'organes qui travaillent ensemble pour remplir des fonctions spécifiques. Ainsi, le système nerveux, qui comprend le cerveau, la moelle épinière et les nerfs, permet de réagir aux stimuli et de coordonner les activités corporelles.

Les divers systèmes dépendent les uns des autres. Par exemple, les cellules des systèmes nerveux et digestif dépendent de l'oxygène du système respiratoire, et les cellules du système respiratoire ont besoin des nutriments du système digestif.

Des cellules aux systèmes

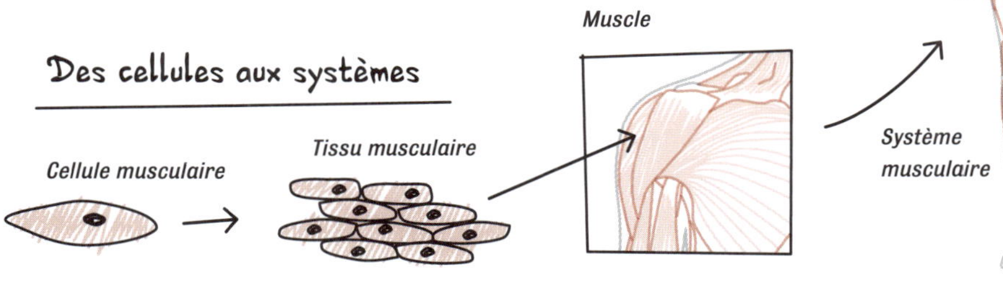

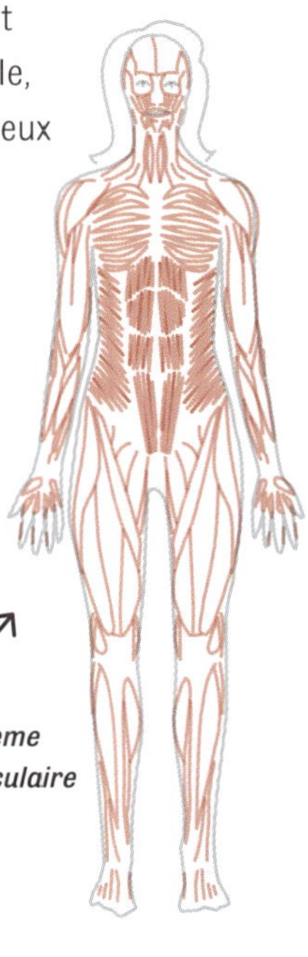

Tissus animaux

Les grands organismes multicellulaires, tels que l'homme, sont formés de quatre types basiques de tissus : tissu nerveux, tissu conjonctif, tissu musculaire et tissu épithélial.

Les **tissus épithéliaux** sont des feuilles de cellules qui couvrent l'extérieur du corps et tapissent ses organes et ses cavités internes. L'épiderme, la strate la plus externe de la peau, est un tissu épithélial, tout comme les cellules qui tapissent le passage nasal. Les cellules de l'épithélium sont étroitement agglutinées, formant une barrière contre les blessures, les infections et la perte de fluides. Elles sont polarisées et présentent un côté haut, apical, et un côté bas, basal. Le côté apical fait face à la cavité ou à l'extérieur de l'organe, si bien qu'il est exposé au fluide ou à l'air. Souvent, ce côté apical est couvert de projections spécialisées. Le côté apical des cellules épithéliales qui tapissent l'intestin grêle est couvert de minuscules structures digitiformes qui accroissent la superficie d'absorption des nutriments.

Les tissus conjonctifs sont des tissus de soutien. À la différence du tissu épithélial, dont les cellules sont très serrées, les cellules du tissu conjonctif sont espacées et en suspension dans une sorte de gel qui contient des fibres entrecroisées de protéine.

Le **tissu conjonctif** lâche est le type le plus commun de ce genre de tissu. Il est présent d'un bout à l'autre du corps, où il contribue au maintien en place des organes et rattache les tissus épithéliaux à leurs tissus sous-jacents.

Le tissu conjonctif **dense** ou fibreux, riche en fibres de collagène, est présent dans les tendons qui connectent les muscles aux os et dans les ligaments qui connectent les os les uns aux autres.

Tissu épithélial de l'intestin grêle

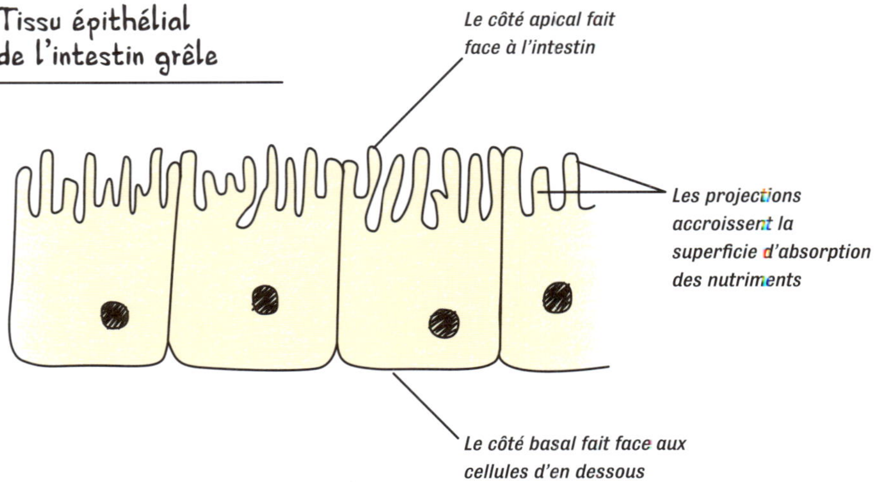

Tissu conjonctif lâche

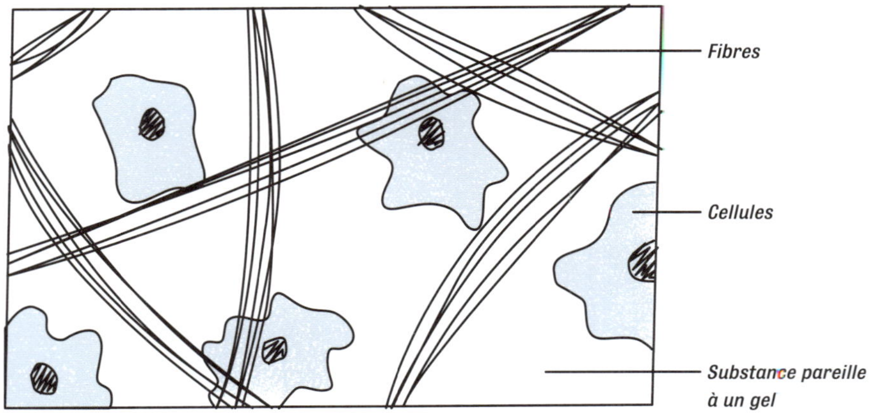

Le tissu adipeux, l'os, le cartilage et le sang sont tous des tissus conjonctifs spécialisés. Le cartilage, par exemple, fort et flexible, protège les extrémités de diverses articulations, aide à garder les voies aériennes ouvertes et matelasse les disques séparant les vertèbres de l'épine dorsale.

Le **tissu nerveux** est impliqué dans la réception, le traitement et la transmission de l'information. Il est formé de neurones, qui transmettent l'information, et de **glies** (cellules gliales).

Muscle strié

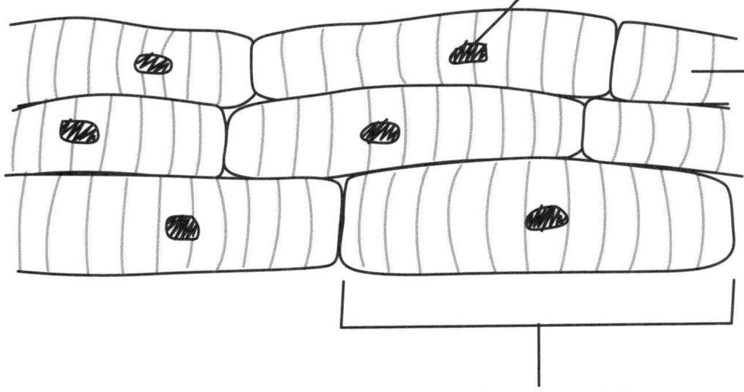

Pendant des années, les scientifiques ont tenu les glies pour des cellules structurales de soutien du système nerveux. On sait maintenant qu'elles ont plusieurs rôles, dont la destruction des pathogènes et la fourniture d'oxygène et de nutriments aux neurones.

Le **tissu musculaire** aide le mouvement du corps. Les cellules musculaires contiennent des filaments de protéine permettant aux muscles de se contracter. Les vertébrés disposent de trois types différents de muscles.

Les **muscles striés**, ou muscles squelettiques, sont attachés aux os par des tendons. Ils travaillent en paires pour déplacer les os : quand un muscle de la paire se détend, l'autre se contracte. Ces muscles permettent de contrôler consciemment les mouvements.

Le muscle strié, dont le nom vient de son aspect rayé, est fait de fibres musculaires, faisceaux de cellules longues. Ces fibres, qui contiennent de nombreuses mitochondries, fournissent au muscle l'énergie nécessaire à son action.

Le **muscle lisse** a un aspect différent. Ce type de muscle contrôle les mouvements involontaires. Vous n'avez pas à vous concentrer pour faire avancer la nourriture dans vos intestins ; vos muscles lisses le font pour vous. Les parois de la vessie, des vaisseaux sanguins et d'autres structures internes sont du muscle lisse.

Le **muscle cardiaque** n'est présent que dans les parois du cœur. Il est rayé, comme le muscle strié, mais est involontaire : vous n'avez pas à vous souvenir de faire battre votre cœur. Ses fibres individuelles sont connectées par des disques intercalaires qui retransmettent les signaux de cellule à cellule, les entraînant à se contracter de façon synchrone.

Le système digestif humain

La nourriture que nous mangeons doit être décomposée par le processus de digestion en molécules plus petites utilisables par notre corps. La digestion est vitale, car sans elle nous serions incapables d'absorber les nutriments des aliments.

Chez l'adulte, le **système digestif** est long d'environ 9 mètres. Il débute à la **bouche** et finit à l'**anus**. Entre les deux, des organes, des tissus et des cellules travaillent de concert pour digérer la nourriture. Ce système est l'un des plus importants du corps.

La digestion débute avant même que vous avaliez une bouchée. La vue et l'arôme des plats suffisent à déclencher la production des enzymes gastriques qui préparent le système digestif à l'arrivée de la nourriture.

La nourriture est mastiquée et mélangée à la salive dans la bouche, partie mécanique de la digestion qui réduit les aliments en fragments plus petits, plus faciles à avaler et à digérer.

Digestion humaine

Le système digestif humain comporte plusieurs organes, tissus et types cellulaires distincts.

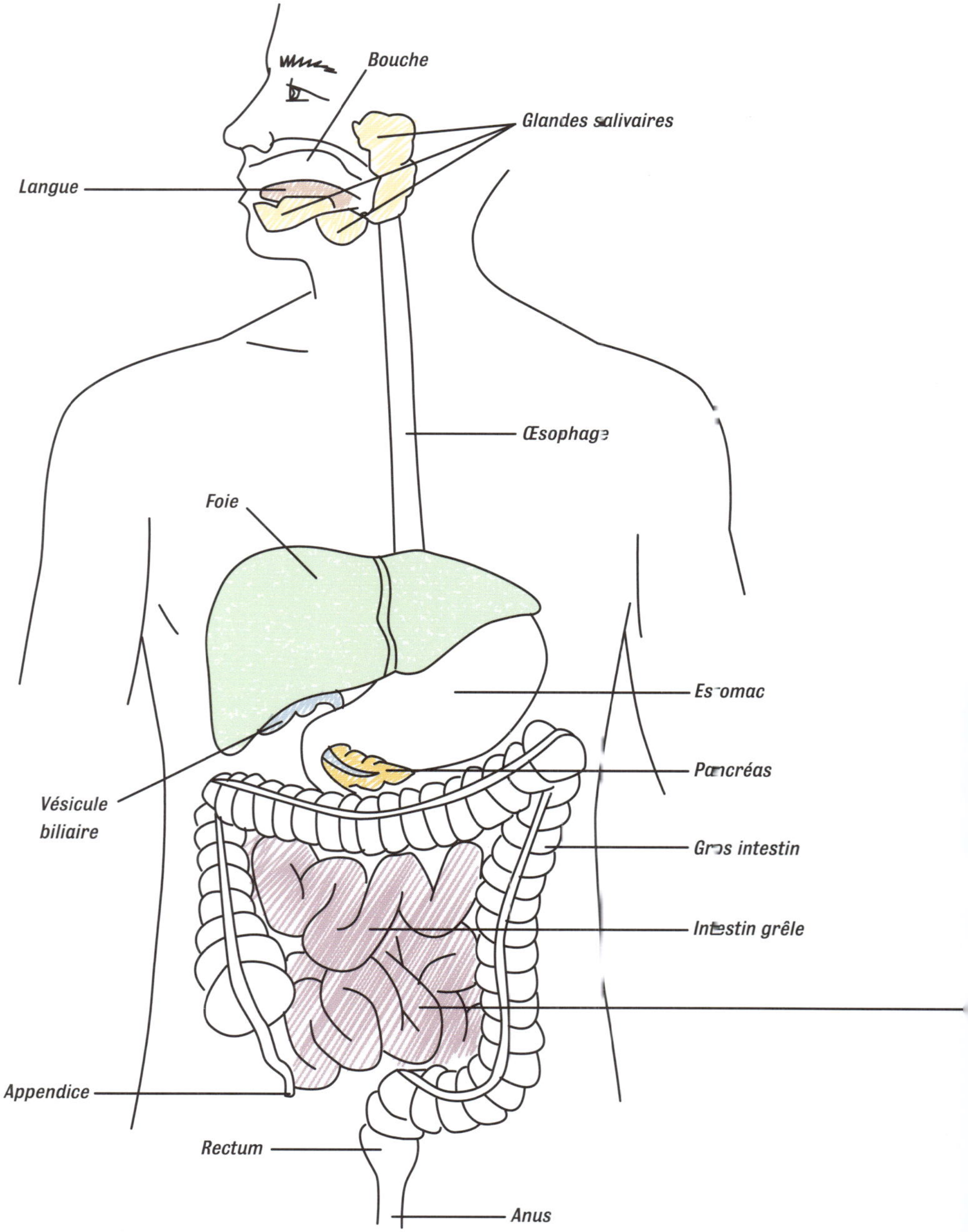

Le bol alimentaire arrive ensuite dans l'**œsophage**, où les contractions répétées des muscles lisses le poussent vers l'estomac.

L'**estomac**, situé juste au-dessus du diaphragme, a deux rôles importants : stocker la nourriture (il est extensible et peut contenir quelque 2 litres) et la digérer chimiquement.

Les cellules de l'estomac sécrètent un liquide digestif, le suc gastrique, qui se mélange à la nourriture à mesure que celle-ci est brassée. Le suc gastrique contient des acides et des enzymes (*voir* page 56), qui aident à décomposer les grandes molécules insolubles de nourriture en des molécules plus petites, plus solubles.

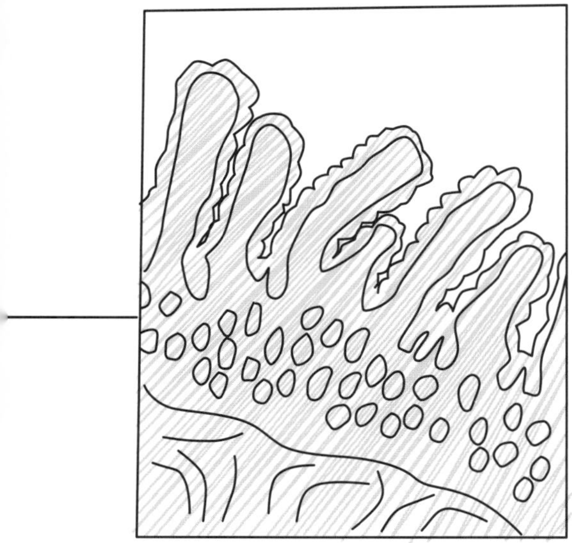

La digestion se poursuit ensuite dans l'**intestin grêle**. Cette partie du système digestif, la plus longue, est un conduit d'environ 6 mètres formant des volutes. Dans la première partie de l'intestin grêle, la nourriture se mélange aux sucs digestifs du pancréas, du foie et de la **vésicule biliaire**, ainsi qu'aux sucs digestifs des glandes de la paroi intestinale. Le foie, par exemple, sécrète de la bile, qui aide à décomposer les molécules de graisse autrement inassimilables.

Lorsque la digestion est en grande partie achevée, les molécules de nourriture passent dans l'intestin grêle, tapissé de larges plis ondulés, les villosités. Les villosités sont couvertes de minuscules projections digitiformes, les microvillosités. Globalement, la superficie de ces plis atteint quelque 250 m^2 (à peu près la taille d'un court de tennis).

Cette superficie étendue accroît l'absorption des nutriments dans le courant sanguin. Certains nutriments arrivent dans le sang par diffusion, d'autres par transport actif.

Intestin grêle

Les microvillosités accroissent de beaucoup la superficie de l'intestin grêle.

L'intestin grêle se joint au **gros intestin** à une jonction en T. Un bras du « T » est le côlon, long d'environ 1,5 mètre, qui débouche sur le **rectum** et l'anus, l'autre est un cul-de-sac, le cæcum. Chez l'homme, le cæcum inclut un minuscule prolongement en doigt de gant, l'appendice.

Pour les scientifiques, l'appendice a longtemps été un simple vestige évolutionniste ; actuellement, on considère que cette structure contient un réservoir de bactéries bénéfiques qui contribuent à repousser les microbes nuisibles.

Chez les herbivores, comme les vaches, le cæcum est bien plus grand. La matière végétale non digérée fermente là pour que la cellulose qu'elle contient soit décomposée en une forme plus utilisable.

Lorsque la nourriture arrive dans le gros intestin, la plupart de ses nutriments ont déjà été extraits. Tous les nutriments subsistants, ainsi que l'excès d'eau, sont absorbés dans le côlon, puis les restes inassimilables sont envoyés au rectum.

Ces déchets sont stockés dans le rectum, attendant le moment approprié pour être excrétés *via* l'anus.

LES SYSTÈMES CIRCULATOIRE ET RESPIRATOIRE

Le **système circulatoire**, qui transporte les hormones, l'oxygène, les nutriments et les déchets autour du corps, comporte le cœur, le sang et les vaisseaux sanguins.

Le sang est fait d'une diversité de types cellulaires, dont les globules rouges et blancs en suspension dans une matrice liquide jaunâtre. Dans les poumons, les globules rouges se chargent en oxygène, qu'ils portent aux cellules qui en ont besoin. Les **globules rouges** contiennent de l'hémoglobine, molécule renfermant du fer, qui lie l'oxygène et leur confère leur couleur.

Les **globules blancs** font partie du système immunitaire. Certains produisent des anticorps, d'autres aident à détruire les bactéries et les virus envahisseurs. Trois types principaux de vaisseaux sanguins transportent le sang.

Les artères aux parois musculaires épaisses transportent le sang oxygéné depuis le cœur vers les organes. Les

veines transportent le sang désoxygéné depuis les organes vers le cœur. Plus minces que les artères, elles sont munies de valves qui empêchent le sang de refluer.

Les capillaires forment un immense réseau. Leurs parois très minces permettent aux substances utiles, comme l'oxygène et le glucose, de passer par diffusion depuis le sang dans les cellules du corps, et aux déchets, tels que le dioxyde de carbone, de passer depuis les cellules du corps dans le sang.

Le réseau des vaisseaux sanguins s'étend dans tout le corps, connectant les différents tissus, organes et systèmes organiques. Chez les mammifères, les vaisseaux sanguins forment un **double système circulatoire**. Le premier transporte le sang depuis le cœur vers les poumons et retour, le second transporte le sang depuis le cœur à tous les autres organes du corps et retour. Ce système efficace permet le pompage rapide autour du corps du sang riche en oxygène arrivant des poumons.

Le **cœur**, organe vital, pompe le sang autour du corps, dirigeant la double circulation. Ses quatre chambres pulsent à l'unisson à un rythme d'environ

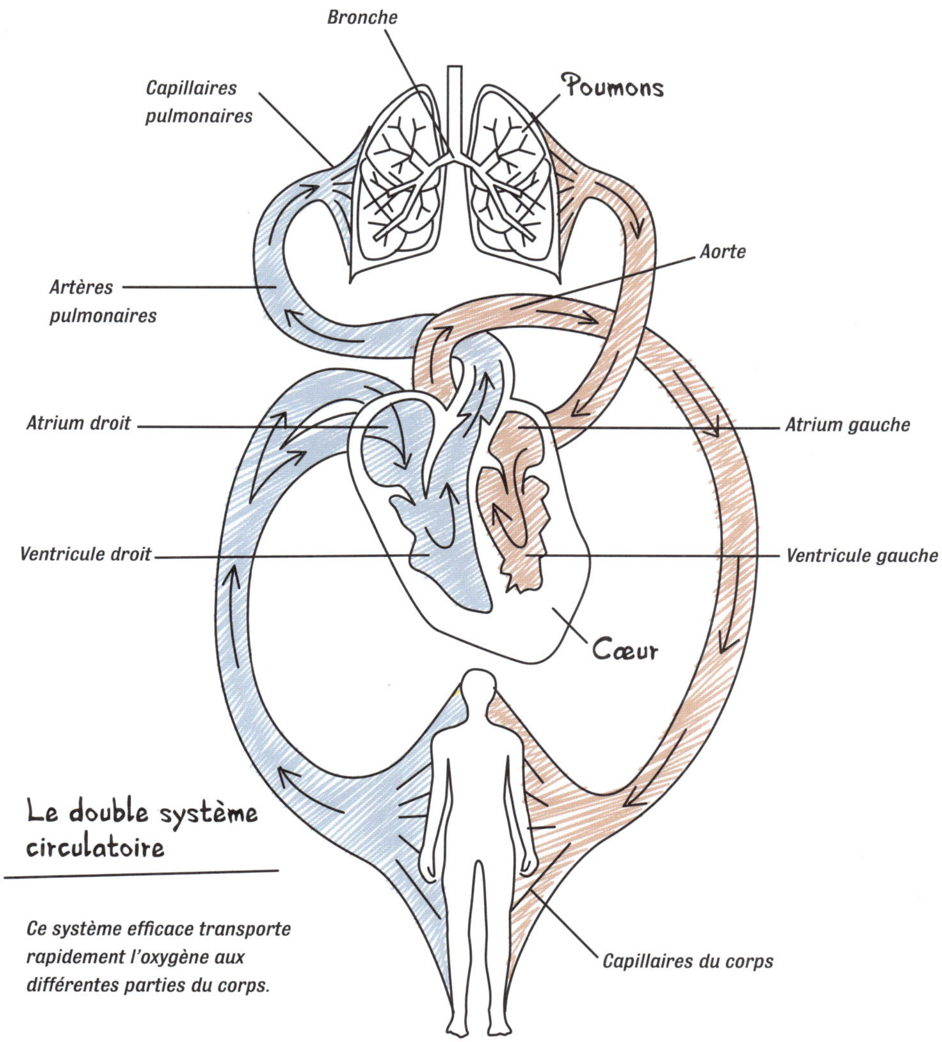

Le double système circulatoire

Ce système efficace transporte rapidement l'oxygène aux différentes parties du corps.

70 battements par minute. Le sang arrive dans les chambres supérieures, les atriums, celui désoxygéné, provenant du corps, arrive dans l'atrium droit, celui oxygéné, provenant des poumons, dans l'atrium gauche.

Les atriums se contractent de concert, forçant le sang à descendre dans les chambres inférieures, les ventricules, dont les valves se ferment pour l'empêcher de refluer.

Les ventricules se contractent pour pousser le sang hors du cœur. Le ventricule droit envoie le sang désoxygéné vers les poumons. Le ventricule gauche envoie le sang oxygéné autour du corps en le faisant passer dans une grande artère, l'aorte. La paroi du ventricule gauche est bien plus épaisse que la paroi du ventricule droit, car celui-ci doit pomper le sang autour de tout le corps, pas seulement vers les poumons.

Les **poumons** sont l'organe majeur du système respiratoire. Une personne moyenne respire environ 25 000 fois par jour. À chaque inspiration, l'oxygène descend par la trachée dans les deux bronches souches, qui débouchent dans les poumons. Chaque bronche se divise en bronches lobaires plus petites, qui se divisent à leur tour maintes fois dans des conduits plus petits, les bronchioles. Des sacs à air, les alvéoles, dont la grande superficie facilite l'échange des gaz, se trouvent à l'extrémité des bronchioles.

L'oxygène que nous inspirons se diffuse à travers les alvéoles dans le sang, tandis que le dioxyde de carbone qui s'accumule dans le corps se diffuse hors du sang et dans les alvéoles, d'où il est éliminé sur l'expiration.

Tous les systèmes organiques du corps sont interconnectés de manière très complexe et, bien qu'ils soient bâtis à partir d'un nombre limité de types de cellules et de tissus, ils fonctionnent efficacement de concert pour accomplir les tâches nécessaires au maintien de la vie.

CROISSANCE VÉGÉTALE ET DÉVELOPPEMENT

Une différence importante entre végétaux et animaux est que la plupart des végétaux grandissent durant toute leur vie, car ils disposent aux extrémités des racines et des pousses de zones de croissance, les méristèmes. Ceux-ci renferment des cellules souches qui se divisent par mitose pour produire quantité d'autres cellules, qui aident le végétal à grandir. Certaines de ces cellules restent dans le méristème et continuent à produire de nouvelles cellules. D'autres se différencient en types cellulaires plus spécialisés, comme les cellules épidermiques et les cellules des poils racinaires (*voir* page 31). C'est la croissance primaire.

Cette croissance primaire permet aux racines et aux pousses de s'allonger. Chez les végétaux non ligneux, comme les graminées et les fougères, elle engendre pratiquement tout leur corps.

Chez les végétaux ligneux, comme les arbres, la circonférence s'accroît aussi, croissance secondaire qui prend place parce que leurs tiges renferment eux aussi des méristèmes, des cylindres de cellules indifférenciées. À mesure que de nouvelles cellules sont produites, l'épaisseur de la tige augmente. La croissance secondaire produit les anneaux qui servent à déterminer l'âge des arbres.

Croissance primaire chez les végétaux

Les feuilles, les pousses et les racines deviennent plus longues et plus larges grâce à la croissance primaire.

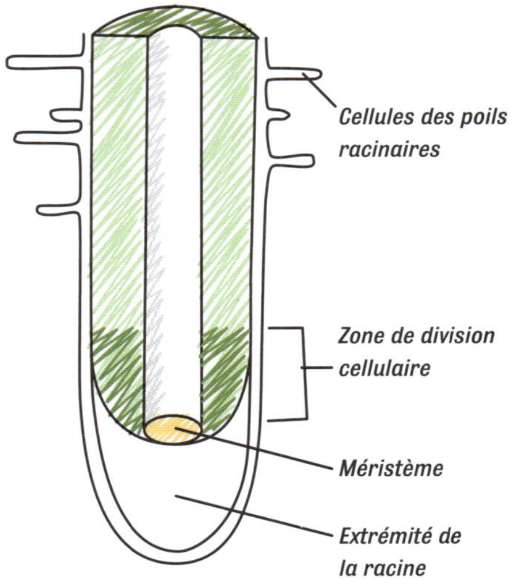

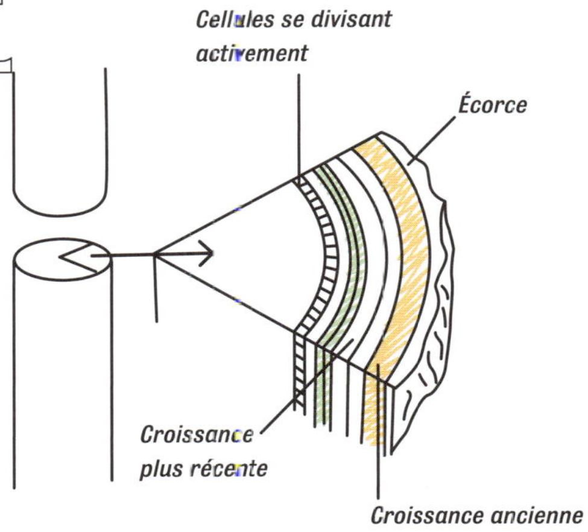

Croissance secondaire chez les végétaux

Les tiges des plantes s'épaississent en raison de la croissance secondaire.

Tout comme les animaux, les végétaux sont formés d'une diversité de cellules, organisées en tissus, organes et systèmes.

Les **tissus dermiques** sont des tissus protecteurs qui couvrent la surface du végétal. Tout comme notre peau, ils sont la première ligne de défense contre la blessure et l'infection.

Les **tissus vasculaires** offrent un soutien mécanique et aident à transporter des matières à travers le végétal. Les deux types de tissu vasculaire sont le xylème et le phloème.

Le **tissu mésophylle**, formé de types différents de cellules, accomplit des tâches comme le stockage, la photosynthèse, le soutien et le transport des molécules.

Organes des plantes

Les différents tissus végétaux sont disposés de sorte à former trois types basiques d'organes : feuilles, tiges et racines.

La majeure partie de la photosynthèse prend place dans les feuilles. En plus de recevoir la lumière solaire, les feuilles contrôlent la perte d'eau, dissipent la chaleur, fournissent protection et échangent des gaz avec l'atmosphère.

Selon leur mode de vie, les végétaux ont développé bien des adaptations différentes. Les épines de certaines cactées, comme le figuier de Barbarie, sont en fait des feuilles, tout comme les vrilles dont se servent les plants de pois pour s'accrocher à ce qui les entoure. Certaines feuilles sont couvertes de poils fins, qui les aident à garder la chaleur et empêchent les insectes de les dévorer. D'autres émettent des molécules à odeur forte pour éloigner les herbivores, d'autres encore ont évolué des structures pareilles à des pièges qui les aident à attraper des proies.

Une **tige** est l'organe portant les feuilles et les boutons. Son principal rôle est d'orienter la pousse pour qu'elle reçoive le maximum de soleil. Les tiges participent aussi au transport des fluides entre les racines et les pousses, et élèvent les structures reproductives pour que le pollen et les fruits puissent se disperser sur une large zone.

Organisation d'une plante

Comparés aux organes animaux, les organes des plantes sont simples : feuilles, tiges et racines.

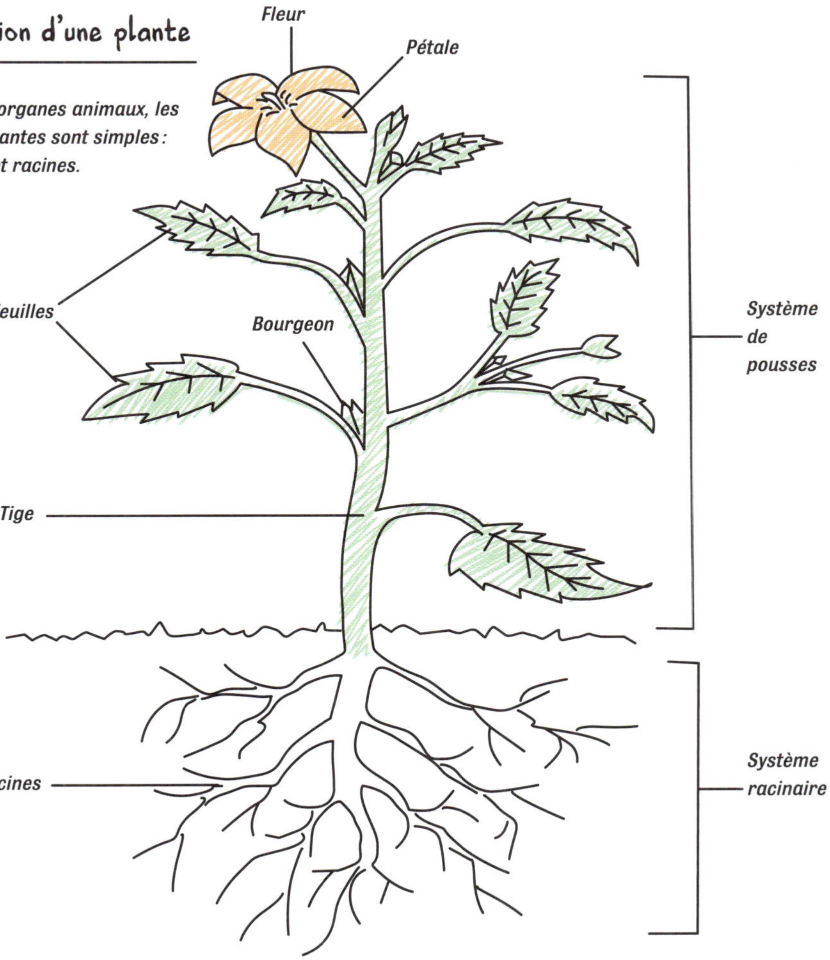

Les tubercules sont en fait des tiges. Les pommes de terre, par exemple, sont des tiges modifiées qui se sont adaptées au stockage de la nourriture. Les « tiges » (troncs) du végétal le plus grand du monde, le séquoia de Californie, peuvent atteindre 100 mètres de haut.

Le **système de racines** ancre le végétal au sol, empêchant qu'il soit renversé ou mangé entièrement. Chose importante, les racines absorbent l'eau et les minéraux du sol environnant et aident certains végétaux à communiquer. Les racines de différents arbres sont connectées par un réseau de champignons souterrains, qui les aident à relayer des messages entre eux. Dans les paysages arides, les racines doivent s'enfoncer profondément dans le sol pour trouver de l'eau. Les racines du *Boscia albitrunca*, le « shepherd's bush », qui pousse dans le désert du Kalahari, s'étendent sur plus de 50 mètres.

Systèmes végétaux

De concert, les cellules, les tissus et les organes d'un végétal forment des systèmes. Les feuilles et les tiges forment le **système de pousses**, les racines forment le système racinaire. Toutes ces structures sont adaptées à leurs divers rôles.

Les **feuilles**, par exemple, comportent une diversité de tissus leur permettant de fonctionner efficacement. Le dessous de la feuille, fait de tissu épidermique, est muni de minuscules pores, les stomates.

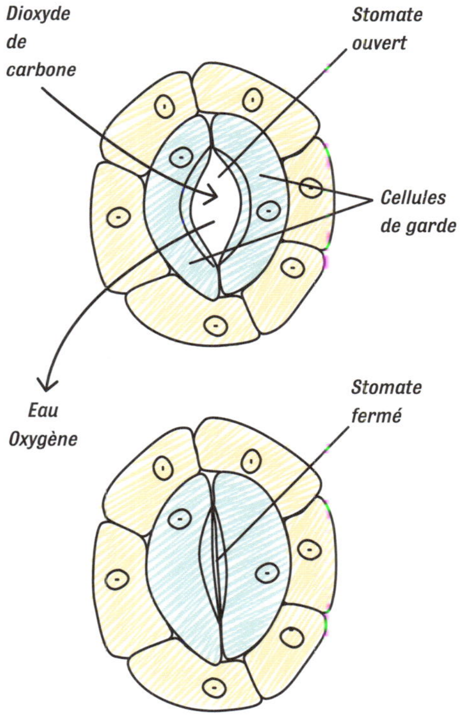

Transpiration

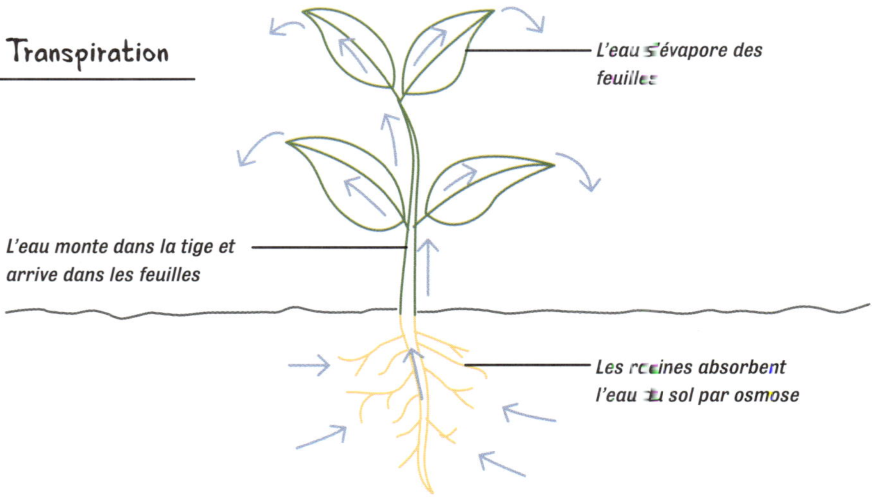

Comme les végétaux ont besoin de dioxyde de carbone pour la photosynthèse, ils l'absorbent et dégagent de l'oxygène en tant que déchet. Ces gaz entrent et sortent du végétal *via* les stomates. Lorsque les stomates sont ouverts, le dioxyde de carbone de l'atmosphère se diffuse dans les minuscules espaces poreux de la feuille, puis dans les cellules végétales. Simultanément, l'oxygène produit par photosynthèse est libéré dans l'atmosphère.

Les stomates aident aussi à contrôler le volume d'eau perdu à partir de la feuille. Les stomates sont entourés de paires de cellules de garde, qui gèrent la taille et l'ouverture des pores. Lorsque les cellules de garde sont enflées, les stomates s'ouvrent. L'eau s'évapore des cellules qui tapissent l'espace poreux interne de la feuille et est libérée dans l'atmosphère *via* la diffusion. Cette perte d'eau est la transpiration végétale.

À mesure que l'eau s'évapore des feuilles, un volume plus important d'eau est aspiré par les racines et monte dans la tige. Ce flux de transpiration est affecté par les conditions environnementales : humidité, température, vent, taux de lumière.

Les végétaux compensent ce processus en ouvrant et en fermant leurs stomates. La plupart ouvrent leurs stomates durant le jour, quand prend place la photosynthèse, et les ferment la nuit, quand la photosynthèse cesse. S'il fait trop chaud ou trop sec dans la journée, les stomates peuvent se fermer plus tôt pour éviter une perte excessive d'eau.

Stomates

Les stomates s'ouvrent et se ferment pour aider à contrôler le mouvement des substances entrant dans la feuille et en sortant.

Le tissu épidermique couvre la face de la feuille, dépourvue de stomates. Afin de prévenir la perte d'eau, ce tissu spécialisé est fait d'une seule strate de cellules très serrées et souvent recouvertes d'un revêtement cireux, imperméable.

Le **tissu mésophylle** est formé de deux strates de cellules. La strate lacunaire ou spongieuse contient des cellules assez écartées les unes des autres, entourées de grandes poches d'air, ce qui crée une superficie étendue, permettant aux gaz d'entrer et de sortir des cellules par diffusion. Il s'agit d'un transport moléculaire à petite échelle d'une cellule à une autre. La strate palissadique est remplie de cellules extrêmement proches, riches en chloroplastes, où prend place la majeure partie de la photosynthèse.

La photosynthèse produit des sucres, que le système vasculaire transporte depuis les cellules où ils sont fabriqués aux autres parties du végétal, sur des distances assez grandes. Le réseau de conduits du **système vasculaire** passe à l'intérieur des feuilles, des pousses et des racines. Il transporte les molécules d'un bout à l'autre du végétal, depuis l'extrémité des racines à la pointe des pousses.

Le phloème transporte les sucres produits dans les feuilles au reste de la plante, y compris aux extrémités des racines et des pousses. Les cellules qui s'y divisent activement ont besoin d'énergie pour produire les nouvelles cellules servant à la croissance. Par ailleurs, les sucres sont transportés aux organes de stockage, comme les tubercules, où ils s'accumulent pour des utilisations futures.

Le xylème transporte l'eau et les ions minéraux depuis les racines au reste du végétal, chose importante, car les cellules ont besoin de ces substances pour synthétiser des protéines et d'autres molécules.

Coupe d'une feuille

Les feuilles sont spécialement adaptées pour maximiser la photosynthèse et le transport des substances entrant dans la plante et en sortant.

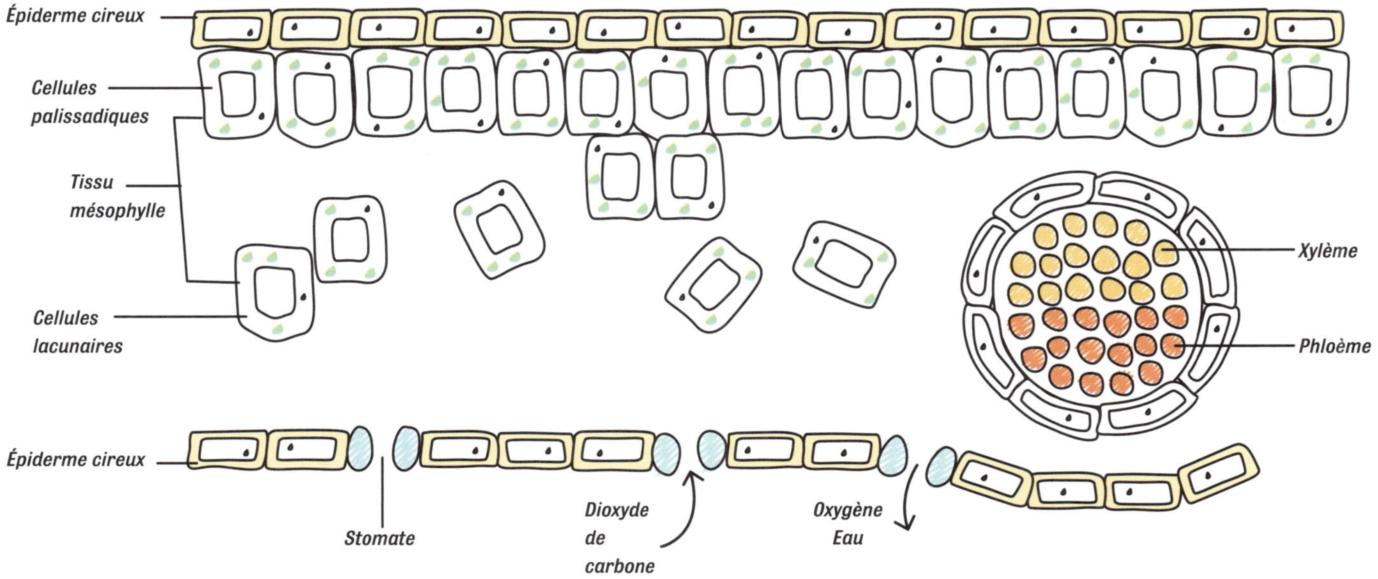

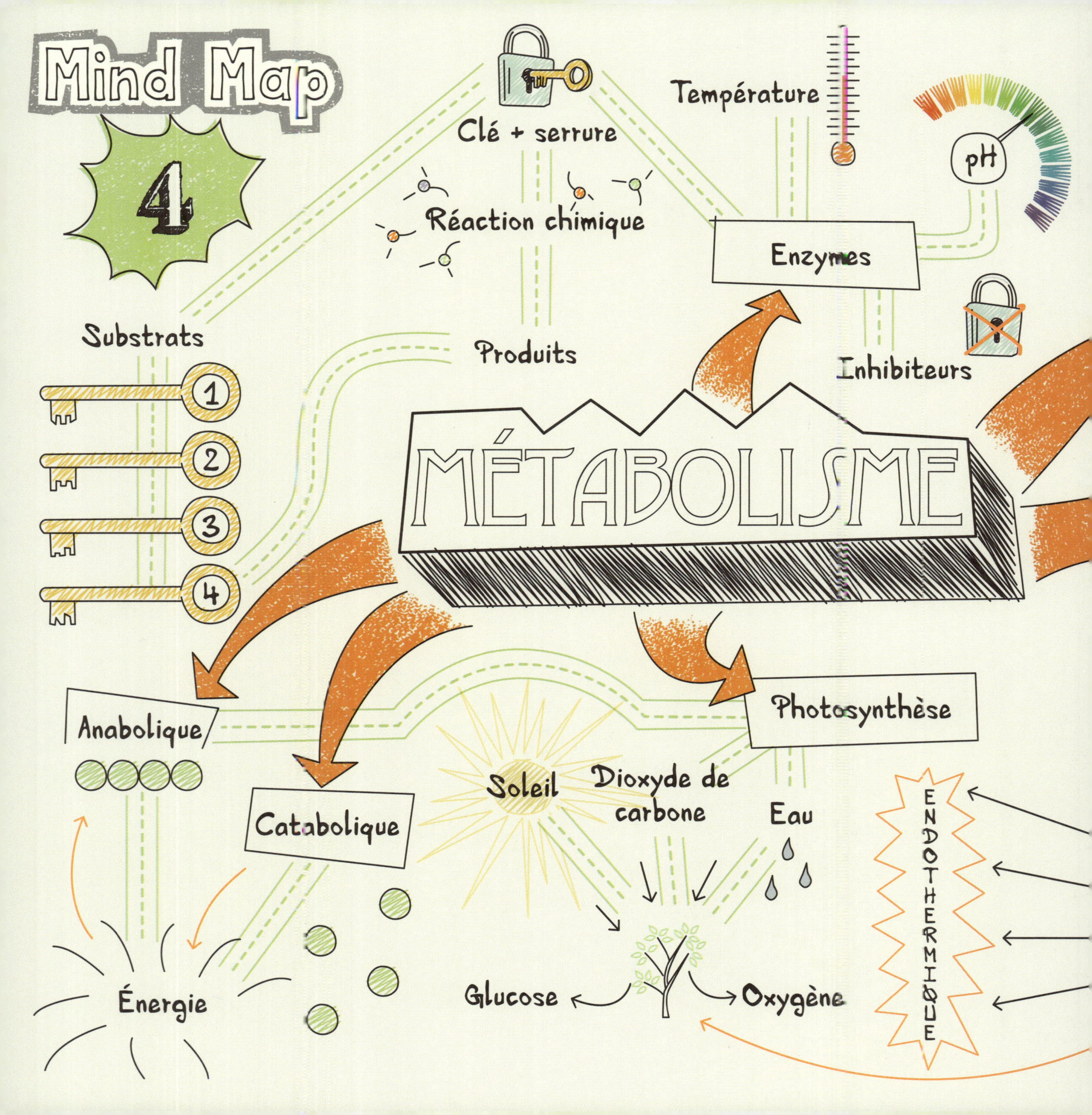

Mind Map
4
Clé + serrure
Température
pH
Réaction chimique
Enzymes
Substrats
Produits
Inhibiteurs
1
2
3
4
MÉTABOLISME
Anabolique
Photosynthèse
Catabolique
Soleil
Dioxyde de carbone
Eau
ENDOTHERMIQUE
Énergie
Glucose
Oxygène

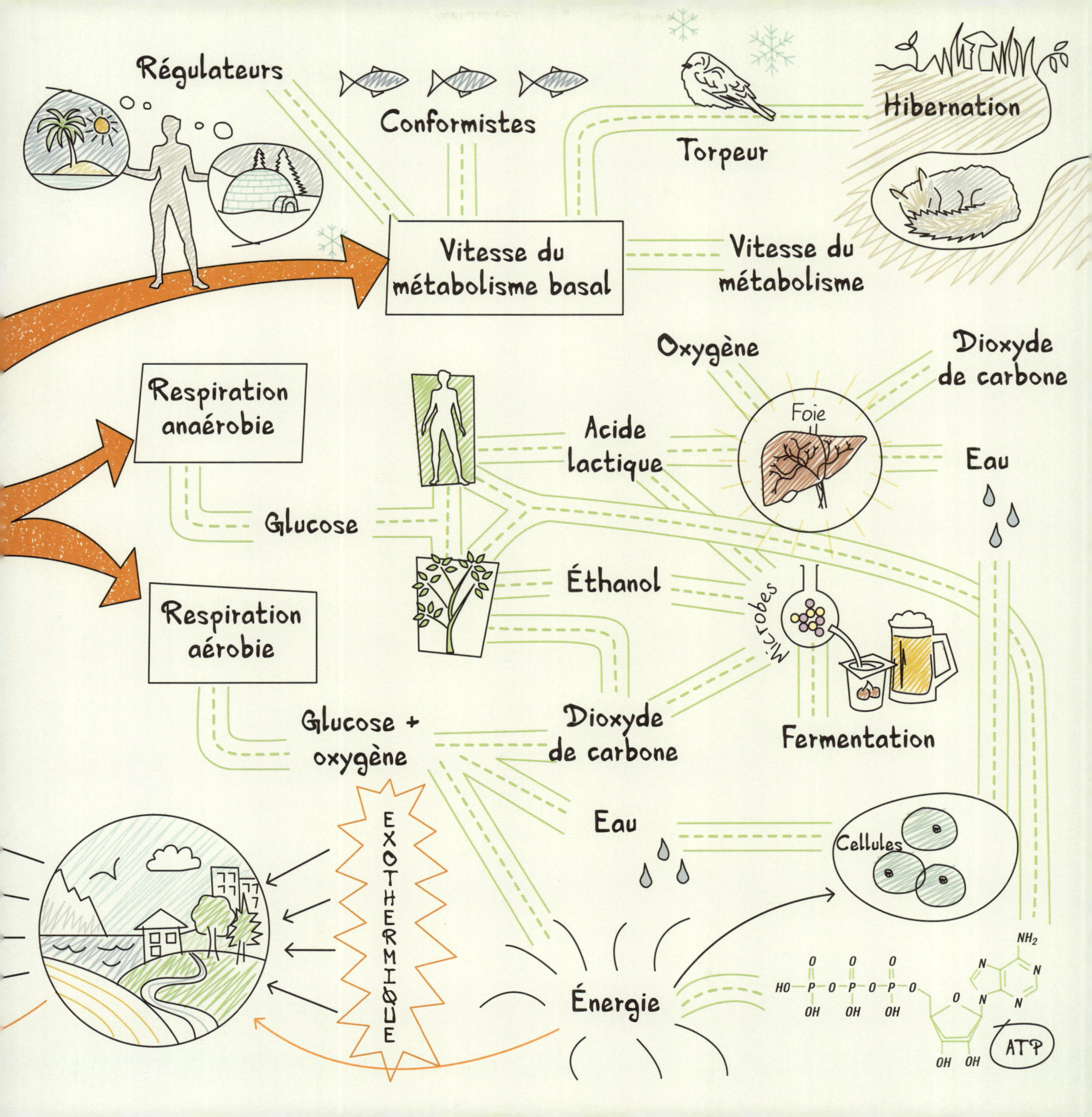
Régulateurs
Conformistes
Torpeur
Hibernation
Vitesse du métabolisme basal
Vitesse du métabolisme
Oxygène
Dioxyde de carbone
Respiration anaérobie
Acide lactique
Foie
Eau
Glucose
Éthanol
Microbes
Respiration aérobie
Fermentation
Glucose + oxygène
Dioxyde de carbone
Eau
Cellules
EXOTHERMIQUE
Énergie
ATP

VOIES MÉTABOLIQUES

Pendant que vous restez assis à lire ce livre, vous pouvez avoir l'impression que votre corps ne fait pas grand-chose, mais si vous pouviez regarder à l'intérieur de n'importe laquelle de vos trillions de **cellules**, vous constaterez qu'elle est un centre trépidant d'activité. Les cellules de notre corps ne se reposent jamais, mais s'affairent à exécuter toutes les réactions chimiques nécessaires pour nous garder en bonne santé et en vie. Collectivement, ces réactions sont le **métabolisme** d'un organisme.

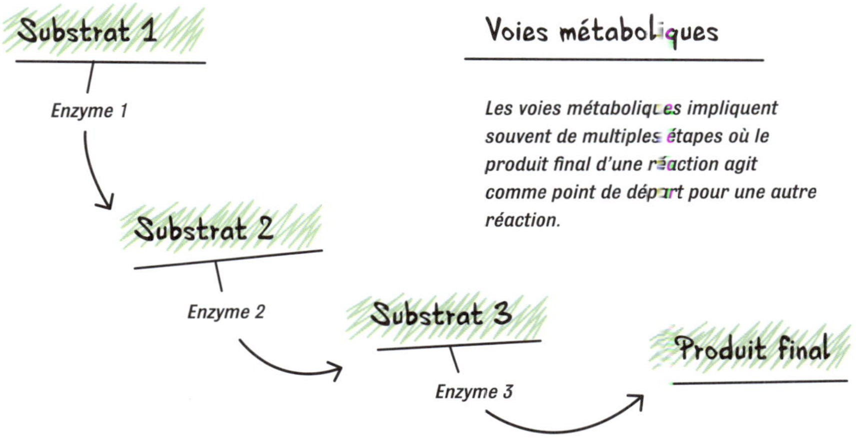

Le métabolisme est absolument vital pour tout organisme vivant, car il aide à transformer la nourriture en énergie, à décomposer les déchets et à assembler les composantes des cellules, des tissus, des organes et des systèmes. Ce processus débute au moment où la vie commence et se poursuit durant toute l'existence. Si le métabolisme s'arrête, l'organisme meurt.

Souvent, les réactions chimiques sont liées, formant des voies chimiques. Chacune modifie une molécule spécifique au cours d'une série d'étapes précises, en vue de créer un produit final utile. Les molécules qui sont changées sont les réactants ou les **substrats** ; un enzyme contrôle chaque étape de la voie.

Les voies métaboliques sont divisées en deux catégories principales. Les voies **cataboliques** décomposent de grandes molécules en d'autres plus petites et dégagent de l'**énergie**. La respiration est un processus catabolique.

Les voies **anaboliques** bâtissent de grandes molécules à partir de petites, processus qui requiert de l'énergie. Lorsque les cellules bâtissent des protéines à partir d'acides aminés, le processus est anabolique. Quand les plantes vertes combinent le dioxyde de carbone et l'**eau** pour produire le glucose, il s'agit également d'un processus anabolique. Les voies anaboliques sont aussi appelées « voies biosynthétiques » ou « voies de biosynthèse », car elles synthétisent des produits utiles de façon biologique.

Il y a des centaines de voies métaboliques différentes. La plupart impliquent des étapes et des enzymes multiples. Pour visualiser un schéma des voies chimiques de vos cellules, imaginez le plan du métro d'une grande ville.

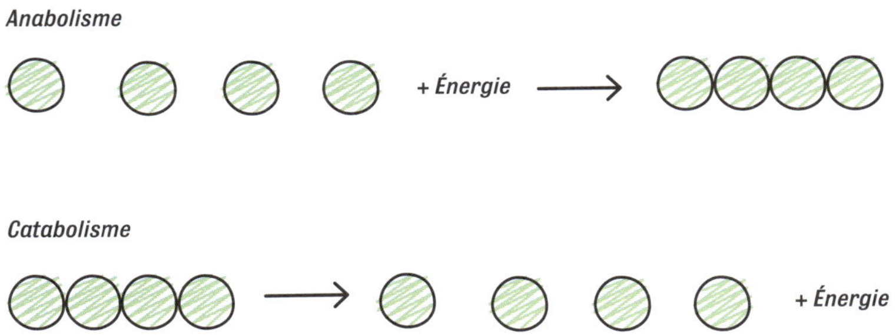

Anabolisme et catabolisme

Les voies métaboliques sont de deux catégories : celles qui bâtissent des molécules et celles qui les décomposent.

Chaque ligne est une réaction et chaque station un réactant ou un produit.

Si un enzyme ou un substrat particulier est indisponible, le produit final peut parfois être fabriqué en passant par une voie métabolique différente. C'est comme emprunter une autre ligne de métro pour atteindre votre destination. Cela prendra peut-être un peu plus de temps que la voie originale, mais le résultat final sera le même.

Beaucoup de voies métaboliques sont communes à toutes les espèces. Par exemple, la glycolyse, qui fait partie de la respiration, est la voie métabolique qui décompose le glucose pour libérer de l'énergie. Le métabolisme de pratiquement tous les organismes vivants comporte une glycolyse, ce qui suggère que ce processus a une histoire évolutionniste ancienne et que sa grande utilité l'a fait subsister jusqu'à ce jour.

D'autres voies métaboliques sont limitées à certains types d'organismes. Les animaux, par exemple, présentent des voies métaboliques spécifiques qui leur permettent de produire des vitamines et de l'hémoglobine. Les végétaux présentent des voies métaboliques spécifiques qui les aident à fabriquer la chlorophylle et le glucose.

Les voies métaboliques d'un organisme aident à déterminer quelles substances seront toxiques et lesquelles seront tolérables. Par exemple, certains organismes unicellulaires utilisent l'hydrogène sulfuré comme nutriment, alors que ce même gaz est toxique pour les animaux. Le bambou contient de l'arsenic, toxique pour les mammifères. Pourtant, les pandas se nourrissent sans problème de bambou, car ils possèdent une voie unique leur permettant de métaboliser l'arsenic, qu'ils excrètent dans leur urine.

L'arsenic tue la plupart des mammifères, mais les pandas peuvent métaboliser cette substance chimique dangereuse et manger le bambou qui la contient.

ENZYMES

Les cellules contrôlent leurs réactions métaboliques *via* les enzymes, molécules qui accélèrent les réactions chimiques. Chaque enzyme interagit avec un substrat particulier, jouant le rôle de catalyseur, accroissant la vitesse de la réaction sans changer lui-même de façon permanente.

Certains produits d'entretien se servent d'enzymes pour accélérer les **réactions chimiques**. Par exemple, les poudres à laver biologiques contiennent divers enzymes qui décomposent les graisses, les protéines et les autres molécules qui tachent.

Des milliers d'enzymes différents existent. La plupart sont des protéines, grandes molécules pliées dans des formes tridimensionnelles précises et distinctes, étroitement liées à leur fonction.

Pour agir, l'enzyme et le substrat doivent s'attacher l'un à l'autre. C'est comme une **clé** correspondant à une **serrure**. Le substrat est la clé, l'enzyme est la serrure. La forme précisément façonnée de l'enzyme assure que seul le substrat correct y correspond.

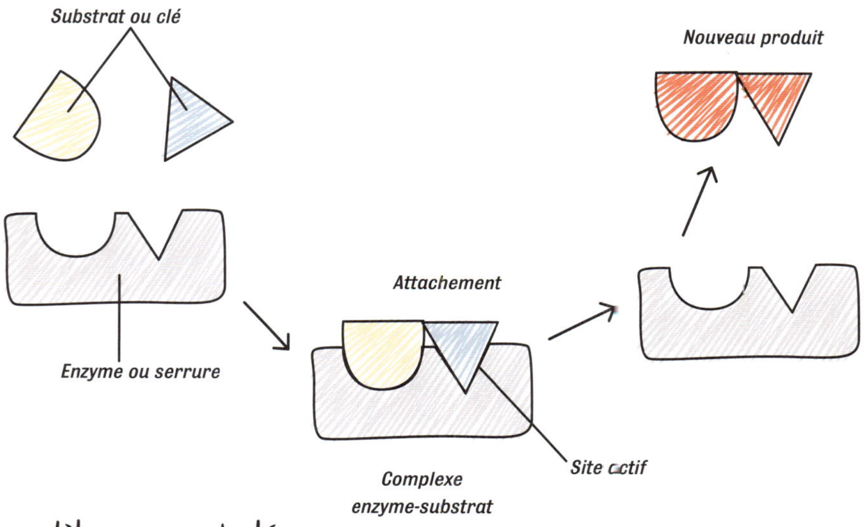

Le modèle serrure et clé

Les substrats sont pareils à des clés, car ils ne correspondent qu'à certains enzymes ou « serrures ». Après que les substrats s'attachent à l'enzyme, la réaction peut continuer et le nouveau produit être fabriqué et libéré.

La partie de l'enzyme à laquelle le substrat s'attache est le site actif. Celui-ci ne s'attachera qu'à un substrat particulier : l'enzyme est donc spécifique à ce substrat-là. Le site actif a aussi une grande affinité pour son substrat particulier. Cela aide à placer les réactants dans la position correcte pour que ce rattachement prenne place.

Une fois la « clé » en place, l'enzyme et le substrat s'attachent l'un à l'autre, formant le complexe enzyme-substrat. Cela réduit le volume d'énergie – l'énergie d'activation – nécessaire pour que la réaction démarre.

Avec le substrat en place, la réaction prend place et crée les **produits**. Comme les produits ne sont pas spécifiques au site actif, ils sont libérés depuis la surface de l'enzyme.

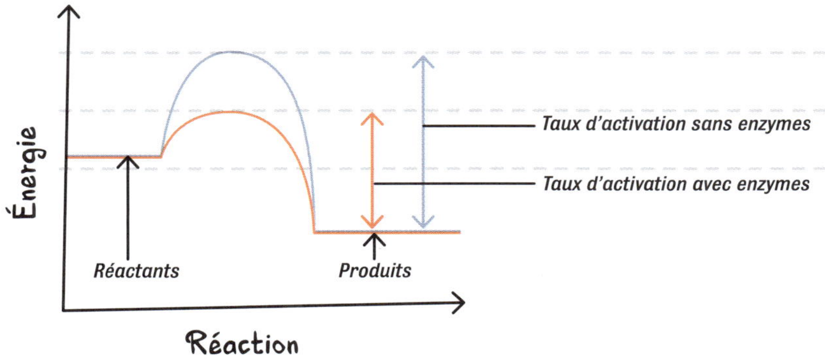

Énergie d'activation

Les enzymes aident le déroulement efficace des réactions. Si un enzyme est présent, moins d'énergie est requise pour activer une réaction.

D'autres modèles de fonctionnement des enzymes, plus complexes, existent, mais tous reposent sur ce modèle basique de serrure et de clé.

La vitesse des réactions métaboliques est influencée par une diversité de facteurs. Si le substrat est plus concentré, par exemple, plusieurs « clés » correspondent aux serrures. La vitesse de la réaction augmente jusqu'à ce que tous les sites actifs soient occupés et qu'il n'y ait plus de serrures disponibles. L'enzyme est saturé, dans quel cas ajouter plus de substrat ne fait aucune différence quand à la vitesse de la réaction.

Des facteurs externes, comme le **pH** et la **température**, entrent aussi en jeu. La plupart des réactions qui prennent place à l'intérieur des cellules se déroulent à des températures relativement basses. À mesure que la température monte, la vitesse de ces réactions s'accélère aussi. Toutefois, au-dessus de 40 °C, les enzymes commencent à se décomposer, ce qui change leur forme tridimensionnelle précise, empêchant le substrat de s'attacher au site actif. L'enzyme devient incapable de fonctionner comme catalyseur et la réaction ralentit ou s'arrête.

La plupart des enzymes humains agissent à environ 37 °C, la température interne du corps humain. En l'absence des enzymes qui les accélèrent, les réactions métaboliques qui fournissent de l'énergie au corps humain seront trop lentes pour soutenir la vie. Voilà pourquoi une forte fièvre de longue durée est dangereuse. Si la température du corps dépasse 41 °C, ses enzymes commencent à se décomposer, ce qui peut s'avérer mortel.

Certains enzymes peuvent cependant agir à des températures bien plus élevées. Par exemple, les bactéries qui vivent dans les sources chaudes disposent d'enzymes capables de fonctionner à des températures supérieures à 80 °C. De même, alors que la plupart des enzymes agissent à un pH de 6 à 8, les enzymes de l'estomac agissent à un pH bien plus bas, plus acide.

Température du corps et enzymes

Si la température du corps est trop élevée, les enzymes se décomposent et les réactions métaboliques vitales ne prennent plus place, ce qui risque de mettre en péril la vie.

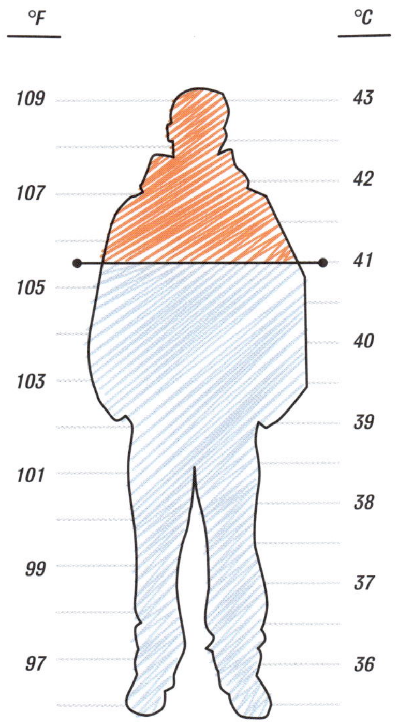

CONTRÔLE DU MÉTABOLISME

On a vu comment les facteurs environnementaux tels que la température et le pH peuvent influencer les réactions métaboliques qui prennent place dans les cellules. Des molécules, les **inhibiteurs**, bloquent l'action des enzymes qui contrôlent ces réactions.

Trois types différents d'inhibition existent.

1. L'inhibition compétitive prend place lorsqu'un inhibiteur s'attache au site actif d'un enzyme et empêche le substrat de s'attacher. Cet attachement est rendu possible par le fait que les inhibiteurs sont structuralement similaires au substrat habituel de celui-ci. L'effet peut être inversé en augmentant la concentration du substrat et en inondant les sites actifs de l'enzyme de beaucoup de molécules substrat. L'inhibiteur sera dilué, ce qui l'empêchera d'agir.

2. L'inhibition non compétitive prend place quand un inhibiteur ne s'attache pas au site actif de l'enzyme, mais à une autre de ses parties. Cela change la forme du site actif et empêche le substrat habituel de s'attacher, ce qui ralentit la vitesse de la réaction. À la différence de l'inhibition compétitive, l'inhibition non compétitive ne peut pas être inversée en augmentant la concentration du substrat.

3. La rétro-inhibition prend place quand le produit final d'une voie métabolique s'attache à l'enzyme au commencement de la voie et l'arrête définitivement. C'est une forme de rétro-contrôle négatif, processus réversible car, lorsque la concentration des molécules inhibitrices diminue, l'enzyme peut catalyser la réaction et l'inciter à recommencer.

Inhibiteurs enzymatiques

Les inhibiteurs bloquent les enzymes de diverses manières. Les inhibiteurs compétitifs font directement concurrence au substrat, tandis que les inhibiteurs non compétitifs lui font concurrence indirectement.

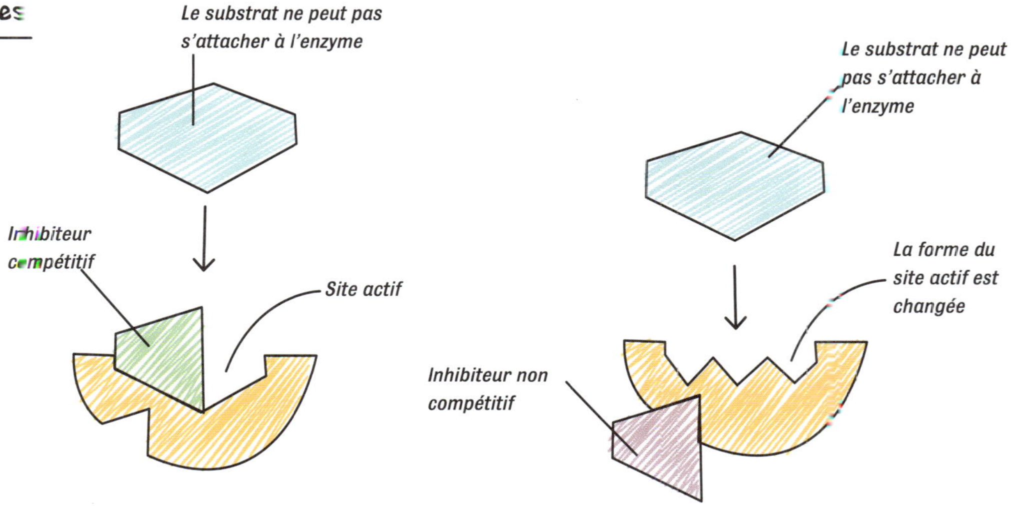

Remèdes et poisons

Les inhibiteurs enzymatiques naturellement présents dans le corps servent aussi de remèdes et de poisons. Certains antibiotiques agissent en inhibant des enzymes bactériens essentiels. Par exemple, la pénicilline agit en bloquant le site actif d'un enzyme dont les bactéries se servent pour bâtir leurs parois cellulaires.

Des toxines comme le sarin, le mercure et le cyanure sont également des inhibiteurs enzymatiques. Au milieu des années 1990, les terroristes ont relâché du sarin dans le métro de Tokyo, tuant une douzaine de personnes. Cette petite molécule s'attache à un site particulier d'un enzyme, l'acétylcholinestèrase, qui a un rôle important pour le système nerveux, et le bloque.

Tous les inhibiteurs enzymatiques, parties naturelles de la constitution moléculaire de la cellule, ne sont pas nuisibles. Si toutes les réactions métaboliques de la cellule se déroulaient en même temps, le chaos s'installerait. Les inhibiteurs aident à régir cette activité.

Le corps utilise des mécanismes génétiques pour contrôler les nombreuses voies métaboliques existantes. Un organisme est capable de déterminer quand et où les enzymes essentiels sont actifs. Il y parvient en activant et en désactivant les gènes qui codent les divers enzymes et inhibiteurs, et en régissant l'activité des enzymes après leur synthèse.

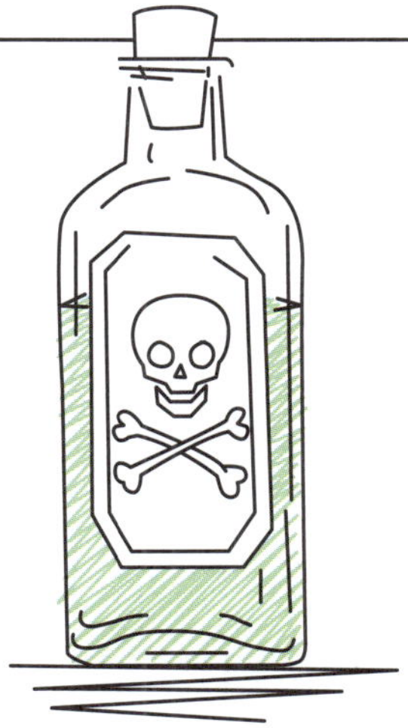

Inhibiteurs toxiques

Certaines toxines sont des inhibiteurs enzymatiques. Elles provoquent des problèmes de santé, parfois même la mort, en perturbant des réactions métaboliques essentielles.

Le métabolisme est parfaitement contrôlé, donc peu surprenant que la distribution des enzymes et de leurs substrats à travers la cellule est loin d'être aléatoire. Chacun se trouve à un emplacement précis. Certains enzymes empiètent sur les parois des membranes cellulaires, certains autres sont en suspension dans le cytoplasme. Des enzymes impliqués dans la respiration se trouvent dans les mitochondries des cellules animales, alors que les enzymes qui catalysent la **photosynthèse** se trouvent dans les chloroplastes des cellules végétales.

Pour fonctionner, beaucoup d'enzymes ont besoin de l'aide d'autres molécules, les cofacteurs, qui ne sont pas des protéines, mais souvent des vitamines, comme la vitamine A ou C, ou des ions métal, par exemple fer ou zinc. Les cofacteurs sont soit attachés de façon permanente à l'enzyme, soit s'y attachent et s'en détachent de concert avec le substrat.

Dans certains cas, différents enzymes sont regroupés en un complexe multienzyme, un « super-enzyme ». L'arrangement de ces enzymes influence la réaction qui s'ensuit. Le produit du premier enzyme devient le substrat de l'enzyme adjacent, et ainsi de suite, jusqu'au produit final.

Les scientifiques ont identifié des milliers d'enzymes différents chez toutes sortes d'espèces distinctes. Tous sont apparus au fil de l'évolution (*voir* chapitre 8). Les enzymes sont des protéines et les instructions pour la fabrication des protéines sont inscrites dans l'ADN. Les changements aléatoires de l'ADN des organismes vivants modifient ces instructions, de sorte que les enzymes produits sont à leur tour légèrement différents, capables de s'attacher à des substrats différents ou d'assumer de nouvelles fonctions variées. Si le changement aide l'organisme à survivre, il est susceptible de persister.

RESPIRATION

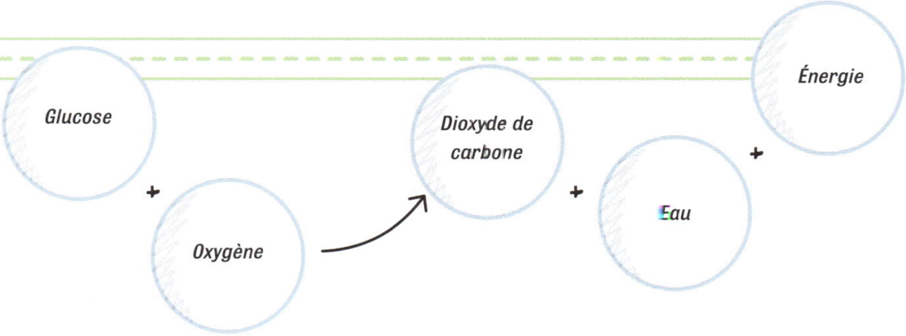

La respiration, important processus métabolique, prend place dans toutes les cellules vivantes, tant végétales qu'animales. Elle permet aux organismes vivants d'obtenir de l'énergie à partir de leur nourriture, énergie nécessaire pour les processus essentiels tels que la croissance, le mouvement et la reproduction.

La respiration est une réaction chimique contrôlée par un enzyme. La respiration aérobie nécessite de l'oxygène, à la différence de la respiration anaérobie.

Respiration aérobie

La respiration aérobie implique une série complexe de réactions chimiques et bon nombre d'enzymes différents. Pour résumer :

Durant la respiration aérobie, le **glucose** réagit avec l'**oxygène**, produisant du **dioxyde de carbone**, de l'**eau** et de l'énergie.

Les matériaux bruts de la respiration proviennent de l'environnement. Nous inspirons de l'oxygène de l'air et obtenons le glucose de la nourriture que nous mangeons. Le dioxyde de carbone est relâché dans l'environnement sur l'expiration, et l'eau produite est utilisée par les cellules du corps.

L'énergie est produite sous la forme d'une substance chimique, l'adénosine triphosphate (**ATP**). Les cellules utilisent la plupart de cette énergie, mais une partie se dissipe dans l'environnement, le réchauffant légèrement. La respiration aérobie est une réaction **exothermique**, car elle transfère de l'énergie à l'environnement.

La glycolyse, première étape de la respiration aérobie, prend place dans le cytoplasme des cellules à mesure que le glucose est décomposé en molécules plus petites. Un faible volume d'énergie est libéré.

Comment les cellules produisent l'énergie en présence d'oxygène

Durant la respiration aérobie, les organismes vivants décomposent la nourriture pour obtenir l'énergie dont ils ont besoin pour vivre.

Les produits de la glycolyse alimentent la seconde étape, le cycle de Krebs, qui se déroule dans les mitochondries et génère lui aussi un petit volume d'énergie.

Les produits du cycle de Krebs alimentent la troisième étape, la chaîne de transport des électrons, qui prend également place dans les mitochondries et génère beaucoup d'énergie.

Les mitochondries des cellules ont une membrane interne pliée (*voir* pages 28 et 29), qui offre une large superficie d'attache aux enzymes et à leurs substrats, rendant la respiration efficace.

Respiration anaérobie

La plupart des organismes respirent de façon aérobie, pourtant lorsque l'oxygène s'épuise certains peuvent respirer de façon anaérobie. Par exemple, les muscles respirent de façon anaérobie quand on fait de grands efforts et que le corps ne peut pas fournir de l'**oxygène**.

Tout comme la respiration aérobie, la respiration anaérobie décompose le **glucose**, libérant l'énergie sous forme d'ATP. À la différence de la respiration aérobie, les molécules de glucose ne sont pas complètement décomposées, autrement dit moins d'énergie est produite. La respiration anaérobie est donc moins efficace que la respiration aérobie.

La respiration anaérobie se déroule dans le cytoplasme cellulaire. Dans les cellules animales, les produits finaux de la respiration anaérobie sont l'**acide lactique** et l'énergie.

L'accumulation d'acide lactique cause la sensation de brûlure ressentie lorsque les muscles sont surmenés par un effort intense. Cette fatigue musculaire empêche la contraction efficace des muscles.

Comme l'excès d'acide lactique ne peut pas être éliminé à l'exemple du dioxyde de carbone, il doit être décomposé par les cellules du **foie**, ce qui exige de l'oxygène. La réaction de l'acide lactique et de l'oxygène produit du dioxyde de carbone et de l'eau. Le volume d'oxygène nécessaire pour décomposer l'acide lactique est l'apport d'oxygène. Voilà pourquoi on continue parfois à haleter après avoir arrêté l'exercice. Le corps s'assure ainsi qu'il obtient assez d'oxygène pour décomposer l'acide lactique.

Les végétaux et les micro-organismes respirent de façon anaérobie. Certains **microbes** produisent de l'acide lactique lorsqu'ils respirent sans oxygène, d'autres produisent de l'**éthanol** et du dioxyde de carbone. Les végétaux produisent aussi de l'éthanol et du dioxyde de carbone quand ils respirent de cette façon.

Lorsque les micro-organismes respirent ainsi, il s'agit d'un processus de fermentation. L'homme utilise la fermentation depuis des milliers d'années pour la préparation de certains aliments, comme le yaourt, le chou mariné et la bière.

Fatigue musculaire

La fatigue musculaire survient quand l'acide lactique s'accumule dans les muscles. La décomposition de l'acide lactique exige de l'oxygène.

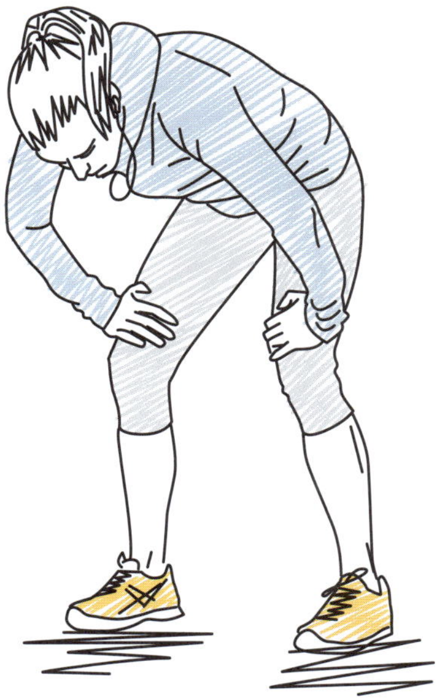

Comment les cellules produisent l'énergie en l'absence d'oxygène

La respiration anaérobie permet à certains organismes vivants d'obtenir de l'énergie de la nourriture en l'absence d'oxygène.

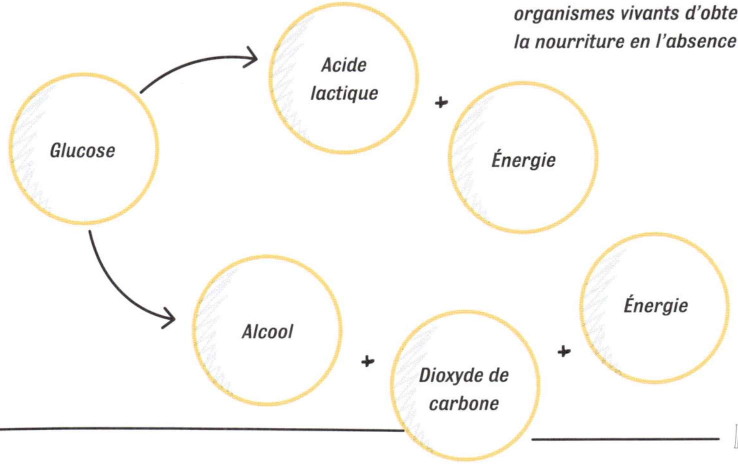

PHOTOSYNTHÈSE

Les animaux doivent manger pour obtenir de l'énergie, à la différence des végétaux, qui produisent leurs nutriments par photosynthèse.

Durant ce processus métabolique, les plantes convertissent le dioxyde de carbone et l'eau en glucose et oxygène, réaction alimentée en énergie par la **lumière solaire**.

La photosynthèse est une réaction **endothermique**, car elle requiert de l'énergie de l'environnement pour prendre place. Ce processus est le contraire de la respiration, qui convertit le glucose et l'oxygène en dioxyde de carbone et eau. Les déchets de la respiration servent de point de départ à la photosynthèse, et les déchets de la photosynthèse servent de point de départ à la respiration. Les cellules végétales et les cellules d'autres organismes photosynthétiques contiennent des organites spécialisés, les chloroplastes (*voir* pages 30 et 31), où prend place la photosynthèse. Les chloroplastes renferment un pigment spécialisé, la chlorophylle.

La chlorophylle absorbe l'énergie de la lumière solaire qui a traversé quelque 150 millions de km pour l'atteindre. Comme les végétaux et les algues ont besoin de lumière solaire pour la photosynthèse, ce processus ne se déroule que durant le jour.

Les plantes obtiennent leur dioxyde de carbone de l'air et leur eau du sol. L'oxygène qu'elles produisent est relâché dans l'atmosphère et nous l'inspirons.

Une partie du glucose produit par les plantes est utilisée immédiatement, convertie en énergie *via* la respiration. Le reste est converti en substances utiles, comme l'amidon et la cellulose, principal composant des parois cellulaires végétales.

L'amidon constitue une réserve d'énergie qui peut être décomposée ultérieurement par la respiration. Il est stocké dans les feuilles ou, parfois, dans des tubercules spécialisés poussant en dessous du sol. Les pommes de terre et les autres racines comestibles sont riches en amidon, que l'homme utilise aussi comme source d'énergie.

Comment les végétaux utilisent la lumière solaire

Les végétaux utilisent la lumière solaire pour produire des nutriments à partir du dioxyde de carbone et de l'eau : c'est la photosynthèse.

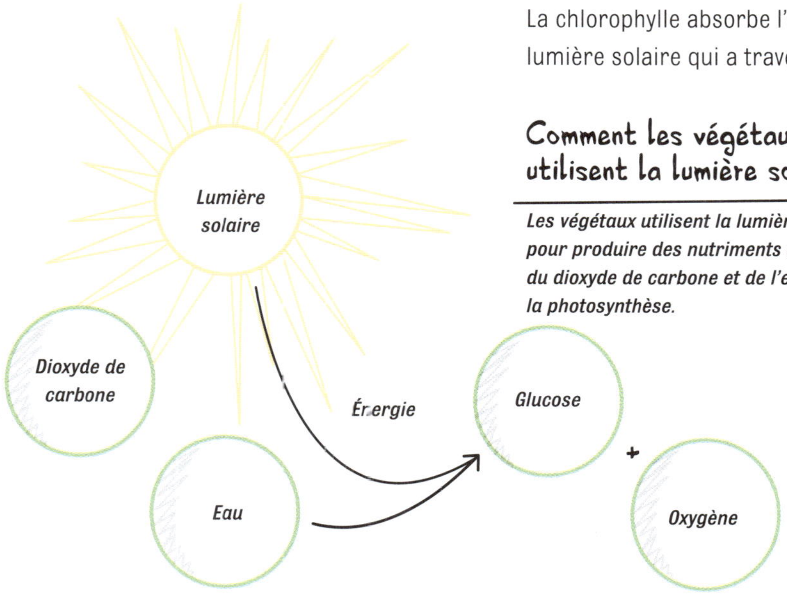

Photosynthèse dans le champ

Les végétaux ont besoin de minéraux pour grandir, ainsi que de lumière solaire, d'eau et de dioxyde de carbone.

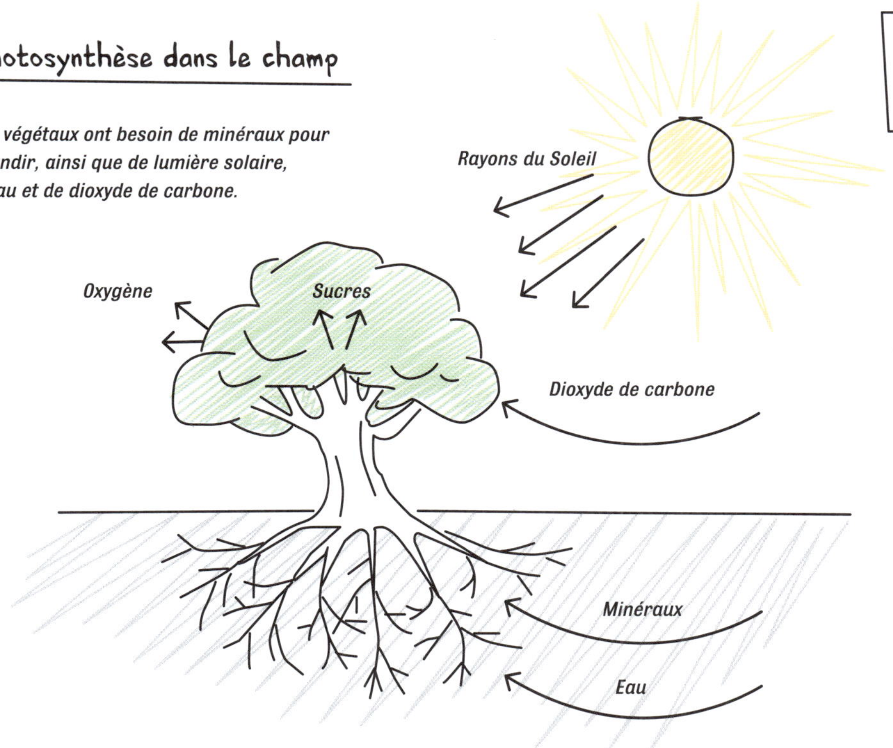

Les plantes à feuilles caduques (qui perdent leurs feuilles en hiver) utilisent ces réserves énergétiques pour survivre à l'hiver. Celles-ci leur fournissent de la nourriture et des réserves d'énergie qui aident à stimuler la nouvelle croissance au printemps.

Les plantes utilisent une partie du glucose produit par photosynthèse pour fabriquer des acides aminés en combinant les sucres et les ions nitrate, ainsi que divers ions minéraux provenant du sol. Ces acides aminés sont joints en des protéines, comme les enzymes, utilisables par la plante. Ce processus fait appel à l'énergie de la respiration.

La plupart des plantes ne poussent pas bien sans ces minéraux. Lorsque le magnésium manque dans le sol, les plantes ont du mal à produire de la chlorophylle et leurs feuilles jaunissent. La pénurie de nitrates retarde la croissance.

Le glucose provenant de la photosynthèse favorise aussi l'accumulation des réserves de graisses et d'huiles, qui agissent comme stocks énergétiques, servant parfois au renforcement des parois cellulaires ou formant une réserve d'énergie accompagnant les graines.

Le rôle vital de la photosynthèse

Les algues pratiquent elles aussi la photosynthèse. Leurs petites cellules contiennent tellement d'huile que les scientifiques espèrent s'en servir comme possible biocarburant.

Les végétaux constituent la majeure partie de la biomasse globale. Toute vie dépend de la photosynthèse, soit directement, soit indirectement. Lorsque les végétaux sont consommés, les nutriments qu'ils produisent entrent dans la chaîne alimentaire.

Bien que chaque chloroplaste soit infime, leur action collective est immense. On estime que la photosynthèse produit 150 000 milliards de kg d'hydrates de carbone par an. Ils nous servent de nourriture et nous avons appris à stimuler le taux de photosynthèse en contrôlant l'environnement des plantes que nous cultivons.

La première serre connue, construite en mica, a été bâtie en l'an 30 pour l'empereur romain Tibère afin qu'il dispose de concombres toute l'année. De nos jours, les serres commerciales manipulent la lumière, la température, l'eau, le dioxyde de carbone et les nutriments pour cultiver toute l'année diverses plantes.

VITESSE DU MÉTABOLISME

Tous les organismes doivent décomposer leurs nutriments afin de garder leurs cellules et tissus en état de marche. La **vitesse du métabolisme** est la mesure de l'allure de ce processus. Plus spécifiquement, la vitesse du métabolisme est la somme de toute l'énergie utilisée dans un laps de temps donné – d'habitude un jour – par un organisme. Elle est mesurée en joules (J) ou en calories (cal) et kilocalories (kcal). Une kilocalorie équivaut à 1 000 calories ou 4 184 joules.

Les processus métaboliques ne s'arrêtent pas lorsqu'un organisme est dormant ou inactif. Le corps a toujours besoin d'énergie pour maintenir les processus vitaux tels que la respiration et le pompage du cœur – c'est la **vitesse du métabolisme basal**, plus lente que lorsqu'un organisme est actif.

La vitesse du métabolisme peut être mesurée de différentes façons. Comme la respiration libère de l'énergie sous forme de chaleur, la vitesse du métabolisme peut être mesurée en surveillant la perte de chaleur. Pour mesurer la température, les scientifiques utilisent un calorimètre, appareil formé d'une boîte scellée et isolée, munie d'un thermomètre. On peut aussi mesurer la quantité d'oxygène consommée ou le volume de dioxyde de carbone produit par la respiration.

Relation de la vitesse du métabolisme et de la taille du corps

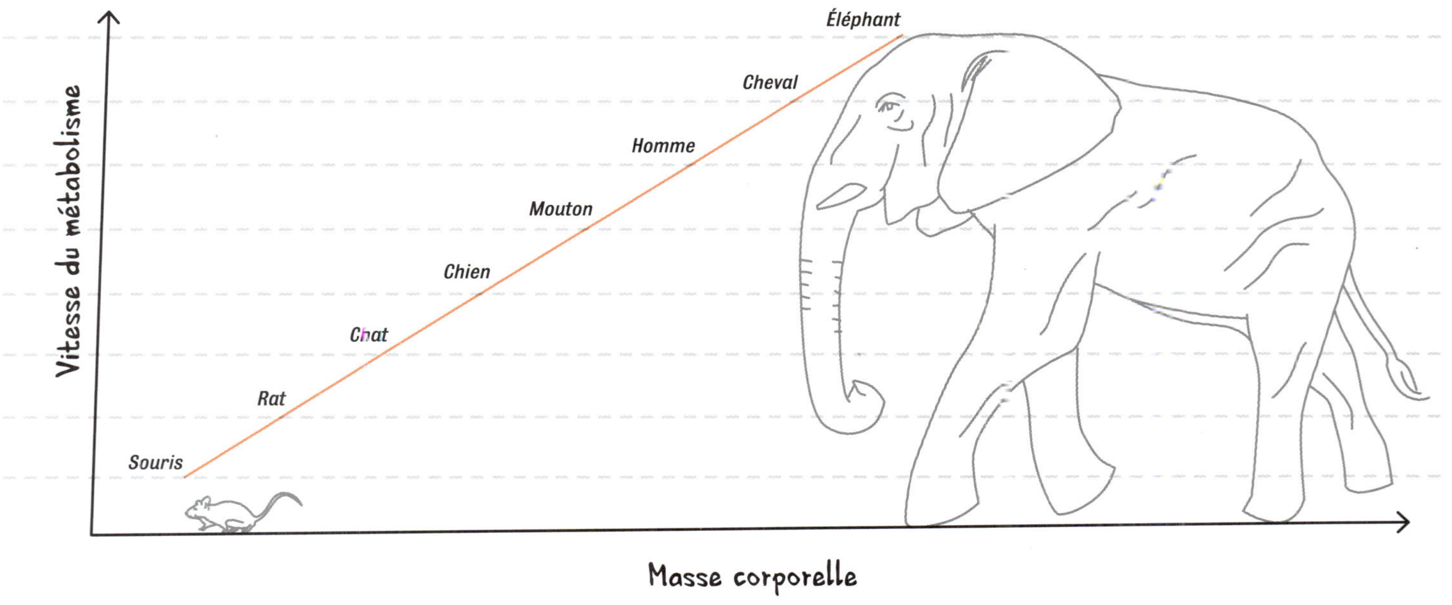

La vitesse du métabolisme varie grandement entre individus et espèces. En règle générale, les organismes qui ont une masse plus importante ont une vitesse du métabolisme plus élevée que les organismes dont la masse est moindre. C'est logique, car pour faire fonctionner leurs cellules et leurs tissus, les grands animaux ont besoin de plus d'énergie que les petits animaux.

Toutefois, quand on étudie la vitesse du métabolisme par rapport à la masse, le contraire se révèle. Un gramme de tissu d'une souris, par exemple, exige environ 20 fois plus de calories qu'un gramme de tissu d'un éléphant, même si l'éléphant consomme bien plus de calories que la souris. L'animal plus petit a une vitesse du métabolisme plus élevée par gramme, donc il a besoin d'un apport d'oxygène plus important. La taille du corps est inversement proportionnelle à l'énergie nécessaire pour maintenir chaque gramme de masse corporelle.

Les animaux ayant une vitesse du métabolisme élevée doivent être capables de fournir efficacement de l'oxygène à leurs cellules. Les oiseaux et les mammifères ont des vitesses du métabolisme plus élevées que les reptiles et les amphibiens, qui à leur tour ont des vitesses du métabolisme plus élevées que les poissons. Leurs systèmes circulatoires reflètent ces différents besoins énergétiques.

Les mammifères et les oiseaux possèdent un double système circulatoire (*voir* page 47), qui aide à maintenir leurs vitesses du métabolisme élevées. Cela inclut un cœur à quatre chambres qui permet la séparation du sang oxygéné et du sang désoxygéné.

Les amphibiens et la plupart des reptiles ont un cœur à trois chambres, deux atriums et un ventricule, qui prévient un mélange excessif du sang oxygéné et du sang désoxygéné. Le cœur amphibien est une structure pareille à un ballon, qui n'échange pas efficacement les gaz – les grenouilles ont donc évolué la capacité de respirer à travers leur peau moite.

Les poissons ont le cœur le plus simple de tous les vertébrés, formé d'un atrium et d'un ventricule, disposant donc d'un seul système circulatoire.

La vitesse du métabolisme d'un organisme est influencée par plusieurs facteurs, dont l'activité, la température, le pH et la salinité. Les organismes peuvent être classés en deux groupes.

Le premier groupe, les conformistes, des animaux comme les lézards et les poissons, sont des créatures dont le milieu interne est fortement influencé par l'environnement extérieur.

Le second groupe, les régulateurs, des animaux comme l'homme, sont capables de contrôler leur milieu interne *via* leur métabolisme. Autrement dit, ils peuvent vivre dans des habitats très divers, bien que cela ait un coût. Régler le milieu interne exige de l'énergie, si bien que ces animaux tendent à avoir une vitesse du métabolisme plus élevée.

Parfois, les animaux rencontrent des conditions difficiles. Il peut faire trop chaud ou trop froid, ou la nourriture être assez rare. Pour économiser de l'énergie, certains animaux entrent dans un état de torpeur, où ils réduisent leur activité et métabolisme. L'hibernation est une telle forme de torpeur.

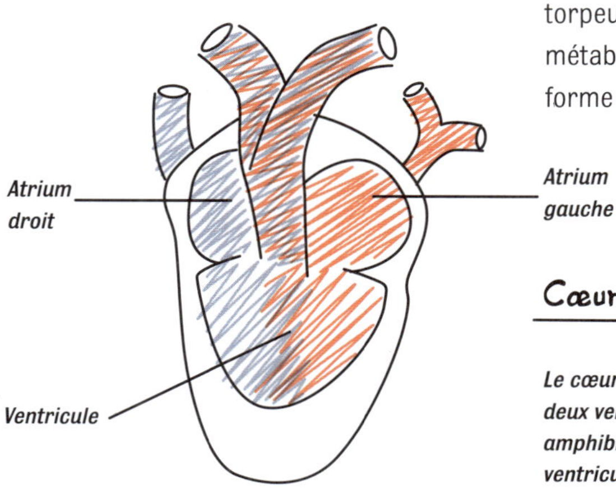

Cœur amphibien

Le cœur humain comporte deux atriums et deux ventricules, mais le cœur des amphibiens n'a que deux atriums et un ventricule, donc un double système circulatoire incomplet.

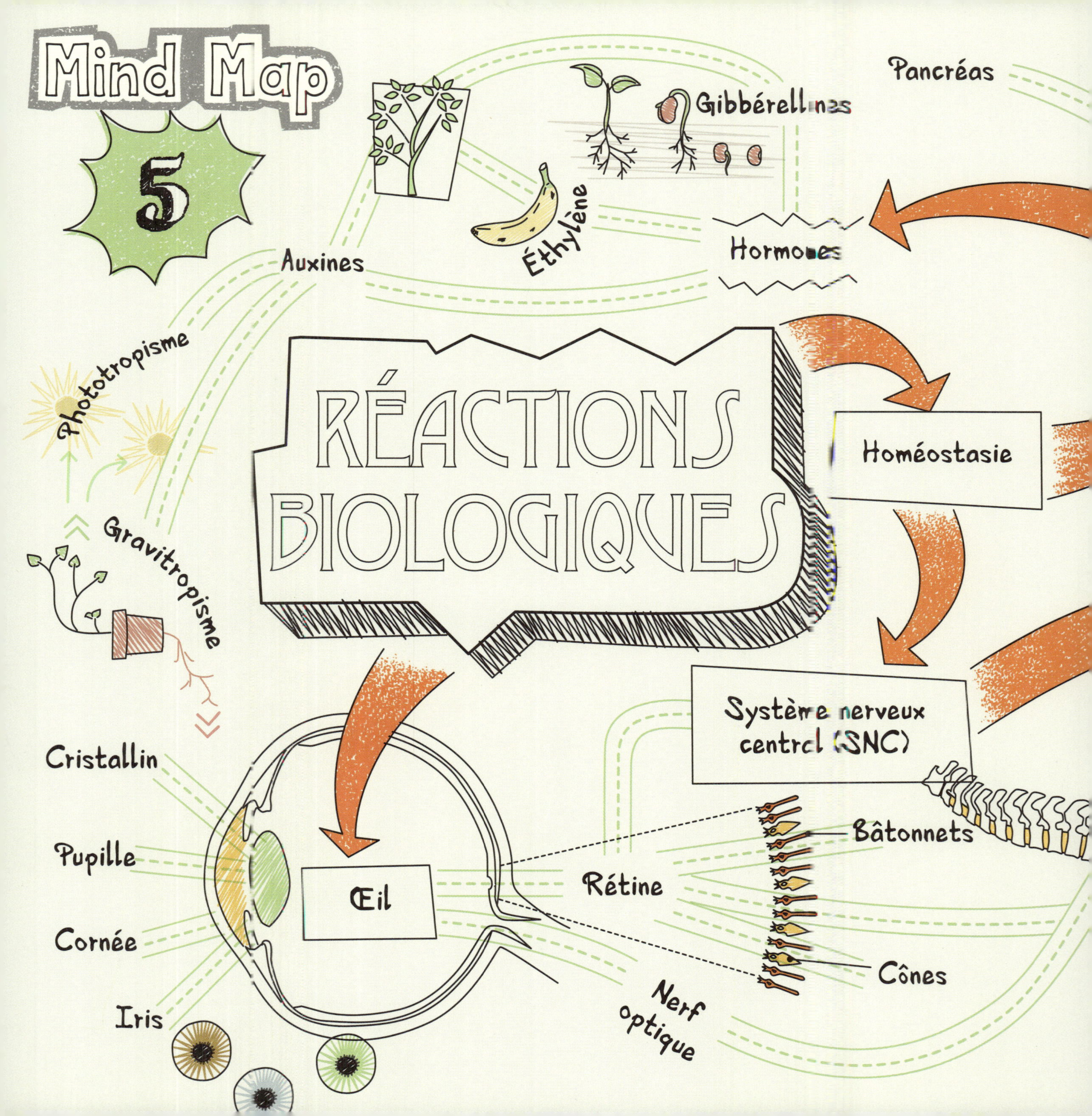
Mind Map
5
Pancréas
Gibbérellines
Éthylène
Auxines
Hormones
Phototropisme
Gravitropisme
RÉACTIONS BIOLOGIQUES
Homéostasie
Système nerveux central (SNC)
Cristallin
Pupille
Cornée
Iris
Œil
Rétine
Bâtonnets
Cônes
Nerf optique

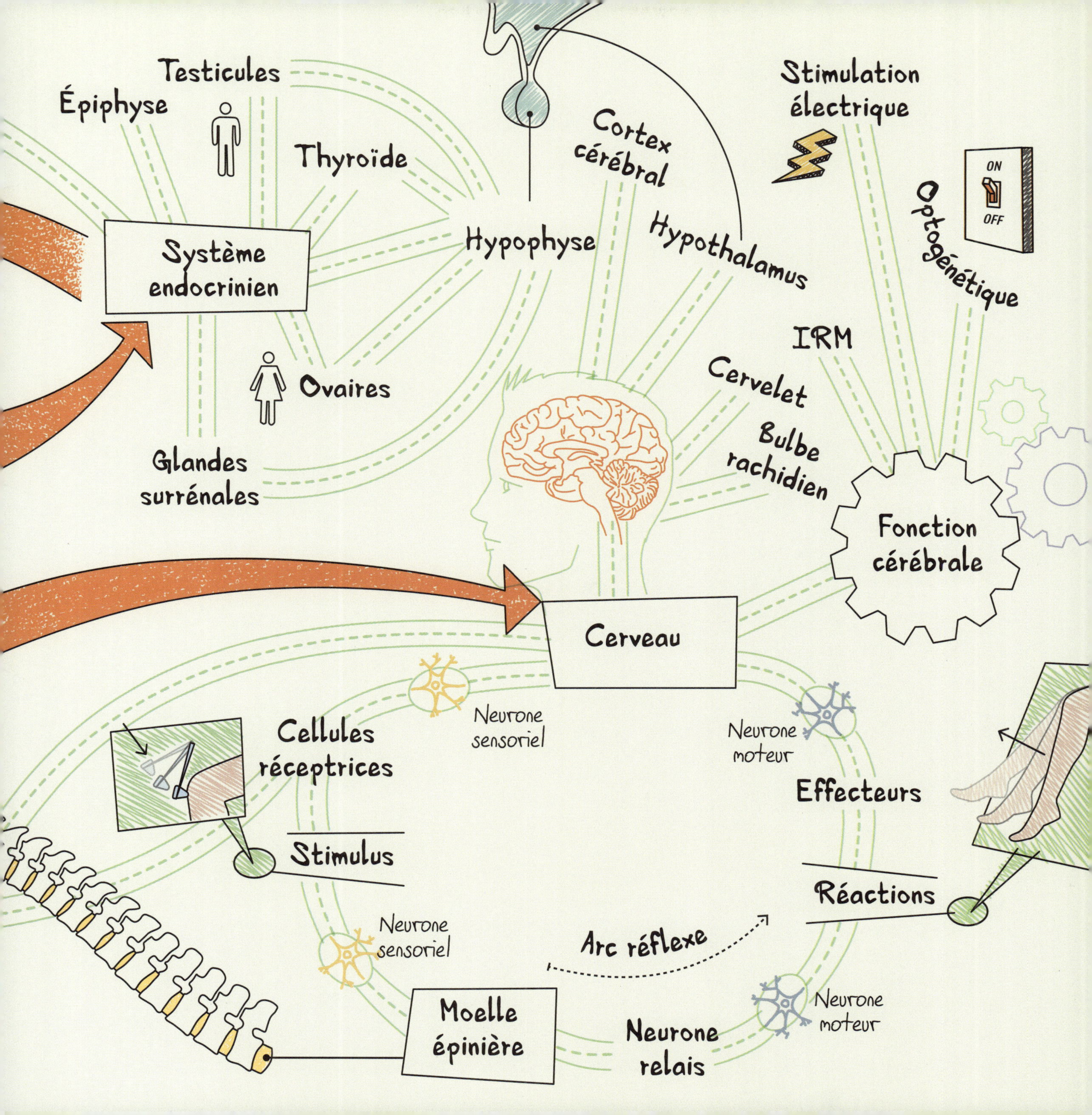
Testicules
Épiphyse
Thyroïde
Cortex cérébral
Stimulation électrique
ON
OFF
Optogénétique
Système endocrinien
Hypophyse
Hypothalamus
IRM
Ovaires
Cervelet
Bulbe rachidien
Glandes surrénales
Fonction cérébrale
Cerveau
Neurone sensoriel
Neurone moteur
Cellules réceptrices
Effecteurs
Stimulus
Réactions
Neurone sensoriel
Arc réflexe
Moelle épinière
Neurone relais
Neurone moteur

HOMÉOSTASIE CHEZ LES ANIMAUX

En tant qu'espèce, les êtres humains ont connu une réussite immense. Ils vivent pratiquement partout – depuis les pôles jusqu'à l'équateur. Nous pouvons croiser les déserts, escalader les montagnes et traverser les jungles, mais comment notre corps le supporte-t-il ?

Au chapitre 4, nous avons rencontré les animaux capables de s'adapter à leur environnement en changeant leur métabolisme et en contrôlant leur milieu interne. C'est un exemple d'homéostasie.

L'homéostasie est la capacité des organismes vivants et des cellules à maintenir un milieu interne stable, relativement constant. Chez l'homme, par exemple, la température du corps, le pH du sang et le taux de glucose sont assez constants, ce qui confère la capacité de tirer parti d'une large diversité d'habitats.

L'homéostasie implique le contrôle et la coordination. Imaginez le chauffage d'une maison. Son système de chauffage est muni d'un thermostat qui peut être réglé d'avance pour maintenir une température constante, disons de 20 °C. En hiver, quand la maison est plus froide, le thermostat détecte la chute de la température et met en route le chauffage. Inversement, en été, quand la température monte, le thermostat arrête le chauffage. Le thermostat aide la maison à atteindre l'homéostasie.

Beaucoup d'animaux disposent de systèmes de contrôle similaires qui tentent de garder les variables, comme la température et le pH, proches d'une valeur optimale. Lorsqu'une valeur varie, le changement ou le stimulus est décelé par un senseur, qui perçoit les changements externes, comme les variations de température ou d'intensité de la lumière, et les changements internes, tels que le taux d'eau et de glucose dans le sang.

Homéostasie

Le corps comporte un thermostat interne qui contrôle sa température comme un thermostat électrique le fait pour une maison. C'est un exemple d'homéostasie.

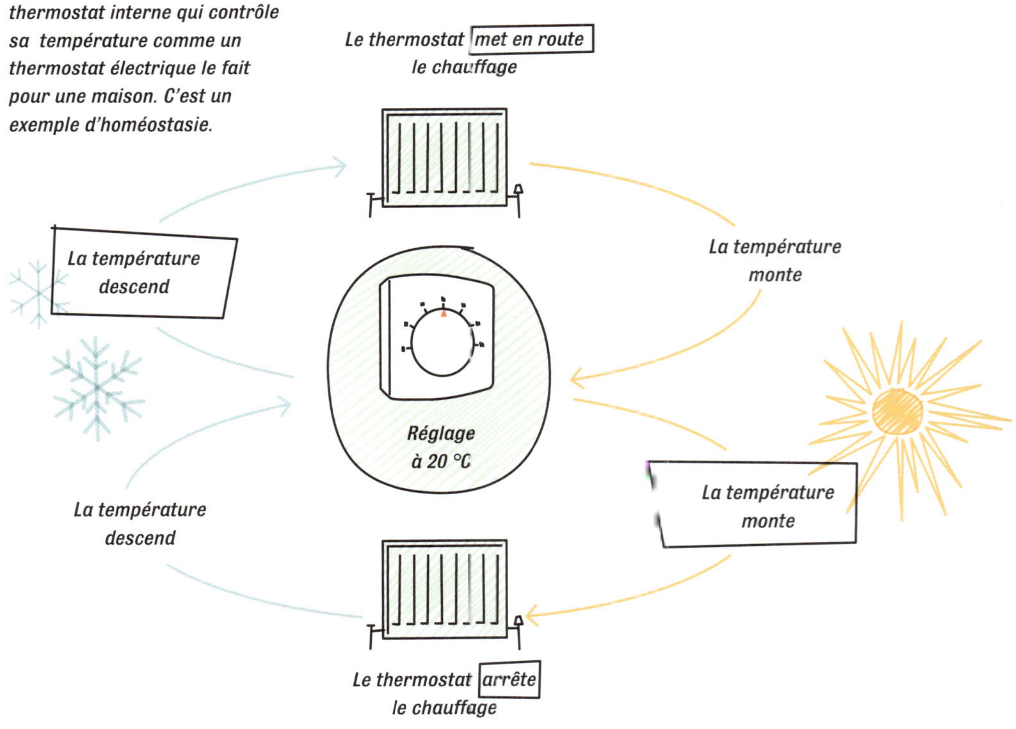

Le senseur envoie un signal à un centre de contrôle, qui indique au corps comment réagir. Les deux centres de contrôle majeurs sont le système nerveux, qui comporte le **cerveau** et la **moelle épinière**, et le **système endocrinien**. Les tissus, les muscles et les glandes qui réagissent à ces instructions sont des **effecteurs**. Leurs **réactions** contribuent au rétablissement du niveau optimal des conditions à l'intérieur du corps.

L'homéostasie est importante, car pour fonctionner efficacement le corps a besoin d'un milieu interne constant. Les enzymes qui contrôlent les réactions métaboliques, par exemple, agissent dans une fourchette étroite de températures et pH. Si les valeurs s'éloignent trop d'une valeur optimale, les enzymes ne fonctionnent plus.

L'homéostasie s'établit grâce au rétro-contrôle négatif. Les boucles du rétro-contrôle négatif sont des systèmes de contrôle qui atténuent le stimulus original. Elles jouent un rôle majeur dans l'homéostasie des animaux. La manière dont notre corps contrôle la température est un exemple de rétro-contrôle négatif.

Ni trop chaud, ni trop froid

L'hypothalamus perçoit les changements de température et réagit en envoyant des signaux aux effecteurs concernés.

Stimulus → Senseur → Centre de contrôle → Effecteur

Durant l'homéostasie, le changement est détecté et les réactions sont coordonnées.

Si nous avons trop chaud, les détecteurs thermiques de la peau envoient l'information à l'**hypothalamus**, la zone du cerveau qui gère la température. L'hypothalamus réagit en envoyant des commandes aux glandes sudoripares et aux vaisseaux sanguins, qui sont les effecteurs. Cela déclenche la transpiration qui, à mesure de son évaporation, contribue au rafraîchissement de la peau. Les vaisseaux sanguins débouchant sur les capillaires de la peau se dilatent eux aussi, permettant à plus de sang de circuler dans cette région et aidant l'élimination de plus de chaleur. En conséquence, le corps se rafraîchit et la température revient à la normale.

Si nous avons trop froid, l'hypothalamus réagit différemment. Cette fois-ci, il envoie des commandes aux vaisseaux sanguins, aux muscles et à la peau. Les vaisseaux sanguins qui débouchent sur les capillaires de la peau se contractent, limitant le passage du sang dans cette région, ce qui aide le corps à conserver la chaleur. Les muscles se contractent rapidement, induisant un frissonnement exigeant de l'énergie provenant de la respiration. Une partie de cette énergie se présente sous forme de chaleur, aidant à réchauffer le corps. Les poils se dressent, piégeant une couche d'air au-dessus de la peau, qui contribue à isoler le corps et à minimiser la perte de chaleur. En conséquence, le corps se réchauffe et la température revient à la normale.

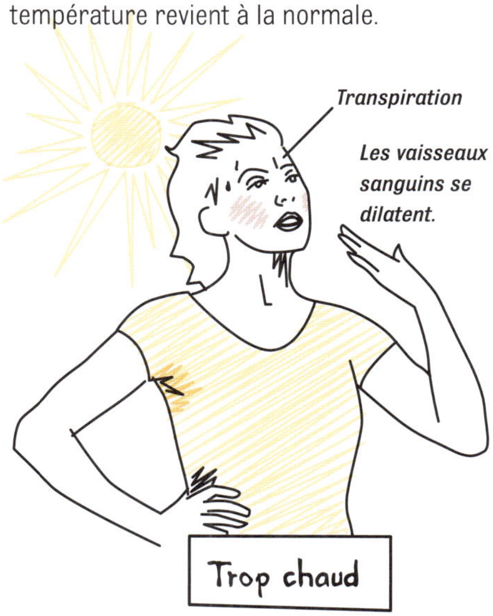

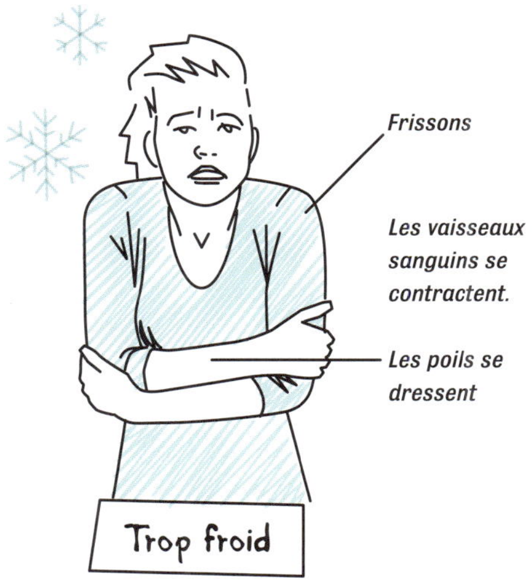

LE SYSTÈME NERVEUX HUMAIN

Le système nerveux humain est formé du système nerveux central (SNC), qui comporte le **cerveau** et la **moelle épinière**, et du système nerveux périphérique (SNP), qui comporte tous les nerfs véhiculant l'information depuis le SNC et vers celui-ci.

Le changement est détecté par des cellules spécialisées, les **cellules réceptrices**, souvent agrégées dans les organes des sens, comme la langue, les yeux et la peau. Différentes cellules réceptrices réagissent à des stimuli spécifiques. Par exemple, les cellules réceptrices des yeux réagissent à la lumière, les cellules réceptrices de l'oreille réagissent aux sons et les cellules réceptrices de la peau réagissent au toucher et à la température.

Une fois qu'une cellule réceptrice a identifié un stimulus, elle relaie cette information au SNC sous la forme d'une impulsion électrique le long d'un neurone.

Les neurones sont regroupés par centaines ou par milliers dans des faisceaux, les nerfs. On peut comparer les nerfs à des câbles électriques et les neurones qu'ils renferment aux fils qui forment le câble. Les cellules qui transportent l'information depuis les organes des sens au système nerveux central sont des **neurones sensoriels**.

Le système nerveux

Le système nerveux humain comporte deux parties. Le système nerveux central comprend le cerveau et la moelle épinière. Le système nerveux périphérique comprend tous les nerfs qui traversent le corps.

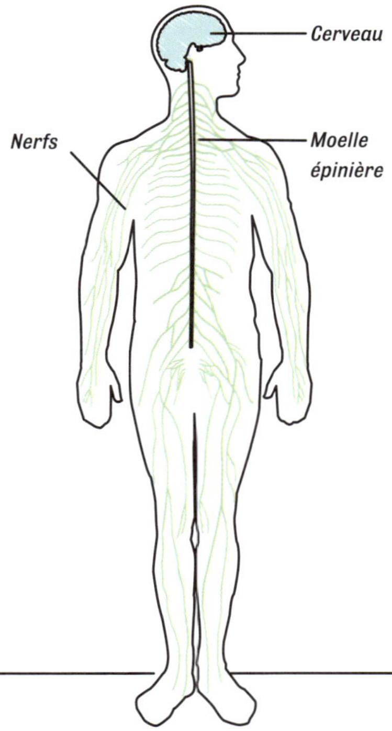

Le SNC reçoit et traite un volume énorme d'informations. Il coordonne les réactions adéquates, puis envoie des messages le long de neurones spécialisés, les **neurones moteurs**. Ceux-ci transportent les impulsions électriques spécialisées, les influx nerveux, depuis le SNC au reste du corps, ce qui permet aux effecteurs de réagir. Par exemple, le pancréas sécrète l'hormone insuline quand le taux de sucre du sang monte après un repas.

Ces impulsions électriques passent autour du corps à des vitesses atteignant 200 mètres par seconde, ce qui permet de réagir rapidement aux changements de l'environnement.

Réflexes

Parfois, nous décidons consciemment de la manière de réagir à un stimulus. Si nous avons soif, nous pouvons décider de boire. Si nous avons froid, nous pouvons décider d'enfiler un pull. D'autres fois, nous réagissons rapidement, sans réfléchir. Si nous touchons une chose qui pique, par exemple, nous reculons automatiquement. Ces réactions rapides, automatiques, sont les réflexes.

Les réflexes sont importants, car ils aident les organismes à réagir rapidement face au danger, en plus de contribuer aux fonctions vitales, comme la respiration et la digestion des aliments. La vie serait compliquée si nous devions nous rappeler consciemment de respirer et de digérer, mais heureusement nos réflexes nous en dispensent.

Les réflexes simples, comme retirer la main d'un objet brûlant, impliquent trois types de neurones : les neurones sensoriels, les neurones moteurs et les **neurones relais**. Ces derniers, surtout présents dans la moelle épinière, connectent les neurones sensoriels et les neurones moteurs.

Les récepteurs dermiques de la main détectent l'objet chaud et induisent une impulsion électrique qui se déplace jusqu'aux **effecteurs** le long d'un neurone sensoriel, d'un neurone relais et d'un neurone moteur. Les effecteurs sont les muscles qui se contractent pour retirer la main. C'est là un arc réflexe.

Chose capitale, le cerveau n'est pas impliqué, si bien que l'action prend place automatiquement.

Les divers neurones ne se connectent pas physiquement les uns aux autres, mais sont séparés par de petits espaces, les synapses (*voir* page 30). Les impulsions électriques se déplaçant le long des neurones ne peuvent pas traverser directement les synapses, de sorte que l'information électrique est convertie en information chimique. Le neurone relâche des substances chimiques, les neurotransmetteurs, dans la synapse. Les neurotransmetteurs se diffusent à travers la synapse et se connectent au neurone présent de l'autre côté, ce qui génère une nouvelle impulsion électrique qui poursuit son chemin. Les synapses permettent aux signaux électriques de passer entre les neurones.

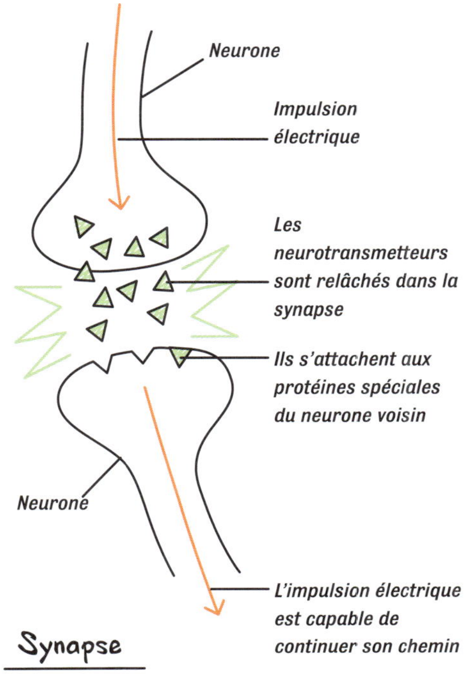

Synapse

Les synapses sont des espaces entre les neurones.

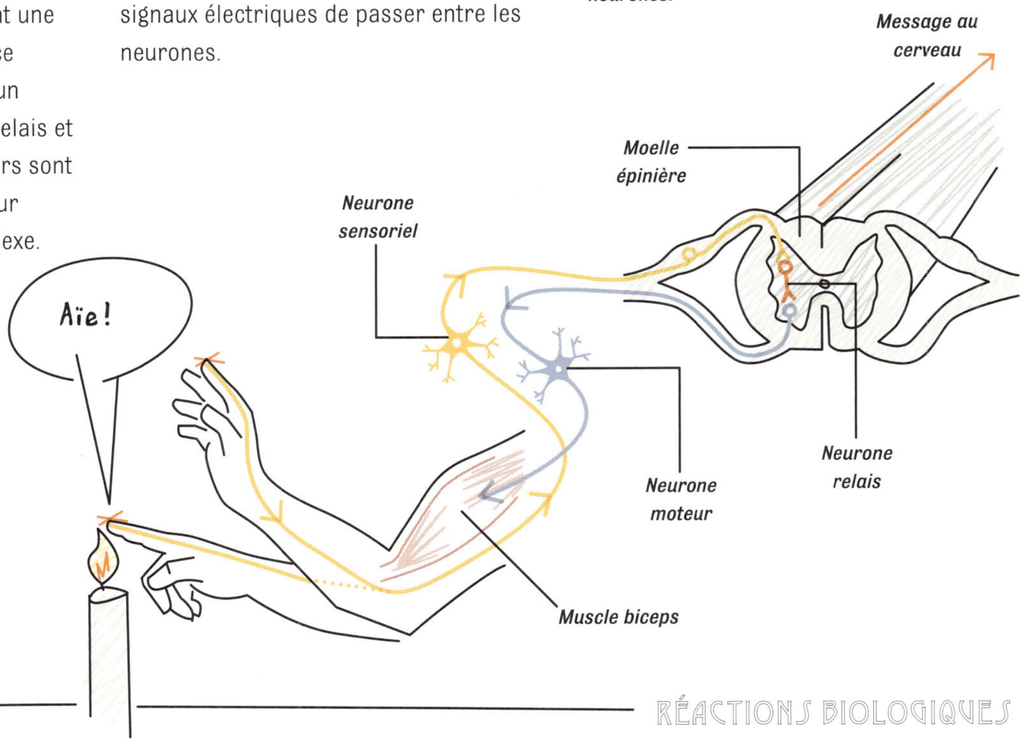

Arc réflexe

Les voies neuronales qui contournent le cerveau aident à réagir rapidement aux conditions potentiellement dangereuses.

Le cerveau humain

On estime que le cerveau humain adulte contient 100 milliards de neurones. Comme un seul neurone peut se connecter à plusieurs autres neurones *via* ses synapses, il y a des trillions de synapses dans le cerveau humain adulte, l'ordinateur le plus complexe de la Terre.

Le cerveau d'un adulte pèse environ 1,3 kg, à peu près le poids d'un gros cochon d'Inde. Le cerveau frais est tendre et spongieux, comme le blanc-manger. Le cerveau est protégé par des membranes, les méninges, et une strate résistante d'os, le crâne. Les différentes régions du cerveau ont des fonctions distinctes.

La strate la plus externe, le **cortex cérébral** plissé et ridé, couvre la plupart de la surface du cerveau. Le cortex cérébral est impliqué dans la mémoire, l'attention, la conscience, la pensée et le langage. Il est partagé en deux moitiés, les hémisphères. L'hémisphère gauche reçoit les informations et contrôle le mouvement du côté droit du corps, l'hémisphère droit fait l'inverse.

Le **cervelet** est situé vers la base du cerveau. Il aide à contrôler le mouvement et l'équilibre et reçoit les informations sensorielles quant à la position des différentes parties du corps. Il n'initie pas le mouvement, mais participe à sa coordination.

Les activités involontaires, comme la respiration, le rythme cardiaque et la pression du sang, sont contrôlées par le **bulbe rachidien**, où des cellules spécialisées contrôlent par ailleurs l'éternuement et les vomissements.

L'hypothalamus est une petite structure située près de la base du cerveau, qui détecte les changements de la température et du taux d'eau dans le sang. Il lie aussi le système nerveux au système endocrinien *via* l'hypophyse.

L'**hypophyse**, de la taille d'un petit pois, est située immédiatement sous l'hypothalamus. Cette importante structure sécrète des hormones.

Le cerveau

Le cerveau humain est la machine la plus compliquée de la planète. Il renferme des milliards de cellules et de nombreuses zones distinctes interconnectées.

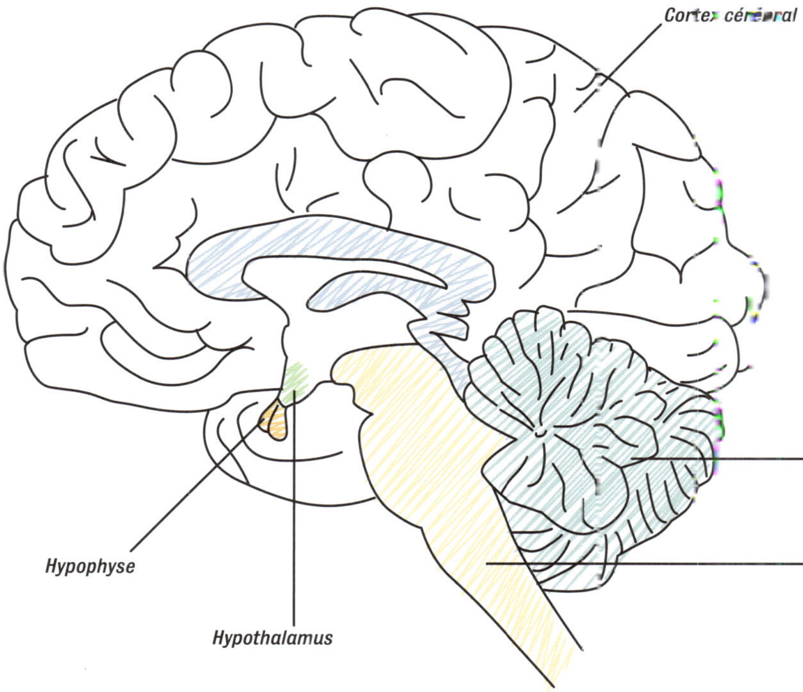

ÉTUDE DE LA FONCTION CÉRÉBRALE

Les scientifiques ont encore beaucoup à apprendre quant au cerveau. Jadis, la seule manière de découvrir ce que faisaient les différentes parties du cerveau était d'étudier les individus ayant subi des dommages cérébraux.

L'Américain Phineas Gage est l'exemple le plus célèbre. En 1848, alors qu'il posait des rails, la tête de Phineas, ouvrier des chemins de fer, avait été traversée par une grande barre de fer. Chose remarquable, il avait survécu, mais sa personnalité avait changé du tout au tout. Il était devenu impatient, obscène et impie. Les médecins s'étaient rendu compte que les changements étaient causés par son dommage cérébral. Cela les a aidés à déterminer les rôles distincts des différentes parties du cerveau et leur a donné une idée du rôle essentiel du cerveau quant à la personnalité.

Phineas Gage
1823-1860

La personnalité de Phineas a changé après qu'une énorme barre de fer lui a traversé accidentellement le crâne.

De nos jours, on recourt à des méthodes sophistiquées de mesure du fonctionnement cérébral. L'**imagerie par résonance magnétique** permet de voir l'intérieur du cerveau. De forts champs magnétiques et des ondes radio sont utilisés pour produire des images détaillées du cerveau et d'autres zones du corps. On demande aux patients allongés dans le scanner d'effectuer des tâches comme calculer ou écouter de la musique. En regardant le scanner, les scientifiques visualisent les parties du cerveau impliquées.

La **stimulation électrique** est elle aussi utilisée pour étudier le cerveau. Un courant électrique faible est passé dans des électrodes placées sur le cuir chevelu d'une personne. Si l'aire visuelle du cerveau est stimulée, par exemple, cette personne verra des éclairs de lumière. Si l'aire qui contrôle le mouvement est stimulée, elle fera un mouvement involontaire.

Récemment, les chercheurs ont bénéficié d'une nouvelle technique sophistiquée. L'**optogénétique** utilise la génétique pour faire réagir des groupes de neurones à la lumière. Cela permet aux chercheurs d'activer et de désactiver des voies cérébrales spécifiques, comme on allume et on éteint une lampe. Les scientifiques s'en servent pour découvrir des choses inédites quant au cerveau, et espèrent que cette technique aboutira à de nouveaux traitements pour des affections comme l'épilepsie, la maladie de Parkinson et la cécité.

L'œil

Beaucoup d'animaux se reposent fortement sur leur vision. L'**œil** est un important organe sensoriel. Les animaux complexes, comme vous et moi, ont évolué des yeux sophistiqués, qui courbent et focalisent les rayons lumineux.

Les rayons lumineux qui arrivent dans l'œil tombent sur la **rétine**, strate de cellules située à l'arrière du globe oculaire. Elle comporte des millions de cellules réceptrices photosensibles, qui réagissent à la lumière en envoyant des impulsions électriques au cerveau *via* le **nerf optique**.

Le reste de l'œil n'a qu'une tâche, focaliser la lumière sur la rétine. La lumière entre dans l'œil *via* la cornée, disque transparent convexe. La cornée courbe légèrement la lumière à mesure de son entrée dans l'œil.

La lumière traverse ensuite la **pupille**, espace entouré d'une structure musculaire, l'**iris**, dont les muscles se

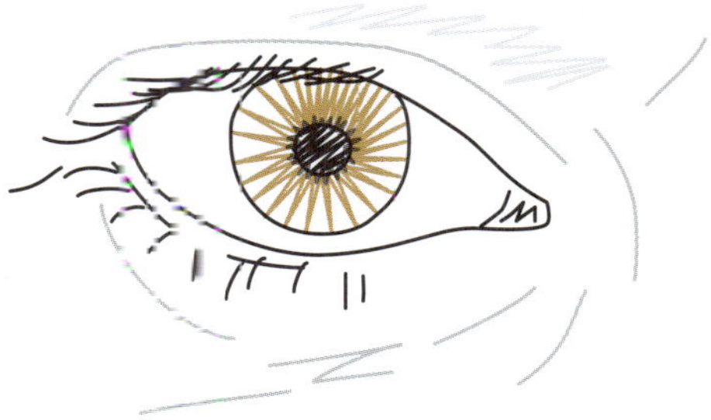

contractent et se détendent pour laisser passer plus ou moins de lumière. Sous un éclairage faible, la pupille se dilate pour laisser entrer plus de lumière dans l'œil. Sous un éclairage fort, la pupille se contracte, réduisant le volume de lumière qui arrive dans l'œil. Il s'agit là d'une action réflexe.

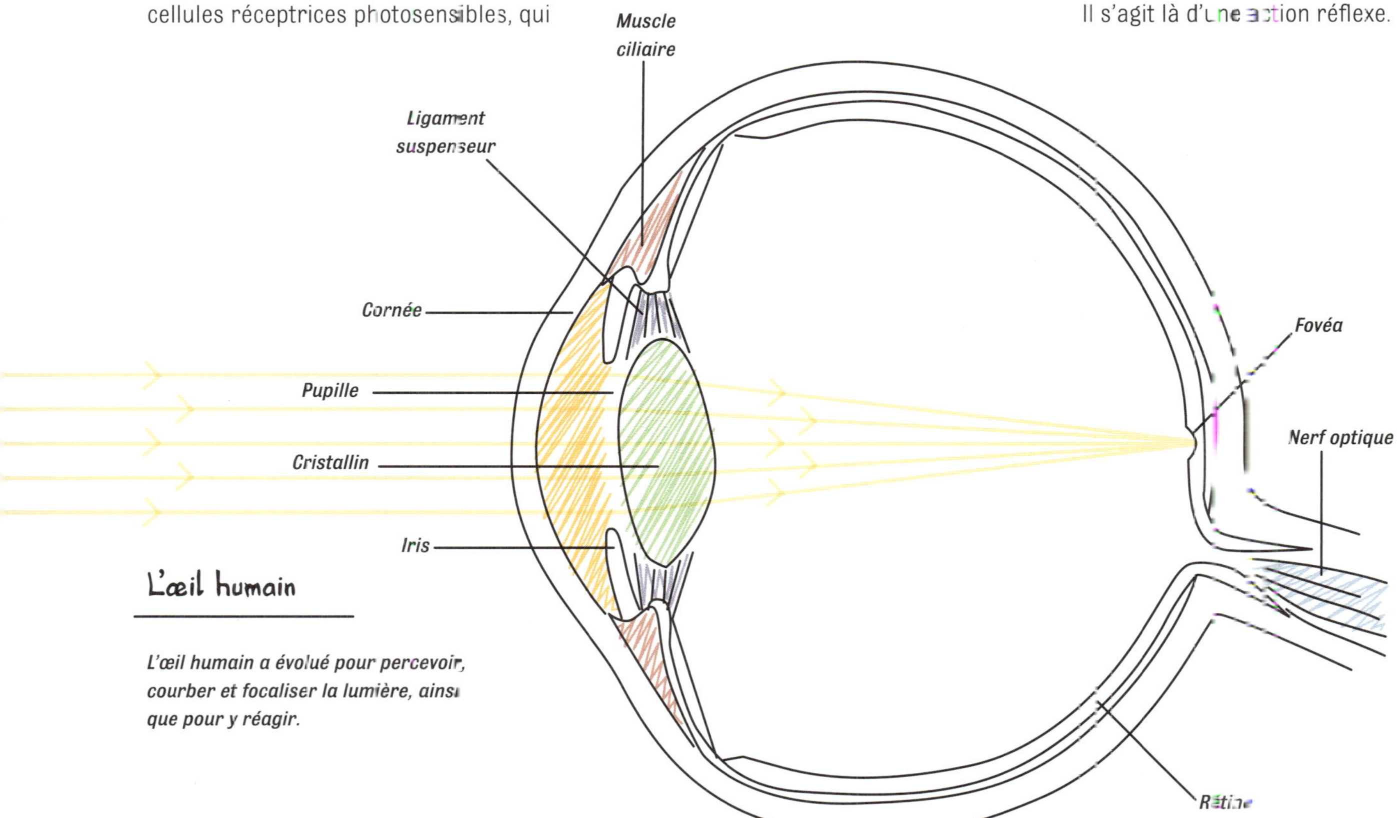

L'œil humain

L'œil humain a évolué pour percevoir, courber et focaliser la lumière, ainsi que pour y réagir.

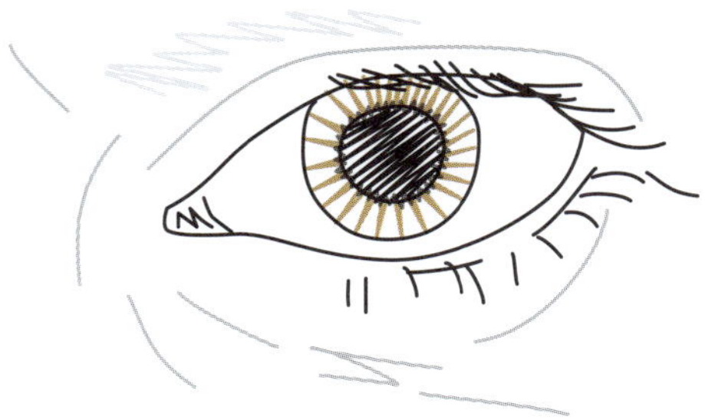

La pupille s'adapte aux diverses intensités de la lumière

La pupille se contracte dans une lumière vive et se dilate dans une lumière faible.

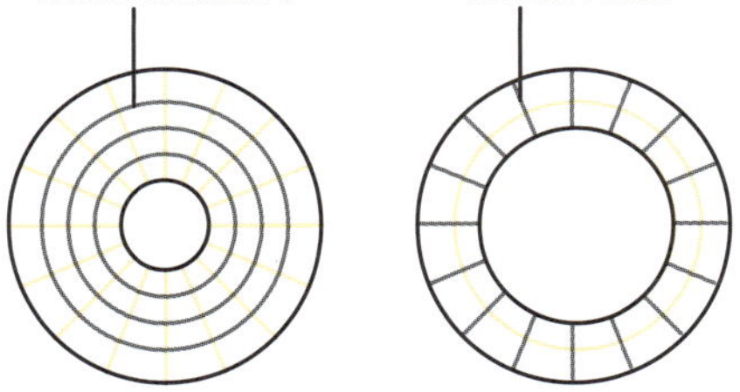

Les muscles circulaires se contractent dans une lumière vive.

Les muscles radiaux se contractent dans une lumière faible.

Immédiatement derrière la pupille, on trouve le **cristallin**, où prend place l'accommodation. Le cristallin est un organe lenticulaire transparent, maintenu en place par les ligaments suspenseurs et les muscles ciliaires. Lorsque ces muscles se contractent, les ligaments se détendent et le cristallin se bombe, ce qui courbe davantage la lumière à mesure qu'elle traverse le cristallin. Lorsque ces muscles sont détendus, les ligaments se tendent et le cristallin devient plus plat et mince, courbant moins la lumière.

La capacité du cristallin à changer la courbure des rayons lumineux permet d'accommoder la vision, autrement dit de voir clairement des objets tant proches que distants.

La rétine humaine renferme deux types de cellules photosensibles : les **cônes** et les **bâtonnets**. Les bâtonnets sont plus sensibles à la lumière que les cônes, mais ne distinguent pas les couleurs.

Les **cônes** assurent la vision des couleurs. Ils fonctionnent mieux sous une lumière éclatante. L'œil humain possède trois types de cônes – rouges, verts et bleus – sensibles à des parties différentes du spectre visible.

Les **bâtonnets** sont présents surtout à la périphérie de la rétine et servent à la vision périphérique. Les cônes sont concentrés dans la zone centrale de la rétine. Le milieu de cette zone, la fovéa, ne contient que des cônes. Lorsque la lumière tombe dessus, l'image que nous voyons est très nette.

Les yeux de certains animaux sont très différents. Les yeux des mouches, par exemple, comportent des centaines de minuscules facettes qui produisent des centaines d'infimes images individuelles que le cerveau de l'insecte combine ensuite.

Œil composé de la mouche

Les personnes atteintes d'achromatopsie (incapacité à distinguer les couleurs) sont dépourvues de certains cônes ou ont des cônes défectueux. Parmi les problèmes habituels de vision, on compte la myopie et l'hypermétropie. Dans les deux cas, la lumière ne se focalise pas sur la rétine, si bien que l'image est floue.

La myopie est l'incapacité à voir nettement les objets distants. Elle est causée par la longueur excessive du globe oculaire ou par la courbure exagérée de la cornée.

L'hypermétropie est l'incapacité à bien voir de près. Elle est causée par la brièveté anormale du globe oculaire ou par la perte d'élasticité du cristallin.

Les lunettes ou les lentilles de contact corrigent ces deux problèmes en courbant la lumière de façon à les compenser. L'opération de l'œil au laser, autre option, refaçonne la surface de la cornée pour corriger ces problèmes.

Le système endocrinien

Le système endocrinien est formé de glandes qui sécrètent dans le sang des messagers chimiques, les **hormones**, transportées par les vaisseaux sanguins jusqu'aux organes cibles sur lesquels elles agissent.

De nombreux processus corporels sont contrôlés par les hormones, dont la croissance et le développement, le métabolisme, le fonctionnement sexuel, la reproduction, le sommeil, les humeurs.

Le système endocrinien est différent du système nerveux, qui utilise des impulsions électriques pour envoyer des signaux *via* les neurones. Si le système nerveux est pareil à l'Internet passant par des fils, le système endocrinien est comparable à l'Internet utilisant le wi-fi : les hormones sont portées à travers le corps par le sang.

Le corps sécrète de nombreuses hormones différentes. En comparaison des effets du système nerveux, les effets des hormones ne sont pas rapides, mais perdurent davantage. L'hormone de croissance sécrétée par l'hypophyse stimule la croissance des os et du cartilage en agissant lentement. Les hormones sexuelles, comme la testostérone et l'œstrogène, agissent elles aussi au ralenti.

L'adrénaline est sécrétée pour préparer le corps à la lutte ou à la fuite. Ou au saut à l'élastique !

Bien entendu, des exceptions existent. Parfois, les réactions hormonales sont rapides. L'adrénaline, par exemple, produite en réaction à des situations stressantes ou dangereuses, prépare rapidement le corps au combat ou à la fuite en faisant battre plus vite le cœur, en accroissant la circulation du sang vers le cerveau et les muscles et en dilatant les pupilles pour que plus de lumière arrive dans les yeux. La même réaction se manifeste quand on fait quelque chose d'excitant : on ressent une poussée d'adrénaline.

GLANDES ENDOCRINES

Le corps abrite bon nombre de glandes endocrines. Plusieurs sont dirigées par une glande endocrine, petite mais puissante, située dans le cerveau – l'hypophyse.

Cette glande maîtresse influence directement les autres glandes endocrines. Elle sécrète plusieurs hormones différentes, dont certaines déclenchent la sécrétion d'autres glandes. Par exemple, l'hypophyse sécrète la thyréotropine (thyréostimuline) qui agit sur la **thyroïde**, l'incitant à sécréter les hormones thyroïdiennes contribuant au contrôle du métabolisme, de l'appétit et du fonctionnement des muscles.

Par ailleurs, l'hypophyse sécrète dans le sang des hormones qui ont un effet direct sur le corps, dont la vasopressine, qui affecte le volume d'urine produit par les reins.

Située aussi dans le cerveau, l'épiphyse produit l'hormone mélatonine, qui contrôle le cycle sommeil-veille. Durant le jour, l'**épiphyse** est inactive, mais quand le soleil se couche, elle sécrète de la mélatonine, qui provoque la somnolence. La lumière bleue émise par les écrans des portables et des appareils télé risque de réduire la sécrétion de mélatonine. Mieux vaut prévoir une brève période sans écrans avant le coucher.

Le **pancréas** est une glande endocrine (*voir* page 44). En plus de produire des sucs digestifs, il sécrète des hormones comme l'insuline et le glucagon, qui participent au contrôle du taux de glucose dans le sang.

Les **glandes surrénales**, qui sécrètent l'adrénaline, sont situées au-dessus des reins, alors que la thyroïde, qui sécrète des hormones thyroïdiennes, est située dans le cou.

Chez la femme, les **ovaires** sécrètent des hormones, dont l'œstrogène, qui contrôle le développement des caractères sexuels secondaires féminins, telles que les seins et les poils pubiens, et est impliqué dans le cycle menstruel et la fécondité.

Chez l'homme, les **testicules** sécrètent de la testostérone, qui influence le développement des caractères sexuels secondaires masculins, comme la pilosité faciale et la pomme d'Adam. Les testicules sont impliquées dans la production du sperme.

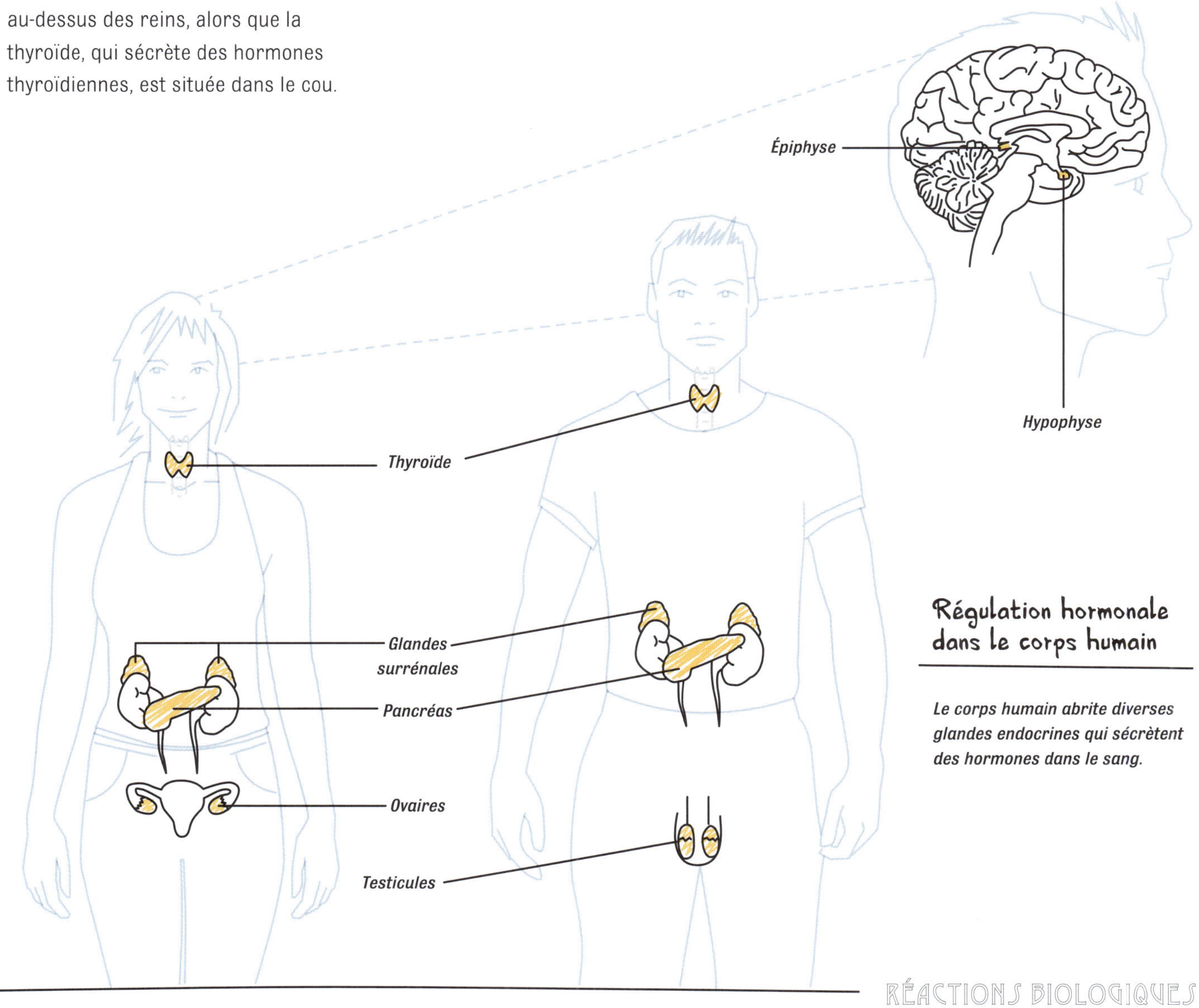

Régulation hormonale dans le corps humain

Le corps humain abrite diverses glandes endocrines qui sécrètent des hormones dans le sang.

HOMÉOSTASIE CHEZ LES PLANTES

Tout comme les animaux, les plantes doivent aussi être capables de réagir aux changements de leur environnement. À la différence des animaux, les plantes n'ont pas de système nerveux, mais produisent des hormones. Les phytohormones fabriquées dans une partie d'une plante sont transportées vers ses autres parties, sur lesquelles elles agissent.

Les plantes produisent des hormones sans recourir à un système endocrinien, car elles sont dépourvues de glandes spécialisées. Les hormones sont fabriquées dans les tissus végétaux.

La gravité et la lumière sont très importantes pour les plantes, dont les racines doivent s'enfoncer dans le sol en vue d'absorber des nutriments, et les pousses s'élever pour pouvoir effectuer la photosynthèse. Comment y parviennent-elles ? Grâce aux hormones.

Des phytohormones, les **auxines**, contrôlent la croissance des extrémités des pousses et des racines de la plante. Les auxines ont des effets opposés sur les pousses et les racines. Elles causent une croissance accrue des cellules des pousses et une croissance moindre des cellules racinaires.

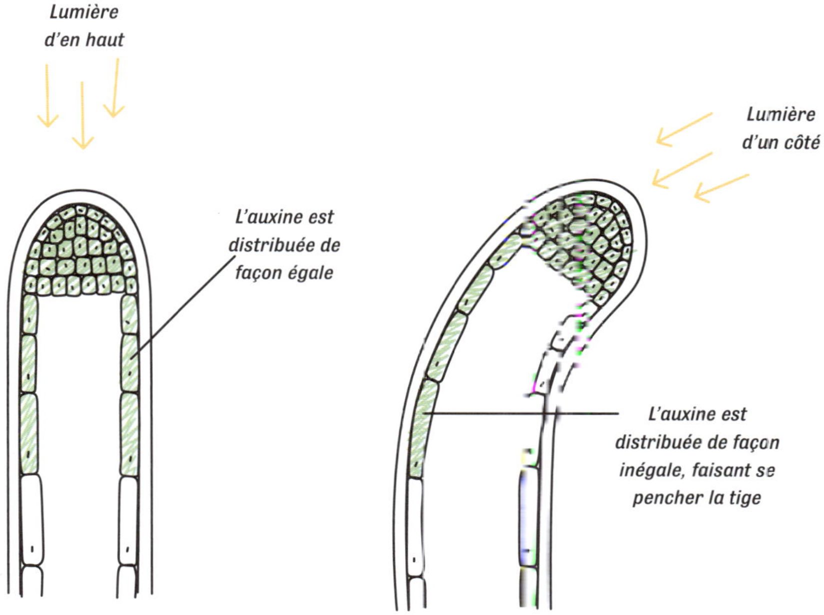

L'action de l'auxine

Lorsque la lumière vient d'un seul côté, l'auxine se diffuse loin de la lumière, faisant pousser les cellules de manière inégale, ce qui incline la tige.

Supposons qu'une plante est éclairée directement d'en dessus. L'auxine s'étend de manière égale à travers l'extrémité de la pousse, la faisant s'élever à la verticale.

Supposons maintenant que la plante est posée sur le rebord d'une fenêtre et reçoit la lumière d'un seul côté. L'auxine s'éloigne de la lumière vers le côté ombragé de la tige. Les cellules du côté ombragé s'allongent donc et poussent davantage, si bien que la plante se penche vers la lumière, ce qui l'aide à maximiser celle-ci pour la photosynthèse. Cette réaction d'une plante à la lumière est le **phototropisme**.

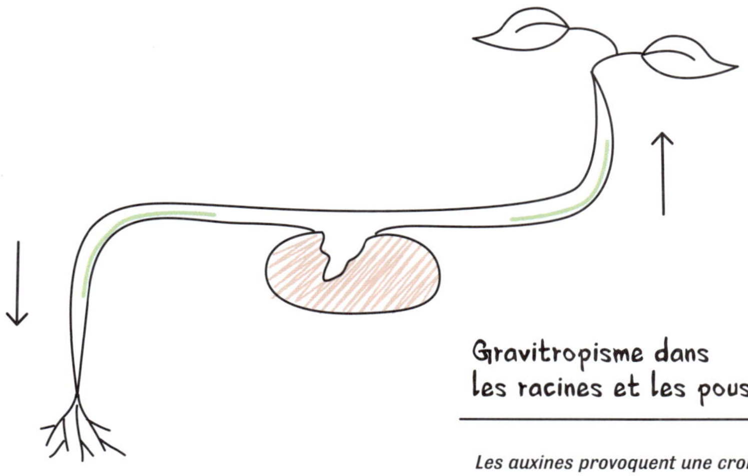

Gravitropisme dans les racines et les pousses

Les auxines provoquent une croissance inégale des racines et des pousses des plantes.

Au niveau des racines, les choses sont différentes. Les racines ne réagissent pas à la lumière, mais à la gravité. C'est le gravitropisme. Lorsqu'une graine germe, ses racines doivent s'enfoncer dans le sol, si bien que les auxines descendent vers le bout des racines de par la gravité. Souvenez-vous, les auxines ne font pas pousser les racines davantage, elles ralentissent leur poussée. Donc, la partie inférieure de la racine pousse plus lentement que sa partie supérieure, et la racine se courbe en s'enfonçant dans le sol.

Les auxines ne sont pas les seules hormones d'une plante.

Les **gibbérellines** sont des phytohormones impliquées dans la croissance végétale. Elles sont produites naturellement par les graines, dont elles déclenchent la germination. De faibles concentrations de gibbérellines suffisent pour accélérer ce processus, faisant s'allonger les cellules et se développer davantage les plantes.

L'**éthylène** est une autre phytohormone, inhabituelle car il s'agit d'un gaz. L'éthylène contribue au contrôle de la division cellulaire à mesure de la croissance de la plante, ainsi qu'au contrôle du mûrissement des fruits.

L'homme a trouvé des manières d'utiliser les phytohormones pour améliorer ses cultures. Lorsque les jardiniers font des boutures, ils les plongent souvent dans de la poudre d'enracinement avant de les planter. Cette poudre contient des auxines qui stimulent la croissance de nouvelles racines et le développement de la bouture.

Chose assez paradoxale, les auxines sont par ailleurs des désherbants efficaces. Comme elles stimulent la croissance végétale, quand les feuilles des mauvaises herbes en sont aspergées, les cellules commencent à se diviser de façon incontrôlable et meurent. La plupart des mauvaises herbes ont des feuilles larges, tandis que la plupart des cultures ont des feuilles étroites. Quand elles sont aspergées de désherbant, les plantes aux feuilles larges absorbent davantage du produit que les plantes aux feuilles étroites. Autrement dit, les mauvaises herbes meurent, mais pas les cultures. Les désherbants qui ciblent un type spécifique de plante sont des herbicides sélectifs.

Les gibbérellines sont aussi utilisées par les agriculteurs. Dans la brasserie, elles accélèrent la germination de l'orge utilisé pour produire le malt. Chez les fleuristes, elles font fleurir toute l'année des plantes comme les géraniums et les chrysanthèmes. Elles contribuent aussi à accroître la taille des fruits sans pépins, comme les raisins. Étant donné que les pépins produisent des gibbérellines qui aident les fruits à se développer, les variétés sans pépins ont besoin d'un coup de pouce.

L'éthylène est utilisé dans l'industrie alimentaire pour contrôler le mûrissement des fruits. Les bananes, par exemple, sont souvent cueillies et transportées quand elles sont encore vertes. Lorsque le voyage arrive à sa fin, elles sont traitées avec de l'éthylène, pour mûrir avant d'être envoyées à la vente. Si vous gardez des bananes traitées à l'éthylène dans votre coupe à fruits à côté d'autres fruits, attention ! L'éthylène des bananes fera mûrir les fruits non traités.

Mind Map
6
MALADIE
Maladies transmissibles
Transmission
Directe
Indirecte
Air
Atchoum !
Eau
Médicaments antirétroviraux
Ebola, SARS, VIH/SIDA, rougeole
Virale
Résistance
SRAM
Antibiotiques
Bactérienne
Salmonella, Gonorrhée, Tuberculose
Pathogènes
Pied d'athlète
Médicaments antifongiques
Fongique
Vecteur
Moustique
Protistes
Malaria
Plasmodium
Médicaments
Hygiène
Rapports sexuels protégés
Alimentation saine
Prévention
Vaccins

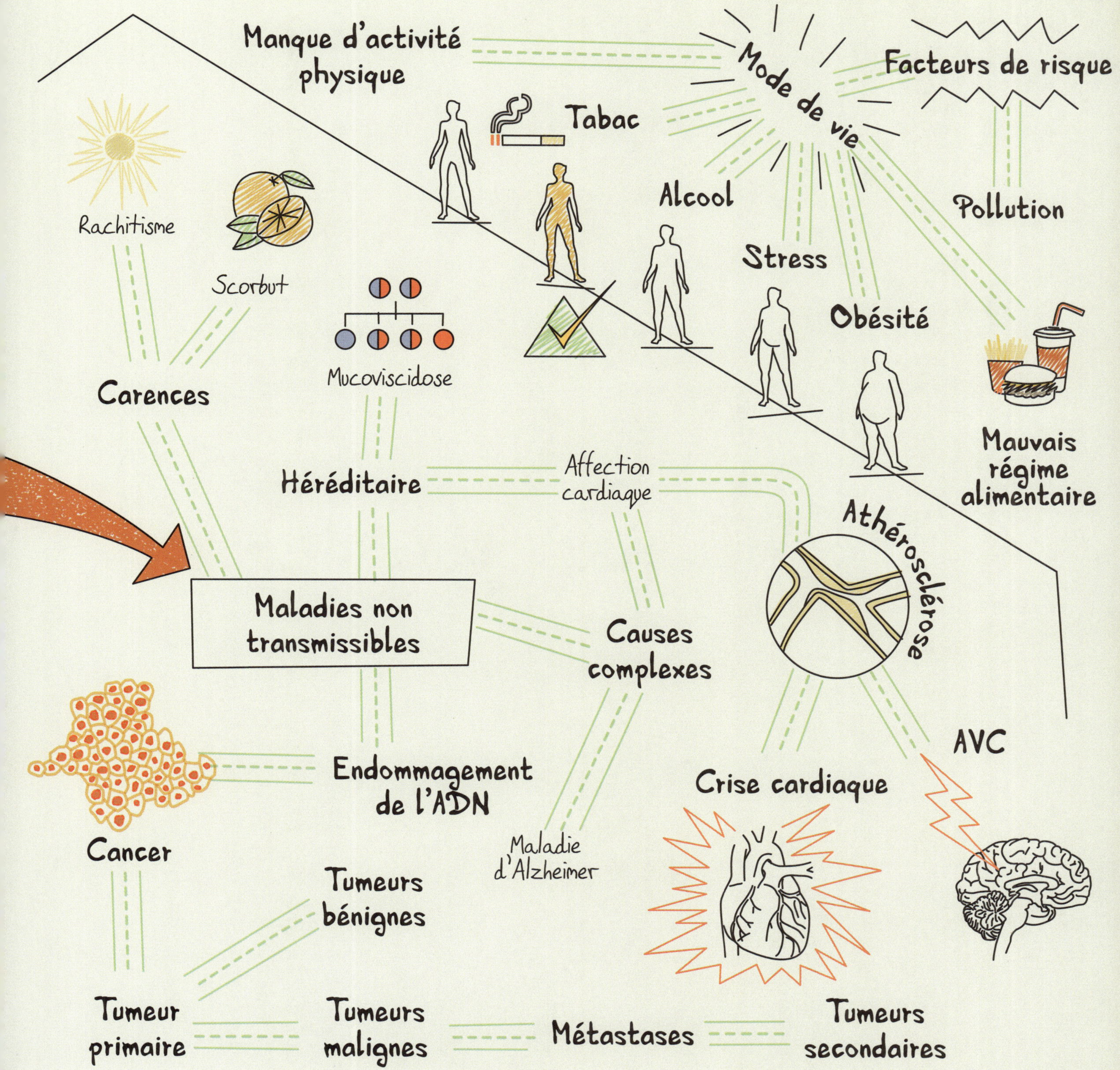
Manque d'activité physique
Mode de vie
Facteurs de risque
Tabac
Alcool
Pollution
Rachitisme
Scorbut
Stress
Obésité
Mucoviscidose
Carences
Mauvais régime alimentaire
Héréditaire
Affection cardiaque
Athérosclérose
Maladies non transmissibles
Causes complexes
AVC
Endommagement de l'ADN
Crise cardiaque
Cancer
Maladie d'Alzheimer
Tumeurs bénignes
Tumeur primaire
Tumeurs malignes
Métastases
Tumeurs secondaires

SANTÉ GLOBALE ET MALADIE

Il est important d'avoir un mode de vie sain. Manger sainement, par exemple, réduit le risque de développer des affections comme le diabète et les maladies cardiaques. L'espérance de vie à la naissance est un bon indicateur de la santé dont on jouira par la suite. Au cours de ces derniers vingt-cinq ans, l'espérance de vie à la naissance a augmenté. La moyenne globale de l'espérance de vie d'une personne née en 1990, 64 ans, est passée en 2013 à 71 ans.

Les enfants sont toujours les plus affectés par la maladie. Malgré des avancées récentes, chaque année quelque 6 millions de jeunes enfants meurent de causes évitables, surtout dans des pays aux faibles ressources. Les enfants de l'Afrique subsaharienne, par exemple, risquent quinze fois plus de mourir avant leur cinquième anniversaire que les enfants du monde développé. La plupart de ces décès, provoqués par un manque de ressources de base, comme la nourriture et l'eau potable, et par des maladies comme la **malaria** et la rougeole, sont évitables.

Il s'agit de **maladies transmissibles**, nommées ainsi parce qu'elles se répandent de personne à personne. Les maladies transmissibles affectent aussi les adultes. Actuellement, des dix causes les plus répandues de décès les trois principales sont les maladies transmissibles, principalement dans les pays pauvres et en voie de développement.

Les **maladies non transmissibles** ne passent pas d'un individu à un autre. Deux tiers des décès du monde sont causés par des affections non transmissibles. Les **maladies cardiaques** et les **AVC**, par exemple, tuent le plus de gens.

À mesure de l'amélioration des soins de santé et des conditions de vie, ainsi que de l'allongement de l'espérance de vie, le nombre de personnes en mauvaise santé augmente. Les décès dus à la démence sénile ont plus que doublé au cours de ces vingt dernières années. La **maladie d'Alzheimer** et d'autres types de démence sont responsables actuellement de la mort de quelque 2 millions de personnes par an.

Les 10 principales causes mondiales de maladie

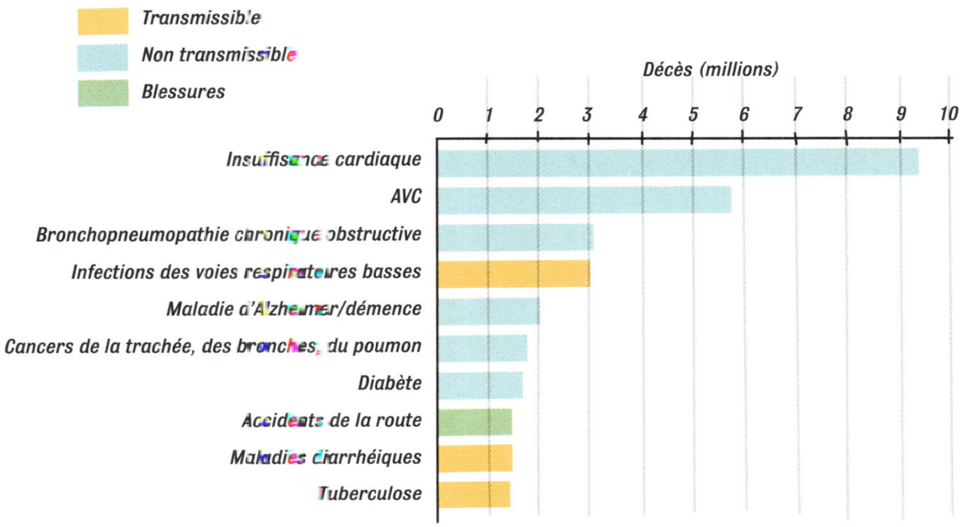

Qu'est-ce qui nous rend malades ?

Les maladies transmissibles sont causées par des micro-organismes, dont des **bactéries**, des **virus**, des **champignons** et des **protistes**. Lorsqu'ils causent des maladies, ces micro-organismes sont appelés « **pathogènes** ». Les affections non transmissibles, comme les maladies cardiaques et le **cancer**, sont causées par une diversité de facteurs, y compris génétiques et de **mode de vie**.

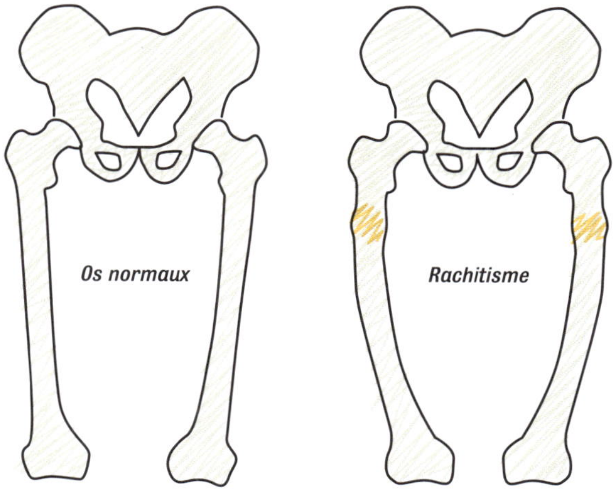

Rachitisme

Le rachitisme provoque l'apparition d'os courbés, fragiles. Il est souvent causé par une carence en vitamine D.

Ces deux types de maladie sont des causes majeures de mauvaise santé, mais d'autres facteurs influencent par ailleurs notre santé et notre bien-être.

Le **stress**, par exemple, est une partie normale de la vie quotidienne, mais les chercheurs savent actuellement qu'un stress excessif peut être nuisible. Le stress accru augmente le risque de développer toutes sortes de problèmes de santé, parmi lesquels des maladies cardiaques et des troubles psychiques, comme la déprime et l'anxiété.

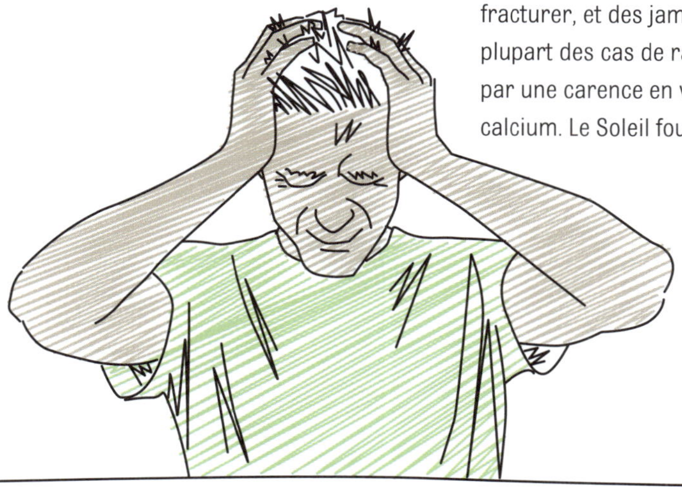

Le **régime alimentaire** est important. Il ne s'agit pas seulement d'avoir assez de nourriture, mais aussi de disposer de l'équilibre correct des nutriments.
Le **rachitisme**, par exemple, affecte le développement osseux chez les enfants. Les personnes atteintes de rachitisme tendent à avoir des os fragiles, susceptibles de se fracturer, et des jambes arquées. La plupart des cas de rachitisme sont causés par une carence en vitamine D ou en calcium. Le Soleil fournit la vitamine D, qui est aussi présente dans certains aliments, comme les poissons gras et les œufs. Le calcium est apporté par les produits laitiers et les légumes à feuilles vertes comme les brocolis et le chou.

D'autres facteurs entrent en jeu. Certaines maladies, par exemple, sont plus répandues chez les hommes que chez les femmes, et *vice versa*. Le groupe ethnique, la situation financière et les soins de santé disponibles ont aussi un rôle, tout comme la partie du monde où vous vivez et la propreté de votre environnement.

Une étude récente a révélé que seulement une personne sur 20 n'a pas de problèmes de santé, et que seulement un tiers de la population du monde bénéficie de plus de cinq aliments différents. Les problèmes multiples de santé sont répandus, car les différentes maladies interagissent. Un problème peut déclencher un autre ou aggraver un problème existant.

MALADIES TRANSMISSIBLES

Les maladies transmissibles sont causées soit directement par un **pathogène**, soit par une toxine produite par un pathogène. Certaines maladies transmissibles, comme le rhume et la conjonctivite, sont relativement bénignes, alors que d'autres, comme la grippe, l'**Ebola** et le **VIH/SIDA**, peuvent être mortelles.

Parfois, des maladies transmissibles, les zoonoses, peuvent passer d'une espèce à une autre. En 2002, une maladie zoonotique, le **SRAS** (syndrome respiratoire aigu sévère) s'est déclaré dans le Sud de la Chine, puis s'est étendu à Hong Kong et à d'autres pays, comme le Canada. Plus de 8 000 personnes ont été infectées et 774 ont perdu la vie. La maladie a débuté chez les chauves-souris, est passée aux civettes, puis à l'homme.

Les bactéries et les virus causent la plupart des maladies transmissibles qui affectent les animaux. Les champignons et les virus causent le plus grand nombre de maladies transmissibles qui touchent les plantes. Ces pathogènes se répandent *via* plusieurs routes différentes.

Certains se répandent par **transmission directe**. Le virus du VIH/SIDA et le virus de l'hépatite, par exemple, peuvent entrer dans le corps lorsqu'une personne infectée a un rapport sexuel non protégé avec une personne saine. Le pied d'athlète, causé par un champignon, peut être contracté directement, par contact dermique, et indirectement, en touchant des objets contaminés. Un minuscule fragment d'une plante infectée peut ruiner tout un champ.

Certaines de ces maladies se répandent par transmission indirecte. L'air est le vecteur de nombreux pathogènes, dont bactéries, virus et champignons. L'infection par des gouttes de salive est commune chez l'homme. Le virus qui provoque le rhume, par exemple, se répand quand une personne infectée éternue ou tousse.

L'eau est le vecteur d'autres maladies. La bactérie qui cause le choléra est présente dans l'eau contaminée par des matières fécales d'une personne infectée et se répand quand l'eau est bue ou utilisée pour la cuisine.

La propagation de la maladie

Parfois, les pathogènes peuvent passer d'une espèce à une autre.

Prévenir les infections

Lavez-vous les mains

La mauvaise hygiène facilite la propagation des germes causant la maladie, raison pour laquelle le lavage des mains et les autres mesures préventives sont si importants.

De nos jours, l'importance du lavage des mains et des autres mesures simples d'**hygiène** est bien connue, mais cela n'a pas toujours été le cas. Au début du XIXe siècle, les causes de la maladie n'étaient pas claires avant l'intervention d'Ignac Semmelweis.

Semmelweis, médecin hongrois, travaillait dans la maternité d'un hôpital autrichien à une époque où beaucoup de jeunes mères mouraient de fièvre puerpérale peu de temps après l'accouchement. Il a remarqué un modèle récurrent.

Les mères qui étaient soignées par des médecins et des étudiants en médecine présentaient un risque de mourir plus élevé que celles aidées par des sages-femmes. Souvent, les médecins et les étudiants en médecine passaient directement des dissections de cadavres à la mise au monde de bébés sans se laver les mains. Semmelweis a donc pensé qu'ils étaient susceptibles de transférer des causes de maladie. Il a insisté pour que les médecins se lavent les mains et, peu de temps après, le nombre de décès a diminué. Ce fut le début de la médecine préventive.

Le biologiste français Louis Pasteur a continué ce travail, et ses expériences ont prouvé que les germes causent la maladie. Il a développé des **vaccins** contre des maladies comme l'anthrax et la rage, ainsi qu'un processus destructeur de germes qui porte encore son nom, la pasteurisation.

Suivant dans cette voie, le chirurgien britannique Joseph Lister a été le pionnier des opérations chirurgicales stériles. Il a prôné l'utilisation des antiseptiques dans la salle d'opération pour détruire les pathogènes. Peu à peu, la théorie des germes a gagné du terrain et, à mesure que la compréhension des pathogènes s'est accrue, des vies ont été sauvées.

Maintenant, les techniques stériles, les produits antimicrobiens et les vaccins restent la première ligne de prévention des maladies. Si une épidémie d'une maladie infectieuse, comme l'Ebola, se déclare, les professionnels de santé prennent des mesures rapides pour l'endiguer : mise en isolation des malades et limitation de l'accès aux zones infectées.

Louis Pasteur
1822-1895

Les expériences de ce célèbre biologiste français ont prouvé que les germes causent la maladie.

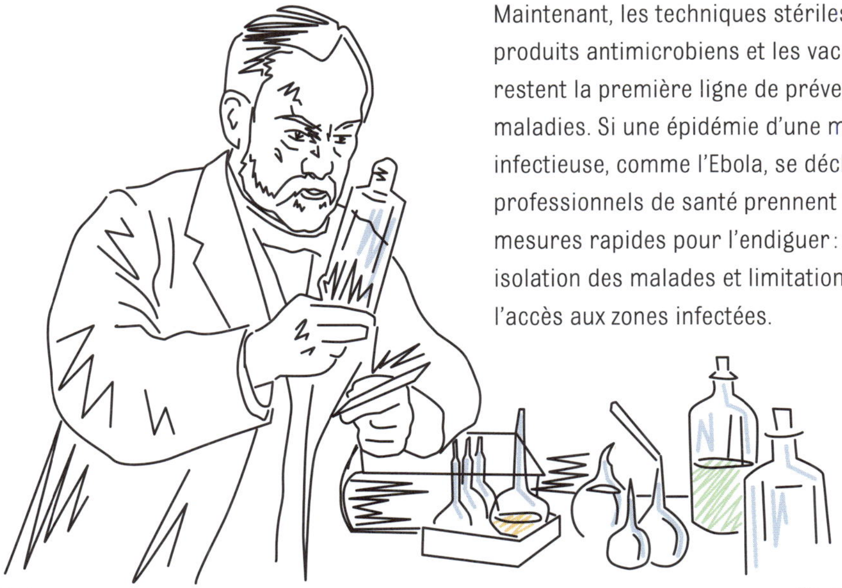

Maladies bactériennes

Notre corps renferme des trillions de **bactéries**. La plupart sont inoffensives, et beaucoup sont en fait bénéfiques. Certaines bactéries intestinales, par exemple, aident à protéger le corps des pathogènes. Cependant, d'autres causent des maladies.

La ***Salmonella*** provoque une intoxication alimentaire. Elle vit dans les intestins de nombre d'animaux et peut être présente dans des aliments non cuits, comme la viande, les œufs et la volaille. Lorsqu'elle envahit le corps, elle sécrète des toxines et perturbe l'équilibre normal des bactéries intestinales, causant crampes, vomissements et diarrhée.

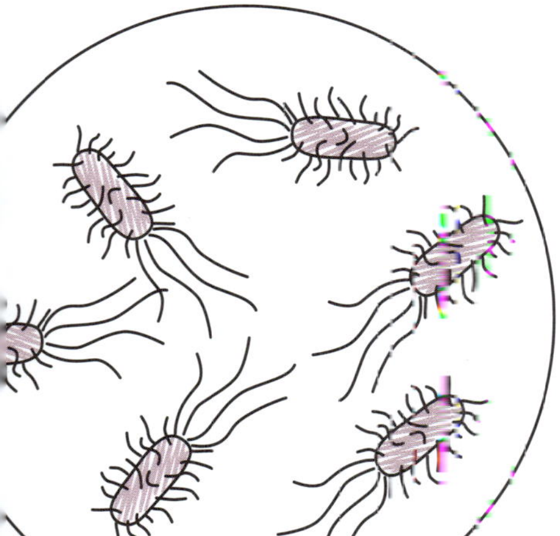

Les symptômes disparaissent d'habitude tout seuls, mais dans les pays où la malnutrition est répandue, les choses peuvent être plus graves. L'Organisation mondiale de la santé (OMS) estime qu'environ 2 millions de personnes – surtout des enfants de moins de 5 ans – meurent chaque année des suites de maladies diarrhéiques, dont la salmonellose.

Parmi les maladies bactériennes, on trouve la **tuberculose**, qui tue environ 2 millions de personnes par an, surtout en Afrique subsaharienne, et la **gonorrhée**, transmise sexuellement, qui peut aboutir à la stérilité si elle n'est pas traitée. Les plantes souffrent elles aussi de maladies bactériennes.

Salmonella

La bactérie* Salmonella *est habituellement présente dans les intestins des animaux à sang chaud. Si on mange des aliments contaminés avec* Salmonella*, on risque de se sentir mal.

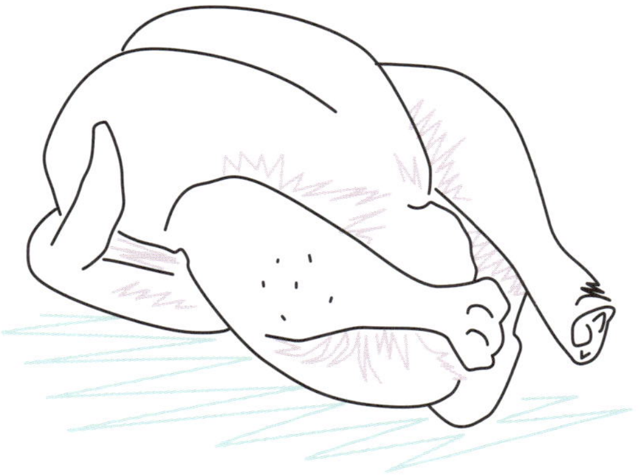

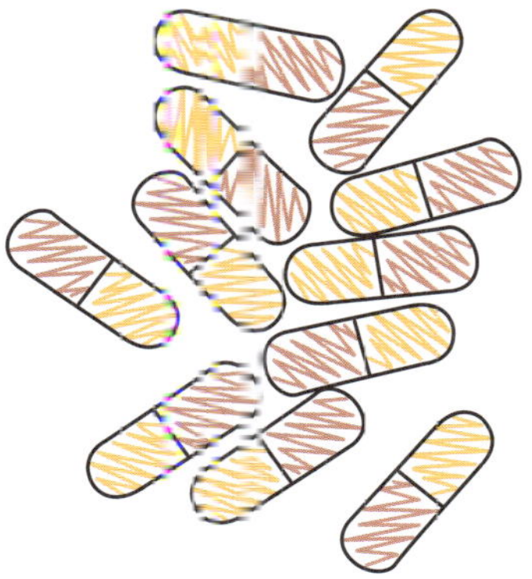

Au début du XXe siècle, les maladies infectieuses ont causé plus de 30 % de tous les décès aux États-Unis, chiffre qui a diminué actuellement d'un ordre de grandeur. La vaccination, l'hygiène et l'amélioration du niveau de vie y ont joué un rôle, mais le mérite revient surtout aux antibiotiques.

Les **antibiotiques**, tels que la pénicilline et l'amoxicilline, sont des molécules qui tuent les bactéries. Certains antibiotiques ciblent des bactéries spécifiques, d'autres ont un large spectre. Depuis leur découverte il y a plus de 80 ans, les antibiotiques ont sauvé des millions de vies. Pourtant, certaines bactéries deviennent actuellement **résistantes** aux antibiotiques, rendant ceux-ci inefficaces. La bactérie **SARM** (staphylocoque doré résistant à la méticilline), par exemple, est résistante à plusieurs antibiotiques très utilisés : c'est une « super-bactérie ». L'émergence de ces bactéries est très inquiétante. Les scientifiques s'efforcent de développer de nouveaux antibiotiques efficaces.

Maladies virales

Les virus (*voir* page 21) peuvent infecter tout type d'organisme, y compris les bactéries, les végétaux et les animaux. Les maladies qu'ils causent peuvent être bénignes ou graves. Les **antibiotiques** ne guérissent pas les maladies **virales**. Comme les virus se servent des cellules de l'hôte pour se reproduire, difficile de créer des médicaments antiviraux efficaces, qui tuent les virus sans tuer aussi les cellules hôtes.

Le **VIH/SIDA** est une maladie virale. Il se transmet sexuellement et par l'échange de fluides comme le sang, par exemple lors des transfusions non vérifiées et du partage d'une aiguille par des toxicomanes. Le SIDA est causé par le virus de l'immunodéficience humaine (VIH). On estime qu'environ 35 millions de personnes sont infectées dans le monde. L'infection cause des symptômes légers, pareils à ceux de la grippe, qui disparaissent, alors que le virus reste caché, affaiblissant le système immunitaire de l'hôte. Lorsque le SIDA se déclare, le système immunitaire du malade est si endommagé qu'il ne peut plus repousser les infections et divers cancers.

Il n'y a pas de vaccin ou de remède contre le VIH/SIDA, mais la maladie peut être prévenue en **se protégeant** lors des rapports sexuels, en évitant le partage des aiguilles et en vérifiant le sang utilisé pour les transfusions. Les **médicaments antirétroviraux** aident à contenir le SIDA et permettent aux personnes infectées par le VIH de mener une vie normale. Malheureusement, la plupart des personnes infectées vivent en Afrique subsaharienne, où ces médicaments antirétroviraux sont rares et où l'espérance de vie de quelqu'un atteint par le VIH/SIDA est très réduite.

Certaines maladies virales sont prévenues grâce aux vaccins, fabriqués à partir d'une variante morte ou affaiblie d'un pathogène. Injecté, le vaccin ne cause pas la maladie, mais incite le corps à déclencher une réaction immunitaire. Les globules blancs produisent des anticorps qui détruisent les molécules du vaccin. Quand le vrai pathogène se présente, les anticorps agiront plus rapidement, le détruisant avant qu'il puisse causer la maladie. La **rougeole**, par exemple, est totalement évitable par une vaccination.

Reproduction virale

Les virus s'emparent de l'ADN de l'hôte et produisent à la chaîne de nombreuses copies infectieuses qui infecteront les autres cellules.

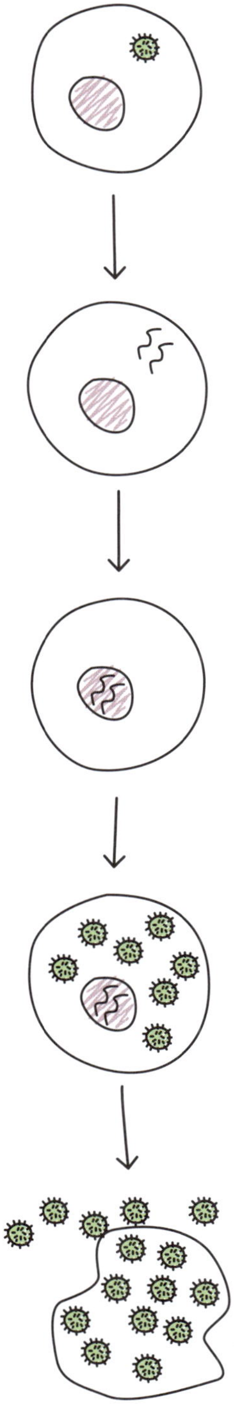

Le virus entre dans la cellule.

L'enveloppe externe du virus est écartée pour révéler son matériel génétique.

Le matériel génétique du virus s'empare du noyau de la cellule.

La cellule commence à produire à la chaîne de nouveaux virus.

Les nouvelles particules virales infecteront d'autres cellules.

Maladies des protistes et fongiques

Les protistes causent une diversité de maladies chez les plantes et les animaux. Relativement rares, les maladies qu'ils causent peuvent s'avérer mortelles. Le protiste causant la maladie est souvent transféré à l'hôte par un organisme distinct, un **vecteur**.

La **malaria**, la plus connue de ce type de maladies, est causée par le protiste *Plasmodium* et répandue par les **moustiques** anophèles, leurs vecteurs.

Les moustiques pondent leurs œufs dans l'eau, pour qu'ils éclosent et se transforment en adultes. Pour produire des œufs, les moustiques femelles ont besoin de se nourrir de sang. En piquant une personne, elles transfèrent dans son corps les parasites *Plasmodium* qui, transportés par le sang jusqu'au foie, se reproduisent, générant plus de parasites qui entretiennent la maladie. Cela cause fièvre, vomissements et diarrhée.

Transmission de la malaria

Le parasite* Plasmodium *qui cause la malaria a un cycle de vie en deux étapes, impliquant deux hôtes distincts : les hommes et les moustiques.

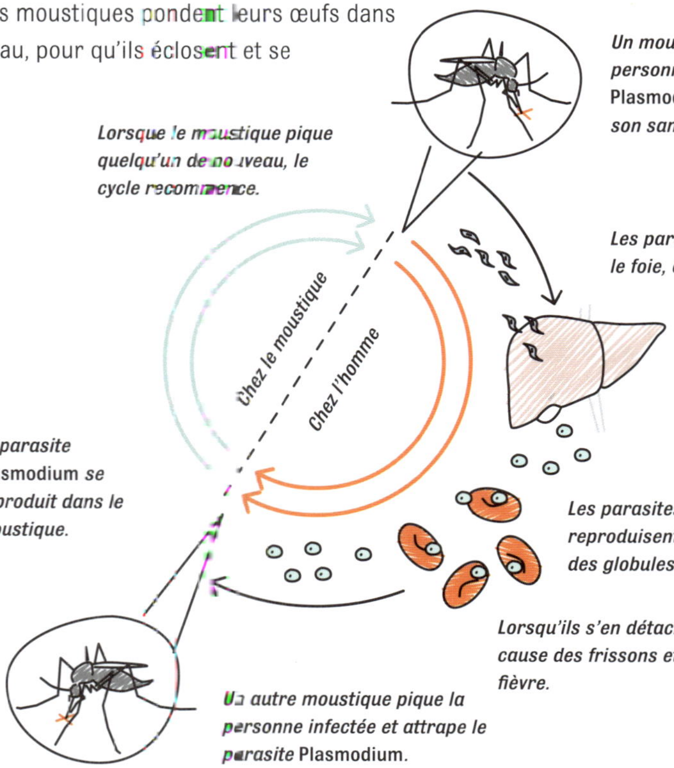

La malaria prend quelque 400 000 vies par an, surtout en Afrique subsaharienne et surtout chez les enfants âgés de moins de 5 ans. Elle est totalement évitable en recourant aux insecticides, aux moustiquaires et aux médicaments antipaludéens, ainsi qu'en épurant l'eau stagnante où se reproduit le parasite. Si elle est diagnostiquée tôt, la malaria peut être traitée par une combinaison de médicaments, mais tout comme les bactéries deviennent résistantes aux antibiotiques, les protistes deviennent résistants aux médicaments antipaludéens.

Les champignons peuvent causer des maladies chez l'homme. Le **pied d'athlète** est une affection bénigne, mais d'autres champignons causent des problèmes plus graves en attaquant les poumons ou le cerveau des personnes déjà malades. Ces maladies sont traitées avec des **médicaments antifongiques**. Les maladies fongiques sont répandues chez les plantes, représentant une menace grave pour l'agriculture. Deux des pathogènes fongiques les plus graves des plantes sont *Magnaporthe grisea*, qui cause la pyriculariose et *Botrytis cinerea*, champignon omniprésent qui cause la pourriture ou la moisissure grise. La pyriculariose peut détruire toute une rizière, ainsi que des champs de blé, de seigle et d'orge. *Botrytis cinerea* infecte les fruits, les légumes et les plantes ornementales ; si vous voyez que vos fraises préemballées commencent à se couvrir de duvet, ce champignon est probablement à blâmer.

MALADIES NON TRANSMISSIBLES

Les maladies non transmissibles ne sont pas causées par des agents infectieux, mais ont une diversité de causes.

Certaines, comme la **mucoviscidose**, sont génétiques. D'autres sont causées par un **dommage de l'ADN** intervenu au cours de la vie. La plupart des cancers entrent dans cette catégorie.

Un autre groupe est causé par des **carences**, comme un manque de vitamines essentielles ou de minéraux. L'anémie, par exemple, peut être causée par un manque de fer et une carence en vitamine B12. Le **scorbut** est causé par une carence en vitamine C.

Beaucoup de maladies non transmissibles ont des **causes complexes** difficiles à déterminer, sans parler de l'interaction des facteurs génétiques et environnementaux. La maladie d'Alzheimer, nombre de cancers et le diabète entrent dans cette catégorie.

Les **facteurs de risque**, comme l'âge, le mode de vie et l'environnement d'une personne, influencent le risque de développer certaines de ces maladies.

Parfois, les scientifiques établissent des relations entre maladies non transmissibles, telles que le cancer du poumon et les maladies cardiaques, et des facteurs du mode de vie comme le **tabac** ou le manque d'**activité physique**. Lorsque deux facteurs différents, deux « variables », semblent avoir un rapport, nous sommes en présence d'une corrélation. Il y a une corrélation entre le nombre de cigarettes fumées par an et le nombre de décès suite au cancer du poumon.

Toutefois, les corrélations ne prouvent pas qu'une chose en cause une autre. Les scientifiques ont procédé à des études très poussées pour prouver que le tabac cause le cancer du poumon. Les études ont inclus la démonstration que le tabac cause le cancer chez les animaux de laboratoire, l'identification dans la fumée de cigarette des substances chimiques causant le cancer et la détermination de la manière dont ces substances aboutissent au cancer. Cette dernière étape est le mécanisme de causalité.

Un mécanisme de causalité explique comment un facteur en influence un autre *via* un processus biologique. Si le mécanisme de causalité pour une maladie est connu, il aide les chercheurs à concevoir des manières efficaces de la prévenir et de la traiter. Si vous fumez, par exemple, abandonner le tabac est la seule chose que vous pouvez faire pour réduire le risque de développer un cancer du poumon.

Cancer

Le cancer est une maladie non transmissible répandue. Aux États-Unis, une femme sur deux et un homme sur trois développera un cancer à un moment de sa vie. D'autres pays présentent des taux similaires. Le cancer n'est pas une maladie unique. Il y a plus de 200 types différents qui affectent des organes, comme les poumons et l'œsophage, des tissus comme le tissu épithélial et le tissu nerveux (*voir* page 42), des systèmes organiques, comme le sang et le système immunitaire.

Lorsque des cellules du corps commencent à se diviser incontrôlablement, provoquant des changements du cycle cellulaire étayés par des mécanismes génétiques, une **tumeur primaire** se forme.

Chez l'homme, le cancer n'est pas transmissible, mais certains cancers non humains sont contagieux. Les diables de Tasmanie souffrent d'un cancer contagieux, la tumeur faciale transmissible, qui se propage quand les animaux se battent et se mordent les uns les autres. La maladie a causé une diminution considérable de leur nombre.

Les tumeurs peuvent être bénignes ou malignes. Les **tumeurs bénignes** se développent en général assez lentement, tendent à se limiter à un seul emplacement, d'habitude sur une membrane, et ne s'étendent pas à d'autres parties du corps. Elles sont formées de cellules similaires aux cellules normales. Souvent, elles ne posent pas de problème grave, mais si elles s'étendent trop, si elles deviennent douloureuses ou si elles appuient sur un organe vital, il faut les traiter.

Les tumeurs malignes sont formées de cellules cancéreuses, tendent à grandir plus vite que les tumeurs bénignes et peuvent s'étendre autour du corps. Ces tumeurs sont les « cancers ». Parfois, de petites parties d'un cancer se détachent et se répandent dans le corps en passant par le sang ou le système lymphatique : c'est le processus de **dissémination métastatique**. Les cellules cancéreuses finissent dans des parties différentes du corps, où elles alimentent la croissance des **tumeurs secondaires**.

Cellules cancéreuses

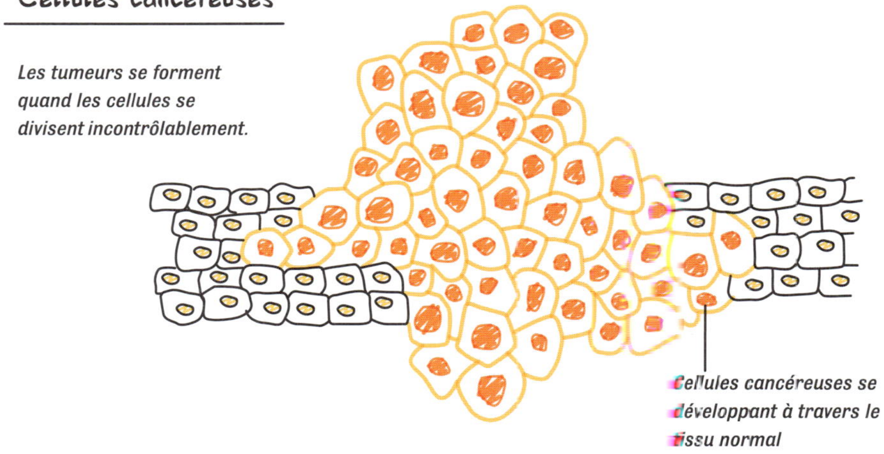

Diable de Tasmanie

Les diables de Tasmanie souffrent d'une forme contagieuse de cancer, transmise quand les animaux se mordent l'un l'autre.

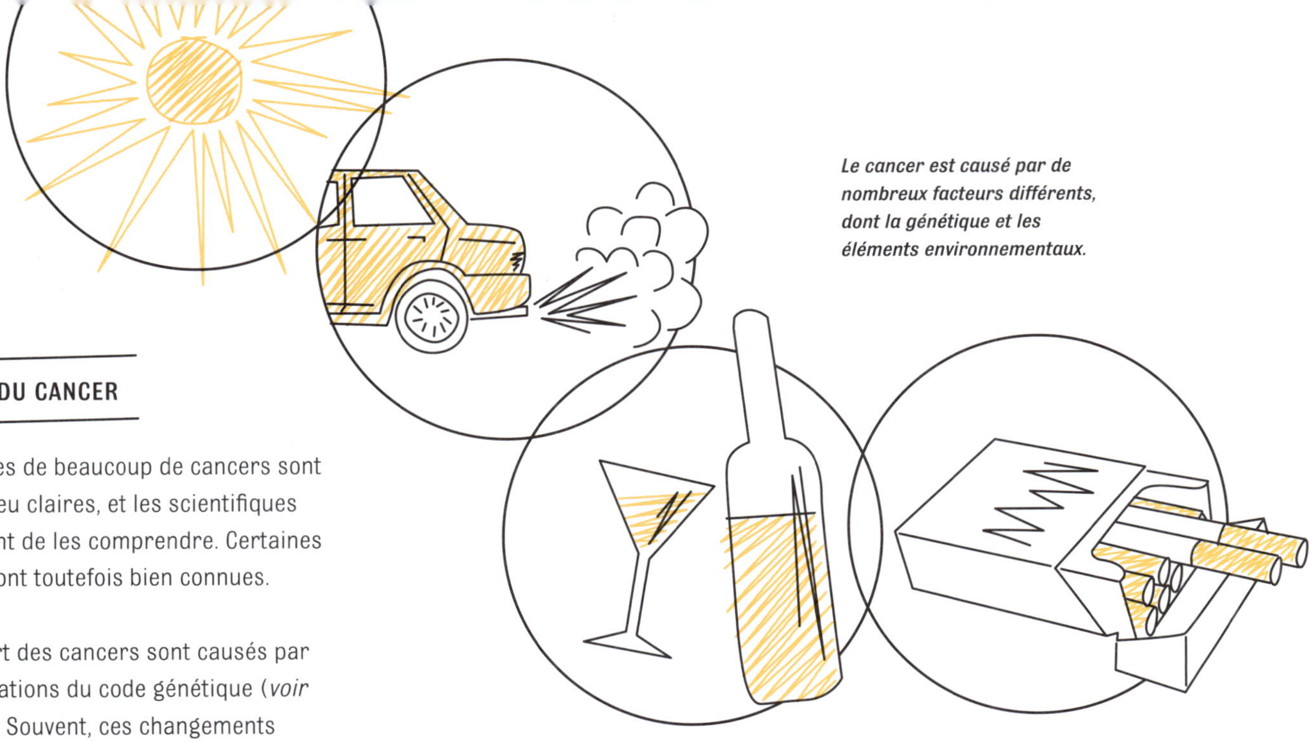

Le cancer est causé par de nombreux facteurs différents, dont la génétique et les éléments environnementaux.

CAUSES DU CANCER

Les causes de beaucoup de cancers sont encore peu claires, et les scientifiques s'efforcent de les comprendre. Certaines causes sont toutefois bien connues.

La plupart des cancers sont causés par des altérations du code génétique (*voir* page 96). Souvent, ces changements prennent place suite à une exposition à des substances endommageant l'ADN – les carcinogènes –, comme l'**alcool** ou le goudron et l'amiante présents dans la **fumée** de tabac.

Certains polluants environnementaux sont cancérigènes. Par exemple, on a démontré que la **pollution** de l'air accroît le risque de cancer du poumon.

La radiation ionisante, comme les rayons ultraviolets et les rayons X, peut aussi causer le cancer. Les mélanomes apparaissent quand les rayons UV du Soleil endommagent l'ADN des cellules formatrices de pigments de la peau, les incitant à se diviser incontrôlablement.

Certains cancers sont causés par des infections. Le cancer cervical, par exemple, est causé par l'infection avec le papillomavirus humain. Un vaccin destiné aux adolescentes le prévient.

Grâce aux avancées de la médecine, beaucoup de cancers jadis incurables sont maintenant traitables, et les taux de survie s'améliorent sans cesse. Divers traitements existent.

Parfois, l'opération chirurgicale enlève une tumeur. La radiothérapie utilise des doses ciblées de radiation pour détruire les cellules cancéreuses et la chimiothérapie se sert de médicaments anticancéreux soit pour tuer les cellules cancéreuses, soit pour les inciter à s'autodétruire.

Certains cancers réagissent aux médicaments, certains autres à la thérapie hormonale. Cette dernière bloque les hormones ou diminue leur quantité dans le corps (*voir* page 76) pour ralentir ou stopper la croissance des cellules cancéreuses.

Si le cancer affecte le sang ou le système lymphatique, une greffe de moelle osseuse peut être une option. Les greffons de moelle osseuse contiennent des cellules souches qui, après la greffe, se divisent pour produire de nouveaux globules rouges, globules blancs et plaquettes.

Prévenir la maladie et rester en bonne santé

À mesure que les recherches progressent, de nouvelles thérapies sont développées pour les cancers et d'autres maladies non transmissibles. Les traitements s'améliorent, mais nous n'avons pas toujours à connaître la cause exacte d'une maladie pour la prévenir. Nous pouvons faire beaucoup de choses pour mener une vie plus saine.

Les maladies cardiaques, par exemple, font plus de 9 millions de morts chaque année. Le corps devient moins capable de conduire au cœur le sang chargé en oxygène à mesure que des dépôts adipeux – athérome – s'accumulent dans les vaisseaux sanguins, **athérosclérose** qui cause l'angine – oppression ou douleur dans la poitrine. Si un fragment d'athérome se détache, il peut former un caillot de sang qui, en bloquant l'apport de sang au cœur, déclenche une crise cardiaque, ou, en bloquant l'apport de sang au cerveau, provoque un accident vasculaire cérébral (AVC).

Il y a plusieurs facteurs de risque pour le cœur, dont le tabac, l'hypertension, l'hypercholestérolémie et l'**obésité** (la surcharge pondérale). L'âge et l'histoire familiale entrent aussi en jeu, tout comme la consommation d'alcool et le stress. Plus vous présentez des facteurs de risque, plus vous êtes susceptible de développer une maladie cardiaque. Cependant, si vous atténuez ces facteurs, votre risque de problèmes cardiaques sera moindre.

L'OMS estime que 16 millions de personnes meurent prématurément chaque année suite à des maladies non transmissibles évitables. On peut changer beaucoup de choses en vue de réduire le risque de ces maladies.

Le régime alimentaire est particulièrement important. Si vous mangez plus que nécessaire, l'excès est stocké en tant que graisse, ce qui débouche sur l'obésité ou la surcharge pondérale.

L'indice de masse corporelle (IMC) est une mesure de l'obésité. Un IMC supérieur à 30 équivaut à l'obésité, un IMC supérieur à 25, à la surcharge pondérale.

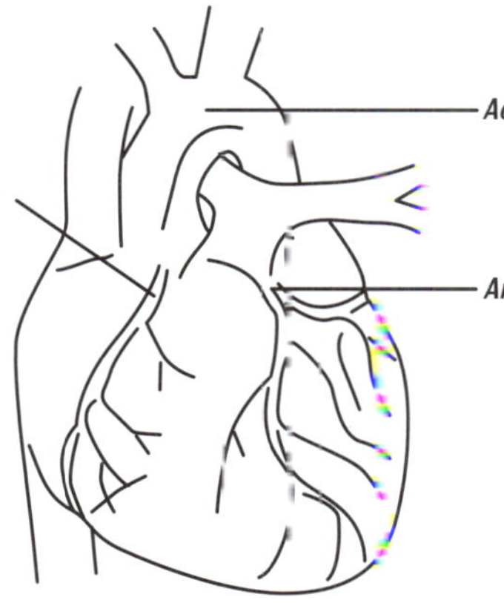

Athérosclérose

Les artères se rétrécissent à mesure que de l'athérome s'y accumule. Une angine peut intervenir, ainsi que des crises cardiaques et des AVC.

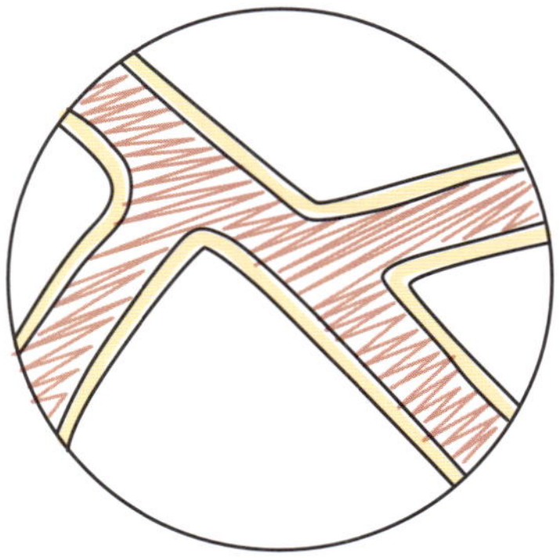

Artère normale

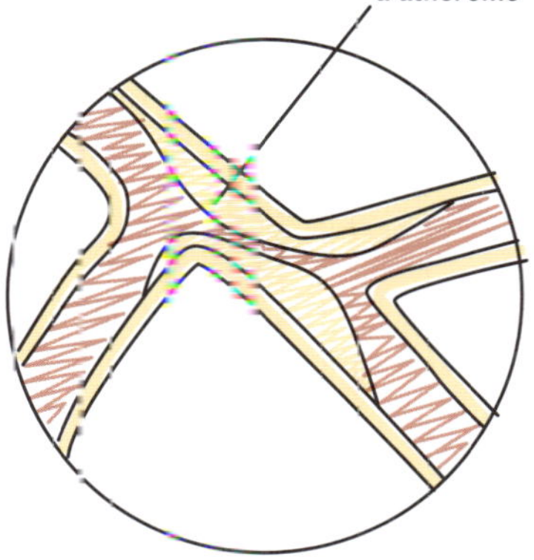

Artère avec athérosclérose

Jadis, l'obésité était tenue pour l'apanage des pays développés, mais elle est de plus en plus présente maintenant dans les pays à revenus moyens et bas dont le niveau de vie s'est amélioré. En 2016, plus de 1,9 milliard d'adultes étaient en surcharge pondérale, dont plus de 650 millions obèses.

L'obésité et la surcharge pondérale sont des facteurs de risque pour de nombreuses maladies, dont le diabète de type 2, les maladies cardiaques et le cancer. À ce jour, dans le monde, les deux sont liées à plus de décès que l'insuffisance pondérale.

Maintenir un poids sain se résume à trois choses : consommer des aliments plus sains, manger moins et faire plus d'exercice.

Le **manque d'activité physique** est un autre facteur de risque majeur. Les personnes qui font régulièrement de l'exercice sont moins susceptibles de développer une maladie cardiaque que les personnes physiquement inactives, ce qui est aussi valable pour d'autres maladies comme le diabète, la maladie d'Alzheimer et divers cancers.

Ces personnes ont un cœur en meilleure forme, des poumons plus développés et une meilleure musculature que celles qui font moins d'exercice. L'activité physique – sport, gym, même marche régulière – est un bon moyen de rester actif.

Selon l'OMS, les enfants âgés de moins de 5 ans doivent passer moins de temps assis et plus de temps à être actifs. Les adultes devraient effectuer au moins 150 minutes d'activité physique modérée par semaine.

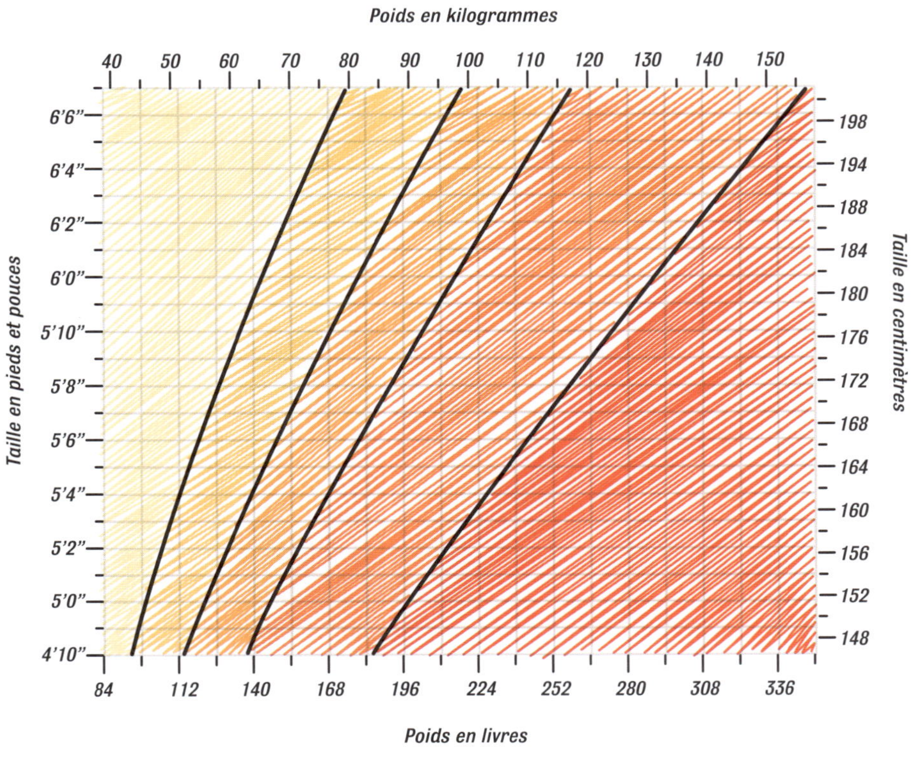

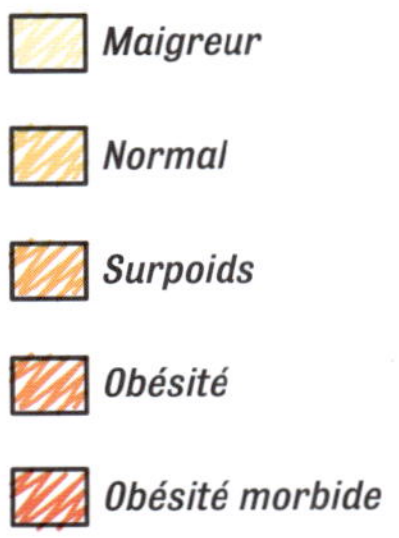

Calculateur IMC

L'indice de masse corporelle d'une personne est calculé en divisant son poids par le carré de sa taille. C'est une mesure de l'obésité.

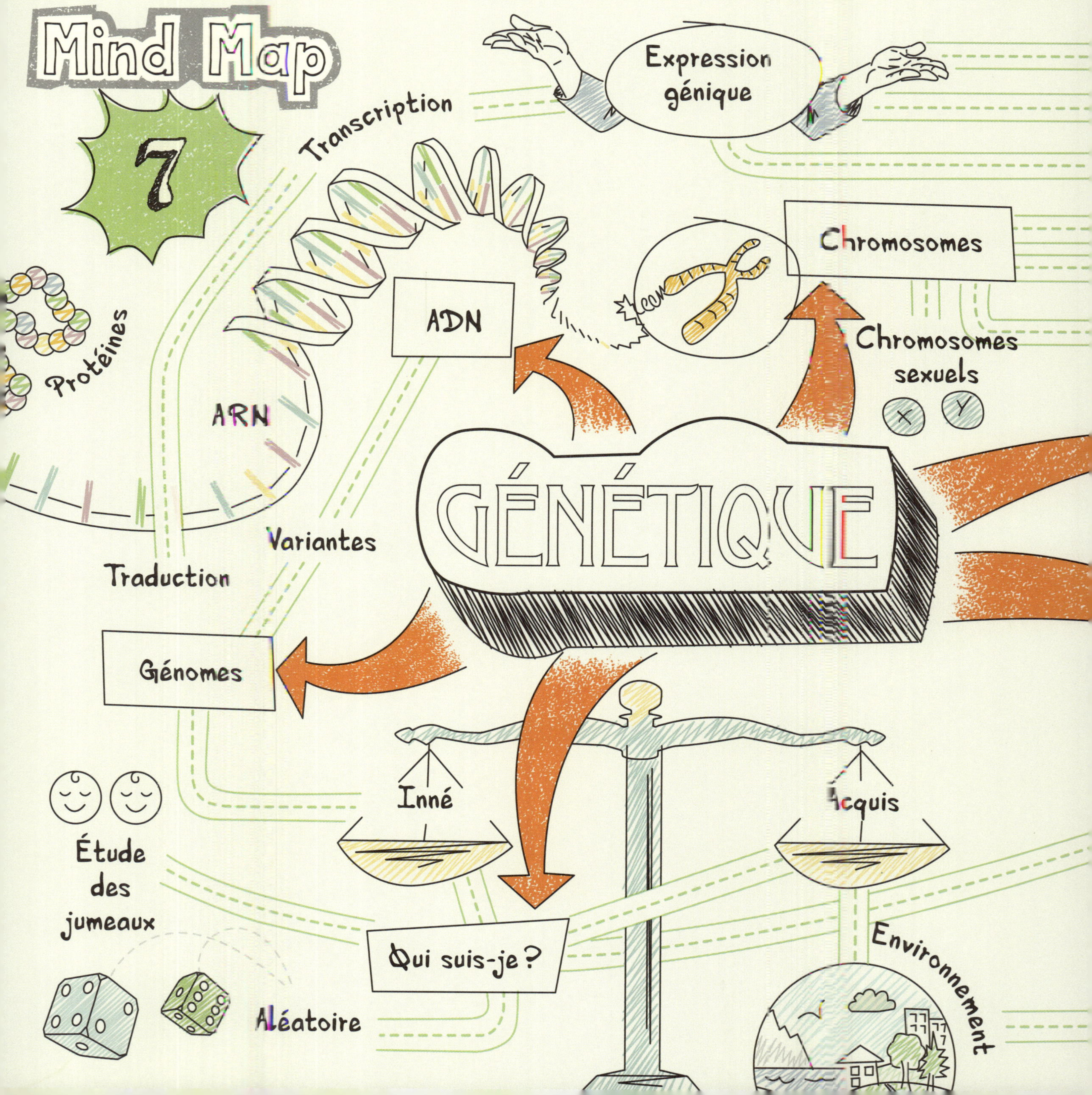

Mind Map
7
Transcription
Expression génique
Chromosomes
ADN
Protéines
ARN
Chromosomes sexuels
X
Y
GÉNÉTIQUE
Variantes
Traduction
Génomes
Inné
Acquis
Étude des jumeaux
Qui suis-je ?
Environnement
Aléatoire

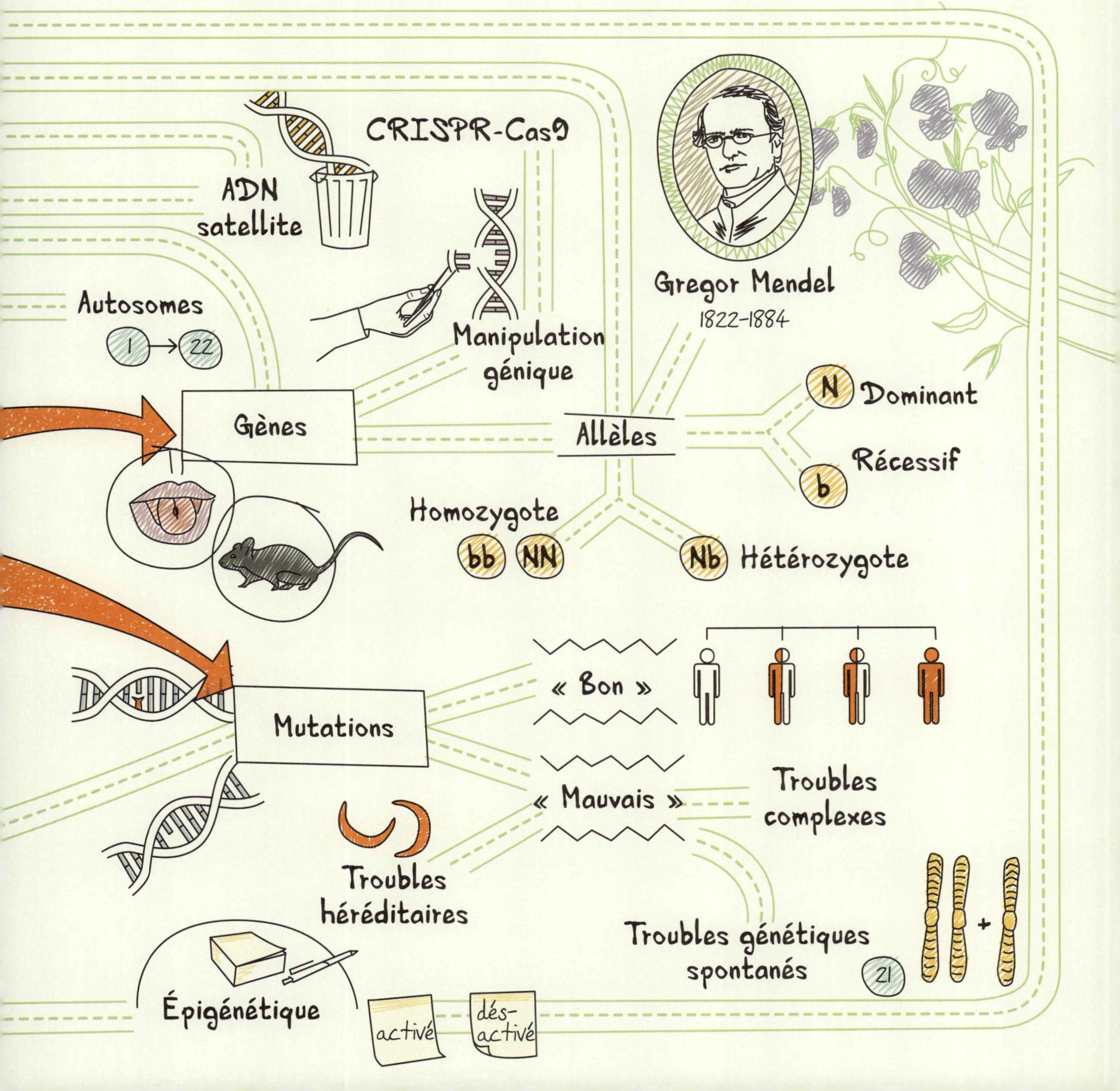

CRISPR-Cas9
ADN satellite
Autosomes
1
22
Manipulation génique
Gregor Mendel
1822-1884
Gènes
Allèles
N
Dominant
Récessif
b
Homozygote
bb
NN
Nb
Hétérozygote
« Bon »
Mutations
« Mauvais »
Troubles complexes
Troubles héréditaires
Troubles génétiques spontanés
21
Épigénétique
activé
dés-activé

LA MOLÉCULE DE LA VIE

L'ADN, la molécule de la vie, contient toutes les instructions dont un organisme vivant a besoin pour grandir, se reproduire et fonctionner.

L'**ADN** (acide désoxyribonucléique) est une substance chimique de type polymère, formée d'unités répétitives, les nucléotides.

Chaque nucléotide comporte trois parties : un sucre, un petit groupe phosphate et une base parmi l'adénine (A), la cytosine (C), la thymine (T) et la guanine (G). Toute la vie de la planète est faite de combinaisons de ces quatre lettres.

Dans les années 1950, les scientifiques ont découvert que l'ADN forme une double hélice, pareille à une échelle tordue. Les montants de l'échelle sont de chaînes de sucre et de phosphate. Les barreaux sont des paires de bases. Les bases s'apparient toujours d'une manière particulière : « A » s'apparie toujours avec « T », « C » s'apparie toujours avec « G ».

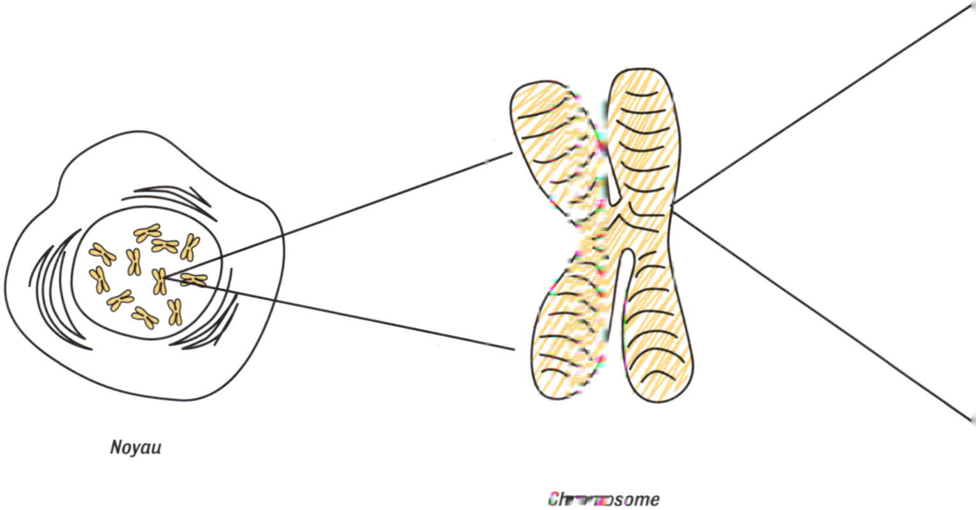

Toute cellule du corps contient de l'ADN, longue molécule enroulée serrée pour tenir dans le noyau cellulaire.

Les codes génétiques, les **génomes** des organismes vivants, sont constitués des milliards de paires de bases de l'ADN. Le génome humain, par exemple, est long de plus de 3 milliards de paires de bases. Le génome est la somme totale de l'ADN d'un organisme.

L'ordre de ces lettres est extrêmement important. Imaginez un livre de recettes de cuisine. L'ordre des lettres sur la page dit au cuisinier exactement quels ingrédients utiliser et comment les combiner et les préparer. Pareillement, les lettres du génome disent à nos cellules ce qu'elles doivent faire.

À l'intérieur du noyau, le génome est défait en des fragments, les **chromosomes** (*voir* page 34). Ces chromosomes contiennent d'importantes séquences ADN, les **gènes**.

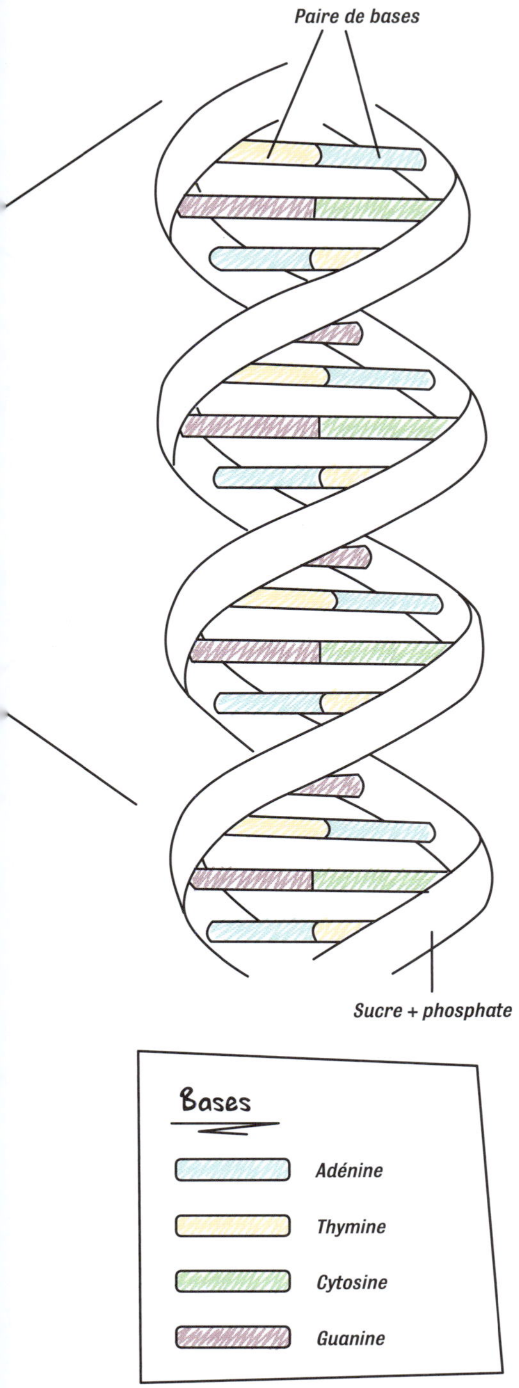

Chromosomes et ADN

L'ADN renferme des paires de substances chimiques, les bases, arrangées en chromosomes, situés dans le noyau cellulaire.

Gènes

Les gènes sont des séquences ADN spécifiques qui renferment le code des protéines. Le gène COL1A1, par exemple, contient les instructions qui disent à une cellule comment fabriquer du collagène, protéine présente dans de nombreuses structures – cartilage, os, tendons, peau. D'autres gènes contiennent le code pour divers enzymes qui aident le fonctionnement sans à-coups du métabolisme (*voir* page 57).

Chaque chromosome comporte plusieurs gènes différents. Le plus gros chromosome – le chromosome 1 – a quelque 8 000 gènes. L'un des plus petits chromosomes – le chromosome 21 – a environ 300 gènes. Chaque gène est formé de centaines ou de milliers de bases.

Le génome humain a été décrypté il y a plus de 15 ans. Avant que le décryptage soit fini, les chercheurs ont mis en place une loterie quant au nombre de gènes du génome. Les prédictions étaient variées. L'homme fabrique plus de 100 000 protéines différentes, si bien que selon certains il devait y avoir plus de 100 000 gènes. D'autres donnaient des chiffres bien plus bas. La moyenne tournait autour de 60 000. En fin de compte, tous se trompaient, car le génome humain ne contient que quelque 20 000 gènes.

Les scientifiques continuent à apprendre du génome humain, qui les aide à déterminer les causes de certaines maladies, à développer de nouvelles thérapies pour les combattre et à identifier les personnes que leur constitution génétique rend plus susceptibles de développer certaines affections. Ces informations permettent de faire des choix positifs de mode de vie – abandon du tabac, perte de poids –, en vue de réduire le risque de développer une maladie (*voir* page 93).

Les chercheurs ont décrypté les génomes de bien d'autres espèces, dont le rat, le riz et le rhinocéros. Cela les aide à comprendre les différentes espèces et la manière dont elles sont apparentées, clarifiant l'évolution et contribuant à tracer précisément l'arbre de la vie (*voir* page 13).

EXPRESSION GÉNIQUE

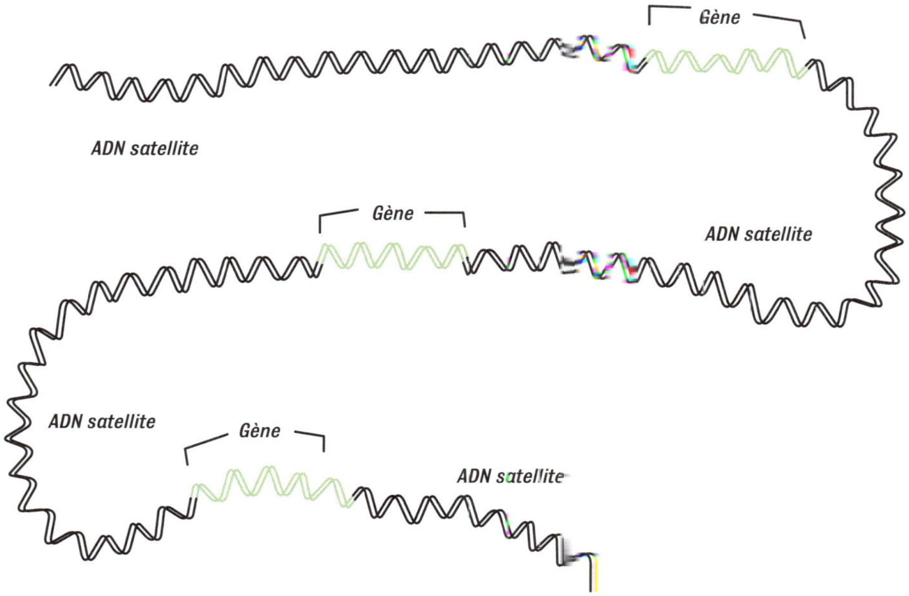

Le corps humain est formé de centaines de types de cellules spécialisées (*voir* pages 28 et 29). Chacun de ces types contient le même ADN, pourtant leur aspect et leur action sont très différents. Un neurone, par exemple, est très différent d'une cellule musculaire. Pourquoi ?

Bien que les cellules contiennent le même ADN et les mêmes gènes, tous leurs gènes ne sont pas activés. Chaque gène est activé et désactivé à des moments différents. Lorsqu'un gène est activé, il est exprimé.

Dans ce cas, la cellule peut accéder aux instructions codées qu'il renferme et fabriquer des protéines. Le profil d'expression génique que contient un neurone est différent de celui que contient une cellule musculaire. Pareillement, le profil d'expression génique que contient un embryon en train de se développer est différent de celui que renferme un animal adulte.

Même si les gènes sont importants, la plupart du génome humain n'est pas formé de gènes. Les séquences codant les protéines n'occupent que 2 % de notre ADN, les 98 % autres étant des séquences non codantes.

Lorsque les généticiens s'en sont rendu compte, ils ont désigné ces régions intergéniques non codantes par le terme « ADN poubelle » ou « **ADN satellite** », pensant qu'elles n'avaient pas de fonction utile. Néanmoins, les chercheurs commencent à comprendre que la plupart de ces séquences ont pourtant un rôle pratique.

Certaines de ces régions non codantes sont structurales – elles contribuent à conférer aux chromosomes leur forme caractéristique –, d'autres sont impliquées dans l'expression génique, agissant comme des commutateurs pour activer et désactiver les gènes.

Gènes et ADN satellite

Les génomes contiennent un mélange de séquences codant les protéines, les gènes, et de séquences non codantes, appelées parfois ADN satellite ou ADN poubelle. À mesure que les chercheurs en apprennent davantage à son sujet, ils commencent à se rendre compte que très souvent l'ADN satellite a un rôle pratique.

Cela explique la manière dont le corps arrive à fabriquer tant de protéines différentes avec relativement peu de gènes. Souvent, les gènes contrôlent la synthèse de plusieurs protéines distinctes, ce qui à son tour dépend de l'expression génique.

Des gènes aux protéines

Les gènes renferment les instructions pour la fabrication des protéines, mais ne les produisent pas directement. D'autres molécules sont impliquées dans ce processus en deux étapes, la transcription et la traduction.

La transcription prend place dans le noyau. Si un gène doit être exprimé, ses bases sont d'abord copiées ou transcrites dans l'ARN (*voir* page 27), ce qui crée une matrice, copie fidèle de la séquence ADN originale. Cette matrice est assez petite pour quitter le noyau à travers les infimes trous de la membrane nucléaire. Il s'agit de l'ARN messager (ARNm), qui transporte un message génétique de l'ADN au mécanisme cellulaire fabriquant la protéine.

Dans le cytoplasme, la matrice s'attache au ribosome (*voir* page 28). Un changement de langage prend maintenant place. La cellule doit traduire la séquence de nucléotides de l'ARN en acides aminés nécessaires à la fabrication d'une protéine.

Chaque triplet de bases représente un acide aminé particulier (ou un signal d'arrêter la synthèse de la protéine). Les molécules porteuses du cytoplasme sont attachées à des acides aminés spécifiques. Comme ces molécules s'attachent à la matrice, les acides aminés respectifs se disposent dans le bon ordre.

Les molécules porteuses apportent des acides aminés jusqu'à ce que la protéine soit complète et s'en détache. Ensuite, les molécules porteuses se détachent à leur tour de la matrice.

La protéine achevée se plie dans une forme 3 D complexe qui lui permettra de remplir son rôle dans la cellule. Par exemple, si la protéine est un enzyme, celui-ci se pliera pour former son site actif caractéristique (*voir* page 58). Si la protéine est structurale, comme le collagène, elle formera des structures fibreuses. Quoi qu'il en soit, la protéine est maintenant prête à faire son travail.

Traduction

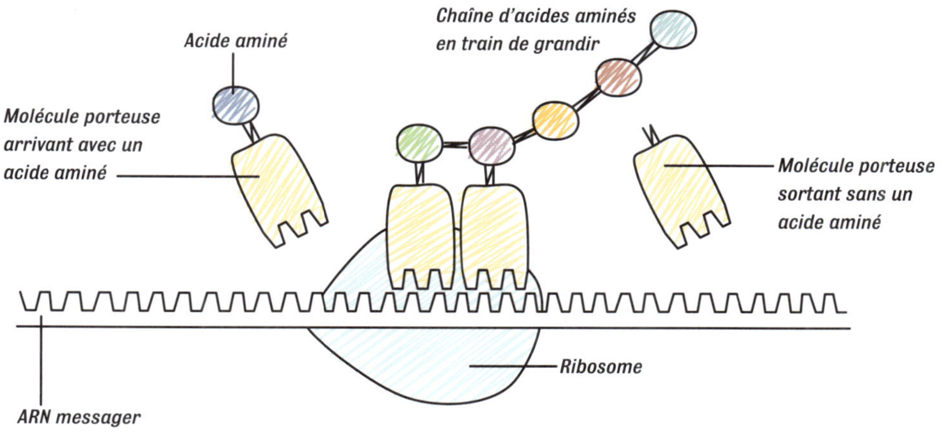

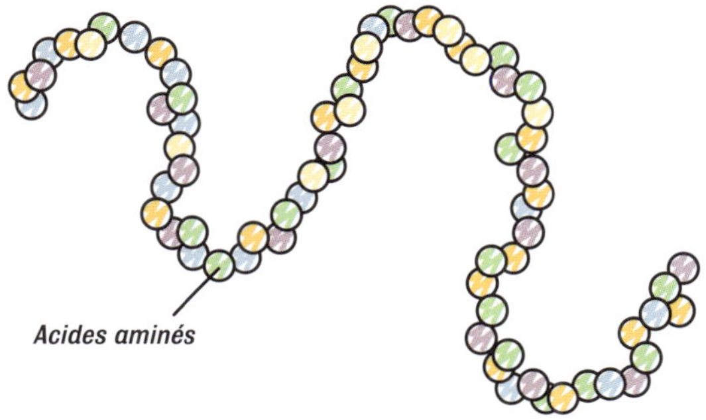

Pliage de la protéine

La nouvelle protéine est pliée en une forme tridimensionnelle complexe.

HÉRÉDITÉ

Les généticiens sont intéressés par la manière dont les gènes, et les traits qu'ils suscitent, sont transmis dans les familles. Les membres d'une famille ont souvent une apparence similaire, car ils ont certains gènes en commun. Ils peuvent aussi partager d'autres traits moins apparents, par exemple la prédisposition à une maladie particulière.

Chaque individu a deux copies de chaque gène et deux copies de chaque chromosome (à l'exception des chromosomes sexuels, abordés par la suite). On hérite une copie de la mère et une copie du père. À leur tour, ceux-ci ont hérité leurs gènes de leurs parents, et ainsi de suite en remontant dans le temps.

La copie reçue de la mère peut être légèrement différente de la copie reçue du père. Ces variantes différentes sont les **allèles**.

La plupart des traits sont le résultat de la collaboration de multiples gènes. Par exemple, la taille, la personnalité et l'intelligence sont dues à plusieurs gènes différents.

Les gènes uniques déterminent cependant certains traits, comme la couleur des poils chez la souris et le daltonisme chez l'homme. Des maladies génétiques sont aussi causées par un seul gène, comme la mucoviscidose et la dystrophie musculaire. Ces traits d'un gène unique tendent à définir clairement les modèles d'hérédité.

Gregor Mendel, moine autrichien, a été le premier à décrire ces modèles au XIXe siècle. Il a étudié les plants de pois en transférant soigneusement le pollen entre eux pour contrôler leur reproduction.

Mendel a constaté que lorsqu'il croisait des plants aux fleurs pourpres et des plants aux fleurs blanches, il obtenait toujours des plants à fleurs pourpres. Puis, quand il croisait les plants ainsi obtenus, trois quarts des nouveaux plants avaient des fleurs pourpres et un quart des fleurs blanches.

Il a découvert que la couleur de la fleur était déterminée par des « unités d'héritage » passées de parent à descendant. Nous savons maintenant que ces unités sont des gènes, et que les plants de pois héritaient des allèles différents du gène qui contrôle la couleur de la fleur.

Les allèles peuvent être **dominants** ou **récessifs**. Un allèle dominant est toujours exprimé, même si une seule copie est présente. Lorsque les généticiens mentionnent des allèles dominants, ils utilisent une majuscule. Donc, « P » peut être utilisé pour représenter l'allèle de la fleur de pois pourpre. D'autres exemples d'allèles dominants incluent l'allèle des poils noirs chez la souris et l'allèle du cérumen humide chez l'homme.

Les allèles récessifs sont exprimés seulement quand un individu est porteur de deux copies, et n'a donc pas d'allèle dominant du même gène. Les généticiens désignent les allèles récessifs par des lettres minuscules. Donc, « b » peut être utilisé pour représenter l'allèle de la fleur de pois blanche. D'autres exemples d'allèles récessifs incluent l'allèle des poils bruns chez la souris et l'allèle du cérumen sec chez l'homme.

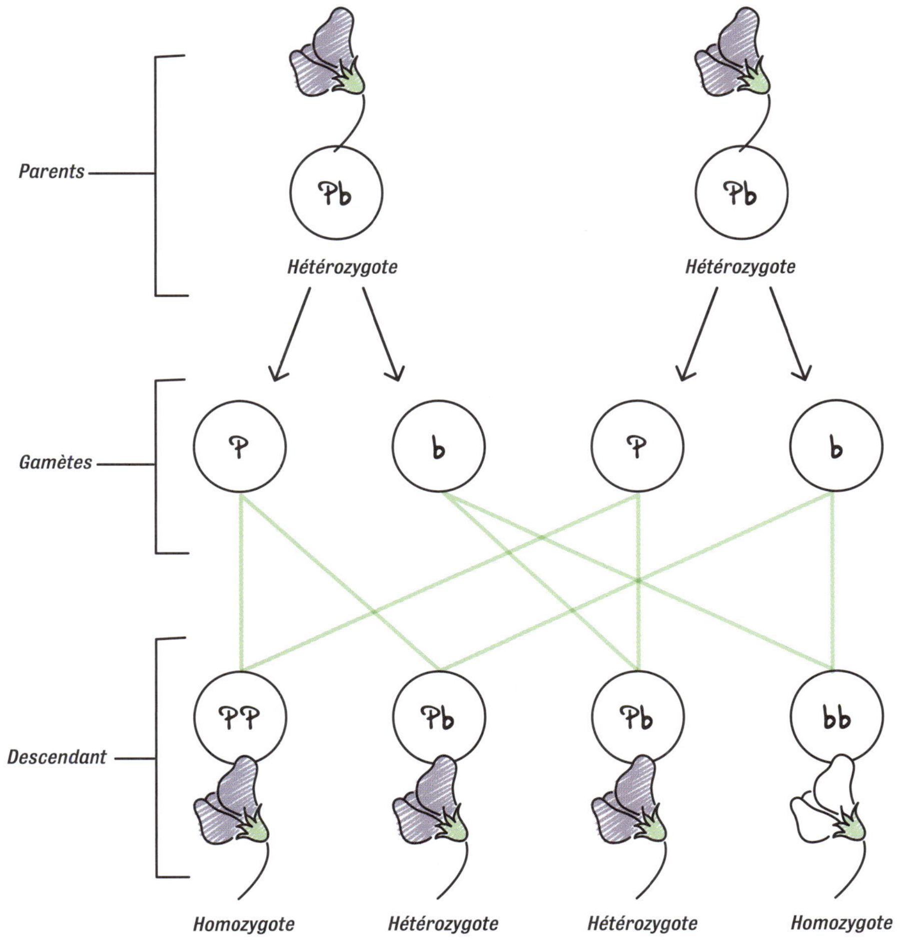

Les résultats des expériences de Mendel avec les pois

Lorsque Mendel a croisé sa première génération de pois pourpres, trois quarts des descendants étaient pourpres et un quart étaient blancs. « P » est l'allèle dominant, « b » est l'allèle récessif.

Si un seul gène détermine un trait – comme le cérumen ou la couleur de la fleur de pois –, alors un échiquier de Punnett peut être utilisé pour prédire le résultat du croisement de deux individus différents.

L'échiquier de Punnett montre les allèles d'un trait que possèdent les parents, les gamètes possibles qui peuvent être formés à partir des allèles et les combinaisons d'allèles susceptibles d'apparaître chez les descendants futurs.

Échiquier de Punnett

Que se passe-t-il quand une souris brune homozygote et une souris noire homozygote sont croisées ?
N = allèle des poils noirs
b = allèle des poils bruns

Gamètes	N	N
b	Nb	Nb
b	Nb	Nb

Tous les descendants ont des poils noirs.

Si un organisme contient deux allèles identiques d'un gène particulier, par exemple, deux allèles dominants (PP) ou deux allèles récessifs (bb), il est **homozygote**.

Si un organisme contient deux allèles différents d'un gène particulier – un dominant et un récessif (Pb) – il est **hétérozygote**.

Dans l'expérience de Mendel, l'allèle pourpre (P) était dominant, l'allèle blanc (b) était récessif. La première génération de plants de pois, tous pourpres, était hétérozygote, la seconde génération de plants de pois, aux couleurs mélangées, était un composé d'hétérozygotes et d'homozygotes.

Détermination du sexe

Une seule paire de chromosomes, les **chromosomes sexuels,** détermine le sexe biologique.

L'être humain a 23 paires de chromosomes. 22 de ces paires sont **autosomes** (tout chromosome autre qu'un chromosome sexuel). Les autosomes d'une paire ont à peu près la même taille et forme. Ils renferment plusieurs gènes qui véhiculent l'information concernant les nombreuses caractéristiques spécifiques du corps.

La 23e paire est formée par les chromosomes sexuels, l'un masculin, l'autre féminin. Les deux chromosomes sexuels ont d'habitude des tailles très différentes.

La femme a deux chromosomes X. L'homme a un chromosome Y et un chromosome X. Le chromosome Y est très petit. La plupart des gènes qu'il véhicule sont liés aux caractéristiques sexuelles. Par exemple, le gène SRY déclenche le développement des testicules.

Les cellules se divisent par méiose pour produire des gamètes, comme les spermatozoïdes et les ovules (*voir* page 35).

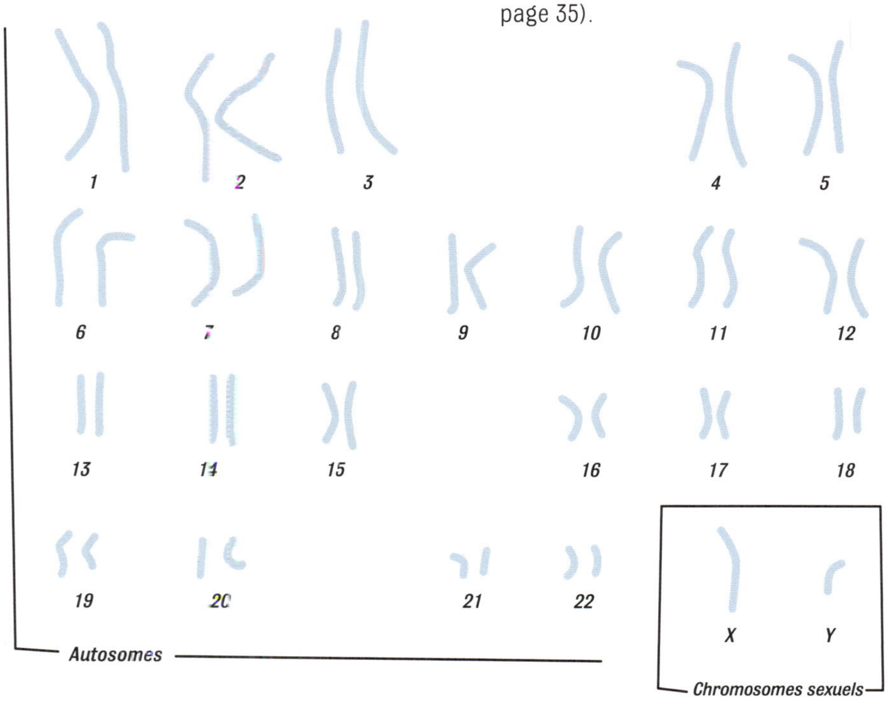

Production d'un gamète humain

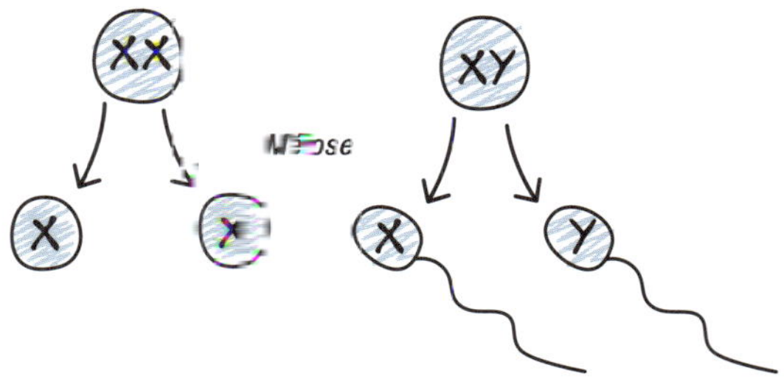

Lors de la division, un chromosome sexuel va dans chaque gamète, de sorte que les cellules de l'ovule humain contiennent toujours un seul chromosome X. La moitié des cellules du spermatozoïde contiennent aussi un chromosome X, l'autre moitié, un chromosome Y.

En raison de l'évolution (*voir* page 110), les différentes espèces ont souvent un nombre distinct de chromosomes, ainsi que des chromosomes sexuels différents. Les oiseaux ont en général 40 paires de chromosomes. Au lieu de chromosomes sexuels X et Y, ils ont des chromosomes sexuels Z et W. Les femelles sont les hétérozygotes, car elles ont un chromosome sexuel Z et un W, les mâles sont les homozygotes, aux deux chromosomes Z

Chromosomes

La plupart des chromosomes humains sont autosomes, sauf une paire, renfermant les chromosomes X et Y, responsables de la détermination du sexe

Troubles génétiques

Les altérations du code génétique sont des mutations. Ce mot évoque des images de monstres et de films de science-fiction, alors qu'elles sont une partie normale de la vie. Elles peuvent être « **bonnes** » ou « **mauvaises** » pour la santé, et sont un élément important de l'évolution.

Certaines mutations apparaissent spontanément, dues à une erreur durant la division cellulaire ou à des facteurs environnementaux (tabac, pollution). Si une mutation est présente dans un gamète ou une cellule qui produit un gamète, la mutation est transmise. Si son effet est nuisible, le trouble sera héréditaire.

TROUBLES HÉRÉDITAIRES

La drépanocytose est une maladie héréditaire causée par une mutation dans un seul gène. Spécifiquement, une paire de bases se substitue à une autre, infime altération aux effets considérables.

Globule rouge

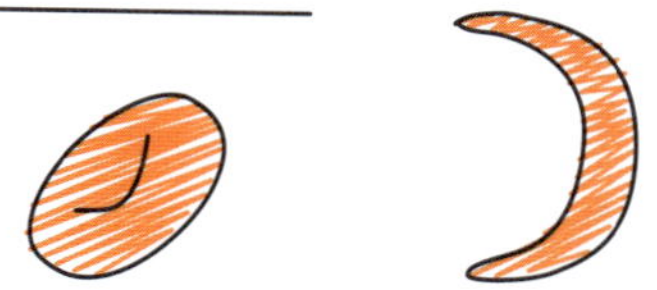

Normal — Drépanocyte

La génétique de la maladie

Lorsqu'un enfant hérite deux copies de l'allèle du drépanocyte, il développera la maladie. Lorsqu'un enfant hérite une seule copie, il sera un porteur.

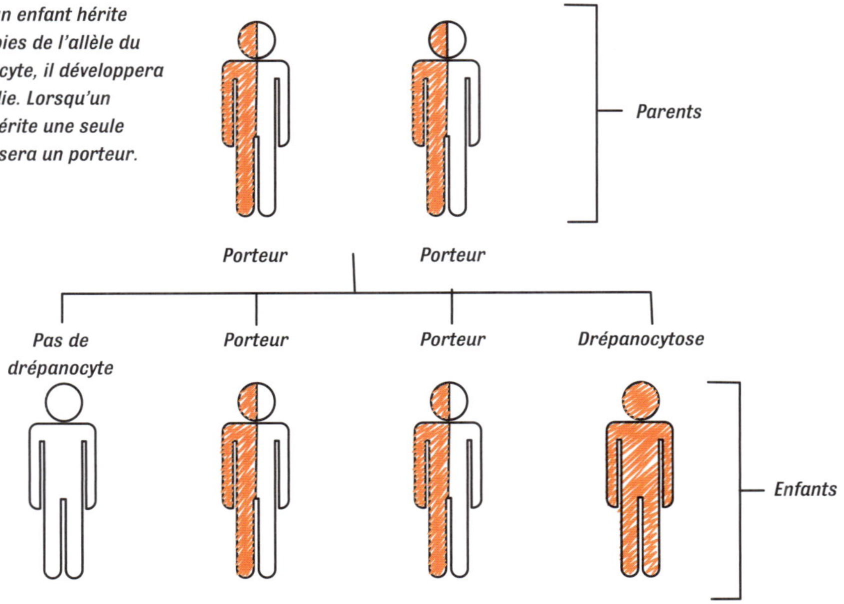

Le gène renferme le code de l'hémoglobine, protéine qui véhicule l'oxygène autour du corps. Dans le cas de la drépanocytose, cette protéine est anormalement massive, et les globules rouges qui la contiennent ont une forme rigide de faucille. Ils ont du mal à transporter l'oxygène autour du corps et obstruent parfois les vaisseaux sanguins, d'où un risque de problèmes tels que l'AVC.

Si un individu porte une copie de l'allèle du drépanocyte, il ne développera pas la maladie, mais en sera porteur. Si son partenaire est aussi porteur, leurs enfants auront un risque sur quatre d'hériter la maladie, car la bêta-thalassémie est une maladie autosomique récessive. Pour être affectée, une personne doit hériter deux copies de l'allèle à problème.

La maladie de Huntington est une autre affection due à un seul gène. Cette affection neurodégénérative tend à affecter les personnes âgées de 30 à 40 ans présentant une erreur dans le gène de l'huntingtine. Trois nucléotides dans le gène sont répétés un nombre anormal de fois, incitant le cerveau à synthétiser une protéine anormale qui endommage les cellules cérébrales et finit par les tuer.

TROUBLES GÉNÉTIQUES SPONTANÉS

La trisomie 21 est un exemple d'affection génétique spontanée. Les personnes atteintes de trisomie 21 ont une copie supplémentaire du chromosome 21, mutation qui apparaît quand une erreur intervient durant la méiose, empêchant les chromosomes de la cellule parente de se séparer de façon égale.

La plupart des personnes atteintes de trisomie 21 mènent une vie heureuse et satisfaisante. Elles présentent une certaine difficulté d'apprentissage, différente chez chaque personne. Parfois, ces personnes souffrent de troubles cardiaques et ont des problèmes d'audition et de vision.

Trisomie 21

Les personnes atteintes de trisomie 21 ont trois copies du chromosome 21.

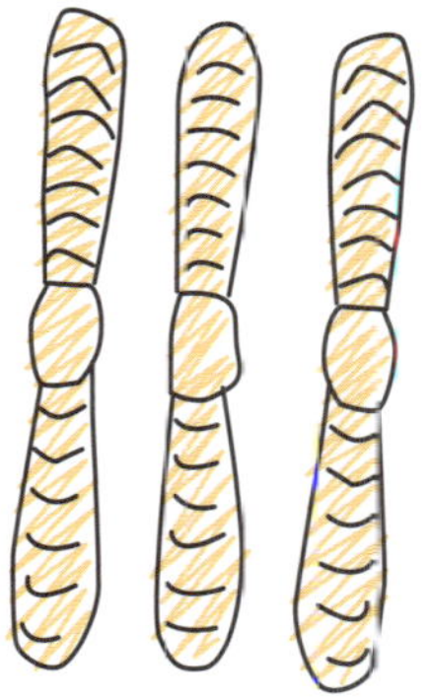

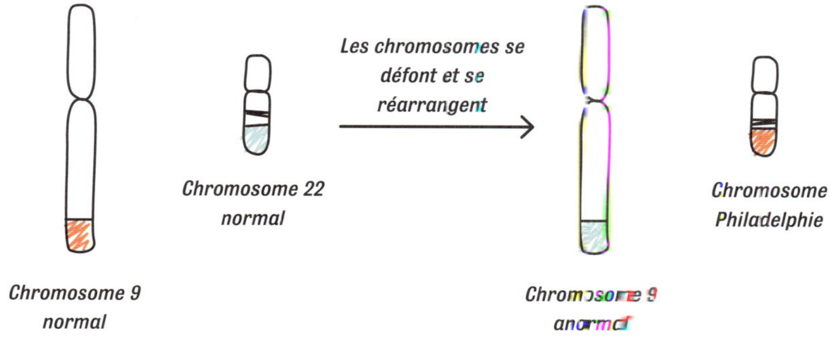

La leucémie myéloïde chronique (LMC), type de cancer du sang, est une autre affection génétique spontanée. Les personnes atteintes de LMC ont un chromosome très anormal, le chromosome Philadelphie, formé quand deux chromosomes se rompent et échangent des fragments. Le résultat est un enzyme anormal, qui incite les cellules leucémiques à continuer à poursuivre leur division.

TROUBLES COMPLEXES

Beaucoup de maladies ont une composante génétique, mais très peu sont causées par des mutations d'un seul gène. Les origines de ces troubles complexes sont bien plus compliquées. Ceux-ci sont causés par de nombreuses mutations dans des gènes multiples, ainsi que par des facteurs environnementaux et de mode de vie. Les affections cardiaques, la maladie d'Alzheimer, le diabète de type 2 et la plupart des cancers entrent dans cette catégorie (*voir* page 89).

Chromosome Philadelphie

Le chromosome Philadelphie contient un gène hybride anormal qui incite les globules blancs à poursuivre leur division.

Bien que ces affections puissent courir dans les familles, elles ne suivent pas les règles classiques de transmission de Mendel, d'où la difficulté de déterminer le risque de les hériter ou de les transmettre.

Les chercheurs ont identifié certaines mutations, surtout chez les malades d'Alzheimer. C'est compliqué, car tous les malades ne sont pas porteurs de la mutation. Si vous l'êtes, vous êtes plus susceptible de développer la maladie d'Alzheimer qu'une personne qui ne l'est pas. Quoi qu'il en soit, l'exercice, la nourriture saine et l'entretien de la santé contribuent à réduire le risque de cette maladie.

Manipulation génique

Les affections génétiques, comme la mucoviscidose et la maladie d'Alzheimer, n'ont pas de remède. Parfois, les symptômes peuvent être allégés, mais la cause génétique sous-jacente subsiste.

Actuellement en cours de développement, la thérapie génique offre un moyen de remplacer les gènes défectueux.

Les scientifiques s'intéressent à une méthode, la **CRISPR-Cas9**, outil moléculaire qui permet aux chercheurs de **manipuler** très précisément les génomes des organismes vivants en ajoutant, en retirant et en modifiant à volonté des bases. Cette méthode est moins chère, plus facile et plus précise que les précédentes.

Les dernières années, cette méthode s'est avérée prometteuse dans le cas de diverses maladies animales. Par exemple, elle a permis de restaurer la vision chez les rats présentant une forme de cécité génétique et de synthétiser une protéine absente chez les chiens souffrant d'une maladie génétique affaiblissant les muscles, la myopathie de Duchenne.

Des entreprises développent des traitements basés sur la méthode CRISPR-Cas9 pour nombre de maladies. En plus de guérir diverses affections génétiques, cette méthode a le potentiel de prévenir leur transmission au fil des générations.

En 2015, les scientifiques chinois ont montré qu'il est possible de manipuler les gènes humains en utilisant la méthode CRISPR-Cas9 pour modifier des gènes chez des embryons non viables provenant de la fécondation in vitro (FIV).

À l'avenir, la méthode CRISPR-Cas9 pourrait faire disparaître les maladies génétiques affligeant des familles, mais l'idée dérange certains. Selon eux, ce serait jouer à Dieu et ils s'inquiètent que les scientifiques soient tentés non seulement de guérir les maladies, mais aussi de procéder à d'autres changements. Et s'ils arrivaient à créer des « bébés sur mesure », conçus pour être plus intelligents, plus forts ou plus résistants à la maladie ? La société dans son ensemble doit décider comment doit être utilisée la méthode CRISPR-Cas9.

CRISPR-Cas9

La méthode CRISPR-Cas9 peut être utilisée pour altérer de façon précise les génomes des organismes vivants. Cela pourrait déboucher sur de nouveaux traitements pour des maladies incurables.

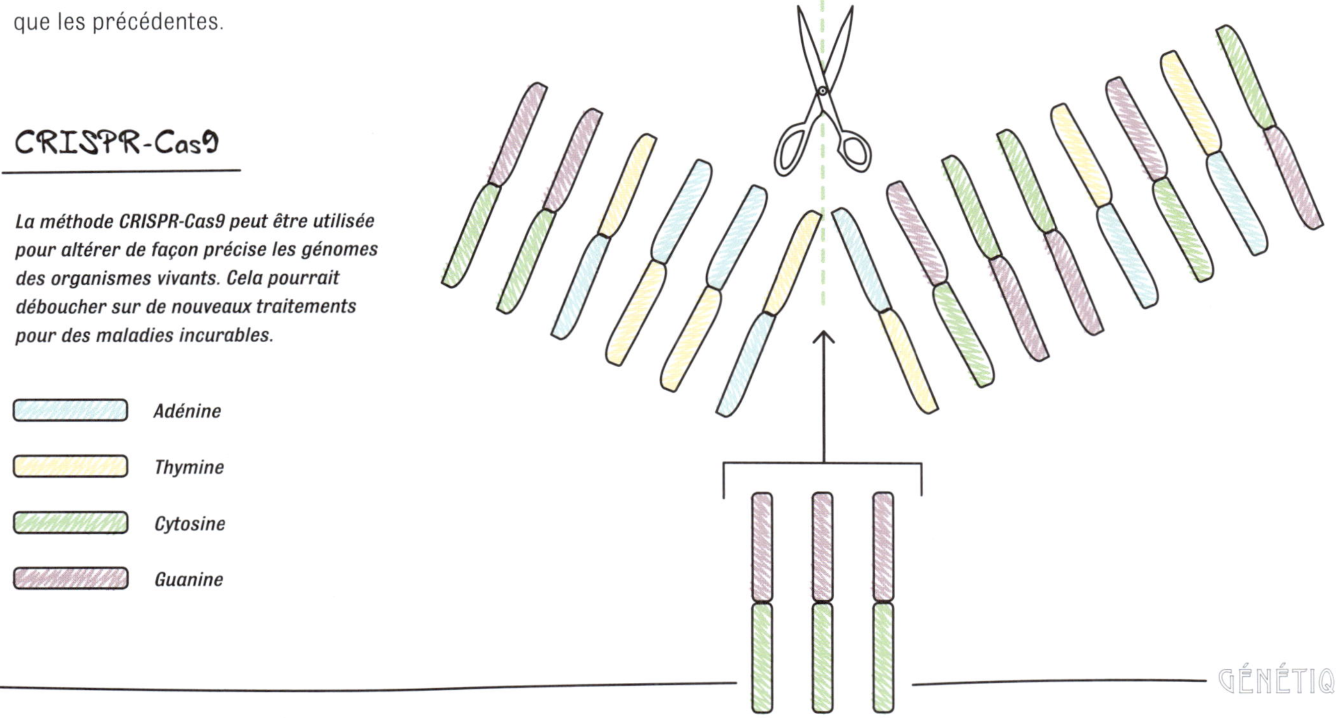

QUI SUIS-JE ?

Il n'y a personne comme vous. Tout individu qui a jamais vécu, qui vit et qui vivra sur cette planète est unique. Même les vrais jumeaux deviennent des individus à la personnalité et aux habitudes distinctes et, souvent, aux maladies différentes. Nous sommes tous différents, alors qu'est-ce qui fait de vous « vous » ?

La génétique joue un rôle important, tout comme l'**environnement**. Difficile de décider lequel des deux, de **l'inné et de l'acquis**, est plus important.

Pour aborder ce sujet, les scientifiques font appel aux **études des jumeaux**. Ces études comparent des vrais jumeaux (homozygotes) et des faux jumeaux (hétérozygotes). Les vrais jumeaux se développent quand un ovule fécondé se divise en deux, si bien qu'ils ont le même ADN. Les faux jumeaux se développent quand des spermatozoïdes distincts fécondent des ovules distincts, si bien que leur ADN diffère. Les jumeaux grandissent en général dans le même environnement. L'idée est que si une caractéristique, telle que la couleur des cheveux ou l'intelligence, a une composante génétique, les vrais jumeaux seront plus susceptibles de la partager que les faux jumeaux.

À ce jour, il y a eu plus de 2 700 études sur les jumeaux, se penchant sur plus de 1 500 caractéristiques. Les résultats sont concluants. Quelle que soit la caractéristique étudiée – obésité, personnalité, capacités mathématiques –, les résultats des tests des vrais jumeaux sont toujours plus similaires que ceux des faux jumeaux. Simplement dit, tout a une composante génétique.

Nos gènes nous influencent, mais notre sort n'est pas prédestiné. Les études des jumeaux montrent que, même si les gènes sont importants, ils ne déterminent pas tout. Certains attributs comme la taille et la couleur des yeux sont influencés davantage par la génétique, et sont donc innés. D'autres, comme l'addiction ou la migraine, sont plus influencés par l'éducation et l'environnement, et sont donc acquis.

Études des jumeaux

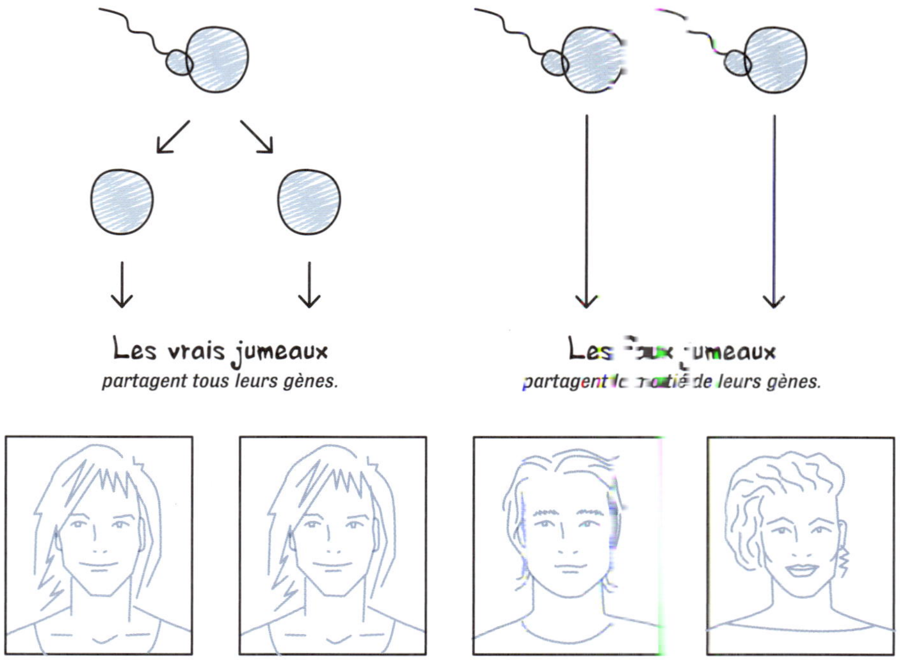

C'est l'héritabilité, mesure du degré auquel les différences des gènes comptent pour les différences des caractéristiques individuelles.

Il n'y a pas de gène de l'addiction, de l'intelligence ou de toute autre particularité complexe. Le génome comprend des centaines, voire des milliers, de régions distinctes qui interagissent, contribuant à l'apparition de ces caractéristiques complexes.

Quand les scientifiques ont décrypté le génome de 1 000 individus du monde entier, ils ont constaté que celui des individus non apparentés diffère en quelque 3 millions de points. Bien que similaires, nos codes génétiques sont différents. Ces différences ou « variantes » contribuent à toutes nos idiosyncrasies. Elles font partie de ce qui nous rend uniques.

Actuellement, le débat inné contre acquis a avancé, car les scientifiques comprennent que les deux interagissent. L'environnement « parle » au corps.

Selon l'**épigénétique**, les facteurs environnementaux, comme le régime alimentaire, le tabac et l'alcool, influencent le fonctionnement des gènes. Les changements épigénétiques ne modifient pas la séquence ADN, mais l'activité des gènes, en ajoutant à l'ADN un étiquetage chimique – comme des Post-it. Celui-ci signale l'activation et la désactivation de gènes clé. Selon certains, cet étiquetage épigénétique est transmis à travers les générations, de sorte que la vie que nous menons est susceptible d'affecter l'activité des gènes de nos enfants.

Donc, l'**environnement** façonne notre profil épigénétique, qui influence l'**expression génique**, qui à son tour façonne notre comportement, choix de mode de vie et santé – notre environnement. Les gènes et l'environnement sont liés de façon très complexe.

Cependant, des événements **aléatoires** ont parfois un effet considérable sur ce que nous devenons. Ces événements aléatoires peuvent être externes, comme un accident, ou internes, comme une infection de la gorge. Ils façonnent notre biologie et notre comportement, ce qui conduit à des changements épigénétiques débouchant à leur tour sur des changements de l'activité des gènes et ainsi de suite. Les êtres humains sont le produit de l'inné et de l'acquis, assaisonné d'une bonne pincée de hasard.

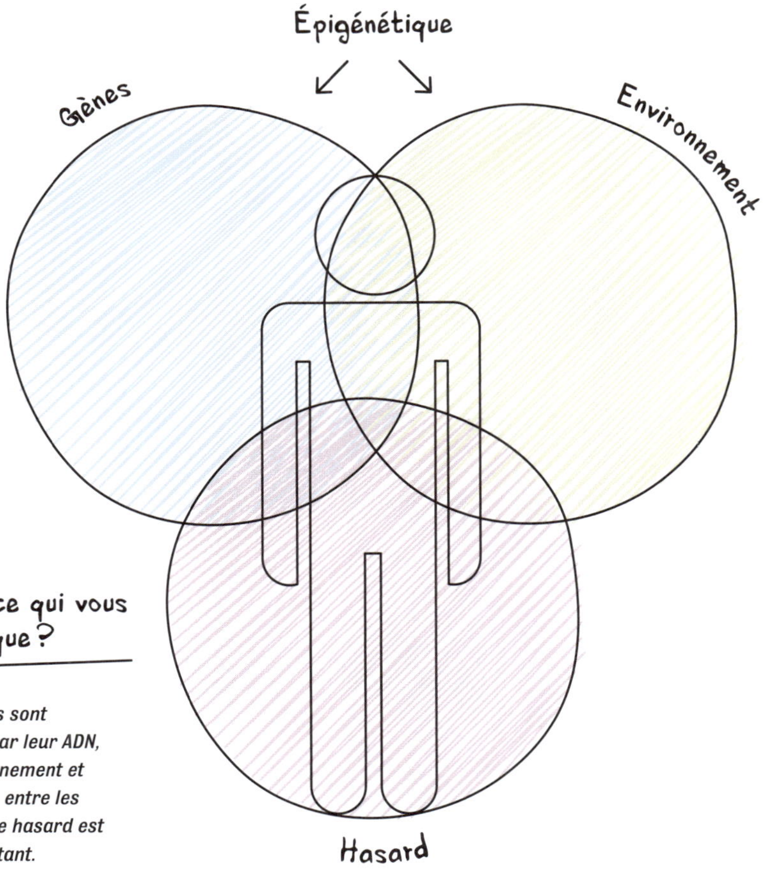

Qu'est-ce qui vous rend unique ?

Les individus sont influencés par leur ADN, leur environnement et l'interaction entre les deux, mais le hasard est aussi important.

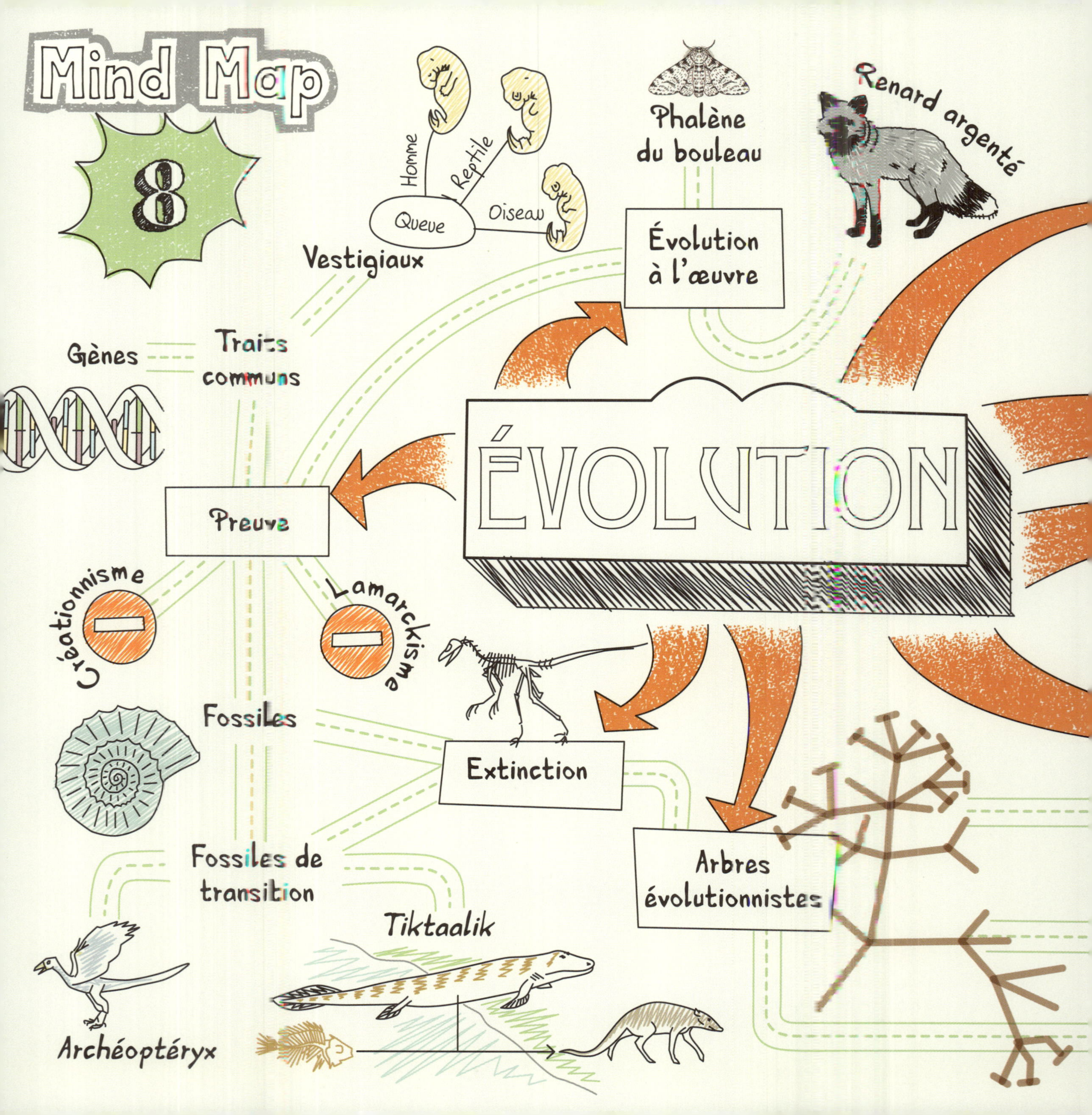

Mind Map
8
Homme
Reptile
Queue
Oiseau
Vestigiaux
Phalène du bouleau
Renard argenté
Évolution à l'œuvre
Gènes
Traits communs
ÉVOLUTION
Preuve
Créationnisme
Lamarckisme
Fossiles
Extinction
Arbres évolutionnistes
Fossiles de transition
Tiktaalik
Archéoptéryx

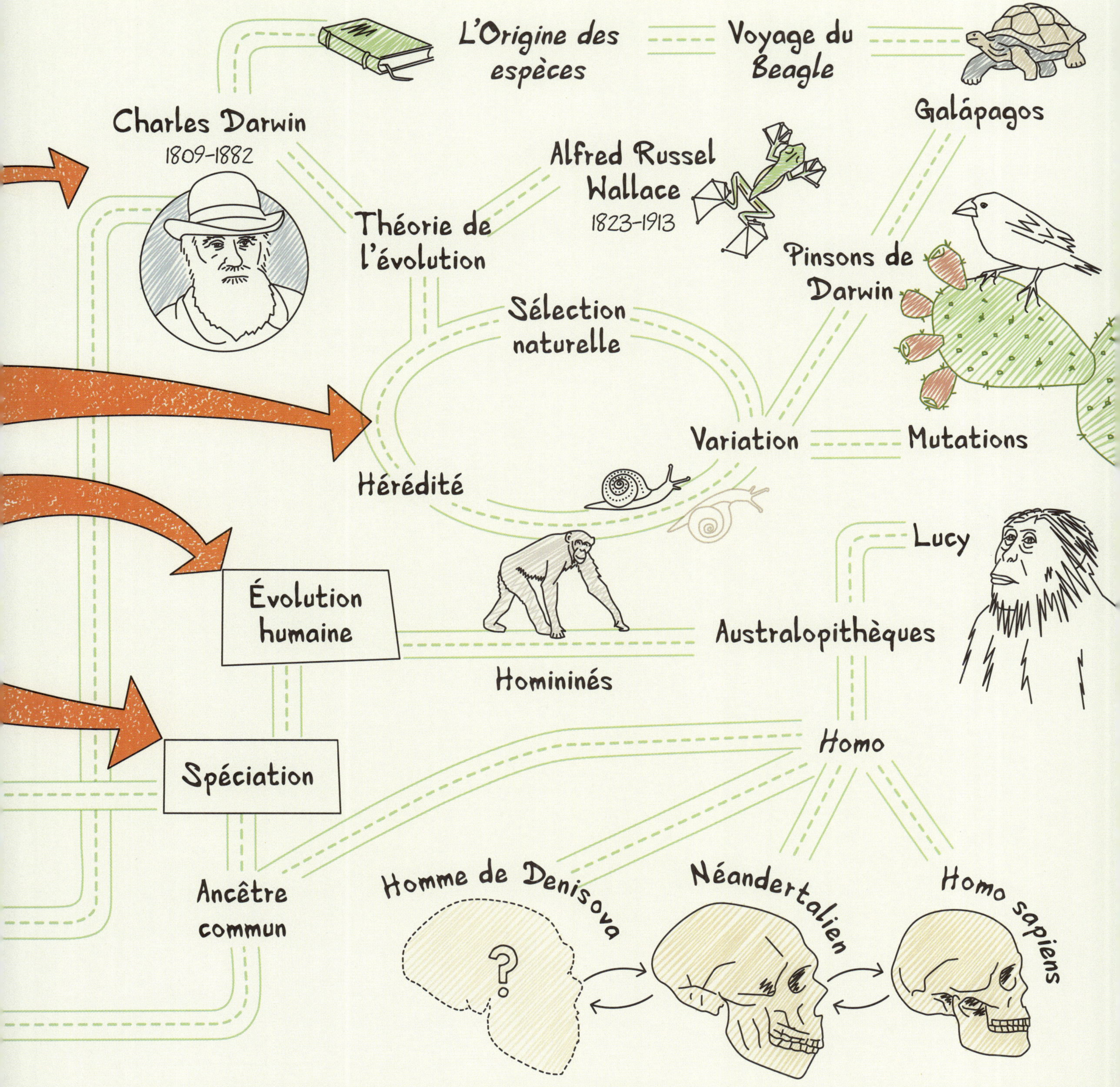
L'Origine des espèces
Voyage du Beagle
Charles Darwin
1809-1882
Galápagos
Alfred Russel Wallace
1823-1913
Théorie de l'évolution
Pinsons de Darwin
Sélection naturelle
Variation
Mutations
Hérédité
Lucy
Évolution humaine
Australopithèques
Homininés
Homo
Spéciation
Ancêtre commun
Homme de Denisova
Néandertalien
Homo sapiens

THÉORIE DE L'ÉVOLUTION DE CHARLES DARWIN

L'évolution est le processus par lequel les organismes vivants changent au fil du temps. La **théorie de l'évolution**, proposée il y a plus de 150 ans par le naturaliste anglais **Charles Darwin**, est devenue l'une des théories scientifiques les plus renommées. Elle explique l'apparition des innombrables formes de vie qui existent et le changement des organismes vivants au fil du temps.

Darwin se référait à l'évolution par le terme « descendance avec modifications ». Selon lui, de nouvelles espèces évoluent à partir d'espèces préexistantes, et toutes les espèces partagent un **ancêtre commun**.

Sa théorie de l'évolution repose sur quelques idées simples. Bien que les membres d'une même espèce soient similaires, ils présentent des différences subtiles – la **variation**. Chez la même espèce d'escargots, par exemple, certains individus ont une coquille tachetée.

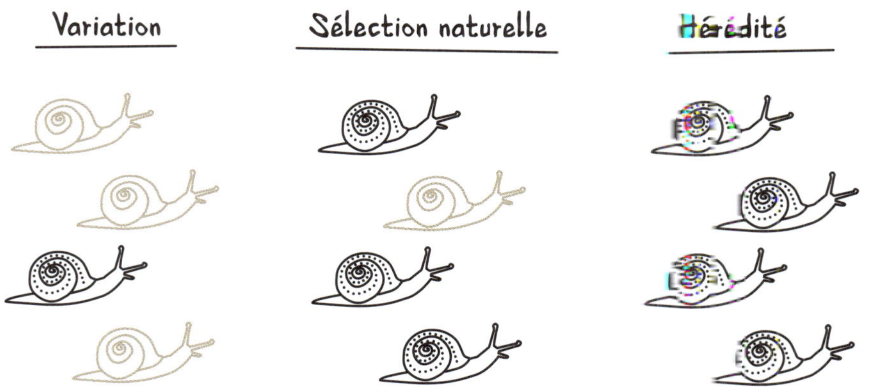

Les individus montrent une variation.

Les escargots tachetés sont mieux camouflés et risquent moins de se faire manger. Ils se reproduisent davantage.

Avec le temps, les escargots tachetés deviennent plus communs.

Les organismes les plus adaptés à leur environnement sont ceux qui sont les plus susceptibles de survivre. Les coquilles tachetées aident le camouflage, donc ces escargots risquent moins d'être mangés par les oiseaux.

L'**hérédité** est un trait essentiel de l'évolution. Les escargots à coquille tachetée ont plus de chances de se reproduire que les escargots à coquille de couleur uniforme. Leurs descendants hériteront probablement ce trait, si bien que les escargots à coquille tachetée deviendront plus nombreux au fil des générations.

C'est là l'« évolution par **sélection naturelle** » de Darwin, qui induit le changement au fil du temps et aide les organismes à s'adapter à leur environnement. À mesure que les changements s'accumulent, de nouvelles espèces émergent : c'est le processus de **spéciation**.

En 1837, Darwin a esquissé dans l'un de ses carnets une sorte d'arbre, inscrivant à côté, « possible ». Cette structure en arbre ramifié a fini par représenter la théorie évolutionniste, montrant comment une espèce se ramifie en plusieurs autres, différentes, et comment le processus se répète à mesure du passage du temps.

Le voyage du *Beagle*

Les idées de Darwin ont commencé à prendre forme lors de son voyage sur le HMS *Beagle*. En 1831, il a été invité à s'embarquer en tant que géologue et naturaliste pour un voyage autour du monde.

Pendant les cinq années suivantes, le *Beagle* a cartographié la côte sud-américaine, tandis que Darwin explorait le continent et ses îles. Observant attentivement leur faune et leur flore, il en a réalisé des dessins précis et a pris des notes détaillées. Il a collecté aussi des milliers de spécimens, qu'il a emballés et envoyés au pays pour des études ultérieures.

Aux **Galápagos**, archipel d'îles volcaniques situé à quelque 1 000 km à l'ouest de l'Équateur, étonné par la diversité des espèces qu'il a vues, il a noté qu'elles variaient d'île en île, et que même si certaines étaient en apparence similaires, nombre de différences essentielles les distinguaient.

Certains des pinsons, par exemple, avaient un bec étroit, pointu, qui les aidant à se saisir des insectes. D'autres avaient un bec épais, recourbé, qui les aidait à briser les graines, alors que d'autres encore avaient un bec long et pointu leur servant à déchiqueter les cactus dont ils se nourrissaient. Depuis lors, ces oiseaux sont appelés « **pinsons de Darwin** ».

Rentré en Angleterre, Darwin s'est mis à réfléchir aux différentes espèces observées et à leurs adaptations, passant les vingt années suivantes à travailler sur ses idées.

Pinsons de Darwin

Durant son voyage sur HMS* Beagle*, Darwin a observé les pinsons des Galápagos. Leurs becs divers sont une preuve étayant sa théorie de l'évolution.

En 1859, il a publié son livre *L'Origine des espèces*, où il exposait sa théorie de l'évolution par sélection naturelle. Le livre, épuisé le jour même de sa parution, a connu un immense succès. Ses éditions se sont succédé depuis cette époque.

ALTERNATIVES À L'ÉVOLUTION

Darwin n'était pas le premier à tenter d'expliquer l'émergence de la vie. À l'époque victorienne, où régnait le **créationnisme**, beaucoup de gens pensaient que Dieu avait créé la Terre et toute vie qu'elle abritait. Selon la Bible, « la création » a pris place seulement il y a quelques milliers d'années. Pourtant, d'innombrables preuves montrent l'erreur de cette idée.

Vers le début du XIXe siècle, les hommes de science se sont mis à formuler d'autres explications. Le Français Jean-Baptiste Lamarck a apporté une importante contribution en suggérant que chaque animal s'adapte et évolue en fonction de son environnement.

Selon sa théorie, le **lamarckisme**, la manière dont un animal se comporte durant sa vie exerce une influence sur son corps. Ainsi, si un animal se sert beaucoup d'une partie de son corps, cette partie-là deviendra plus grande et plus forte. Tout changement utile sera transmis à la génération suivante lorsque l'animal se reproduit. Tout attribut qui n'est pas utilisé se réduira et disparaîtra.

Par exemple, Lamarck suggérait que les girafes ont un long cou parce que des générations successives se sont étirées pour atteindre les feuilles les plus hautes. Cet étirement a allongé leur cou, caractéristique qui a été transmise à leurs descendants.

Bien que la théorie de Lamarck présente un certain intérêt, elle a de grands défauts. D'abord, elle soutient qu'à mesure que la complexité des organismes s'accroît avec le temps, les organismes plus simples disparaîtront, ce qui n'est clairement pas le cas.

Les girafes de Lamarck

Lamarck pensait que le cou de la girafe s'est allongé au fil des générations parce qu'elle s'étirait pour atteindre le sommet des arbres.

Ensuite, si les descendants héritent des traits que leurs parents acquièrent durant leur vie, comme l'affirme Lamarck, alors les enfants des haltérophiles devraient hériter automatiquement du physique musclé de leurs parents, ce qui n'est pas forcément le cas. Pour se muscler, ils devront probablement faire comme tout un chacun (*voir* page 106).

Actuellement il est largement admis que dans pratiquement tous les cas la variante lamarckienne de l'évolution n'existe pas. Toutefois, son idée que la vie peut changer au fil du temps était juste et a inspiré Darwin lors de la formulation de sa propre théorie de l'évolution.

Wallace et l'émergence du darwinisme

Bien que le nom de Darwin soit bien connu, il n'a pas été le seul à avancer l'idée d'évolution par sélection naturelle. **Alfred Russel Wallace**, naturaliste britannique de la même époque, travaillait lui aussi dessus, après des voyages dans la forêt amazonienne et en Extrême-Orient, où il avait collecté des milliers de spécimens d'histoire naturelle.

Comme Darwin, Wallace se posait des questions sur la manière dont étaient venues à l'existence les nombreuses formes de vie différentes qu'il avait observées. Il avait compris que les espèces existent sous des formes différentes, que les espèces mieux adaptées survivent et se multiplient, tandis que celles moins adaptées disparaissent.

En 1858, Wallace a envoyé à Darwin un article scientifique esquissant sa théorie. Celui-ci, qui n'avait pas encore publié ses propres travaux, s'est rendu compte que tous deux étaient arrivés à des théories identiques, si bien qu'ils ont décidé de publier leurs travaux conjointement. Deux articles, l'un de Darwin, l'un de Wallace, ont été publiés cette année-là par la Société linnéenne, passant assez inaperçus. Puis Darwin a publié *L'Origine des espèces*, et son nom est passé à la postérité.

Alfred Russel Wallace

Moins connu que Darwin, Alfred Russel Wallace a formulé indépendamment une théorie de l'évolution après avoir étudié la faune et la flore de la forêt amazonienne et de l'Extrême-Orient.

Beaucoup ont été enthousiasmés par la théorie de Darwin, pourtant certains l'ont désapprouvée, car elle contredisait le point de vue créationniste. D'autres pensaient que les preuves de Darwin ne suffisaient pas à étayer ses affirmations.

En fin de compte, l'évolution a mis du temps pour être acceptée, mais, à l'époque de sa mort, en 1882, Darwin était largement tenu pour l'un des hommes de science les plus brillants du monde.

PREUVES DE L'ÉVOLUTION

Les **preuves** de l'évolution sont partout autour de nous. Les **fossiles**, restes d'organismes anciens préservés dans la roche, la glace et d'autres matières, sont un important maillon de l'évolution.

Les fossiles offrent un aperçu de la vie des organismes préhistoriques et montrent les changements que les organismes vivants ont connus au fil de très longues périodes. Souvent découverts dans des roches stratifiées, dont les nouvelles strates se forment au-dessus des anciennes à mesure du dépôt successif des sédiments. Descendre en rappel la face d'une falaise, c'est remonter dans le temps. Les fossiles des strates plus hautes sont plus récents que ceux des strates plus basses.

Les roches les plus anciennes renferment les fossiles les plus simples, alors que les roches les plus récentes contiennent les restes d'organismes plus complexes.

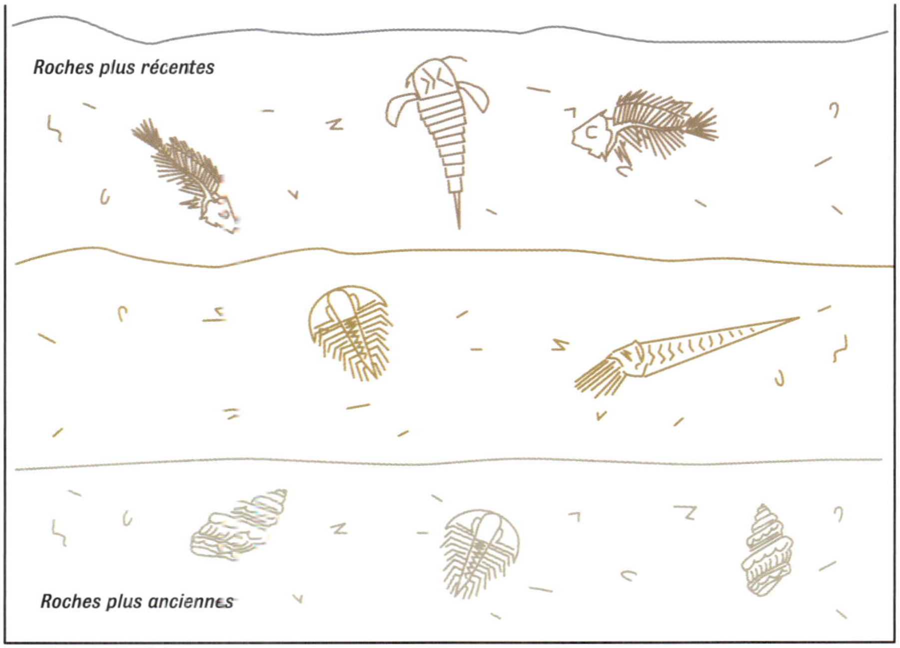

Ces faits étayent la théorie de l'évolution, selon laquelle les organismes simples ont évolué peu à peu, produisant ces organismes plus complexes.

De nombreux fossiles bizarres et étonnants ont été découverts, depuis les restes de mammouths laineux et de félins à dents de sabre aux os fossilisés de dinosaures comme *Tyrannosaurus rex* et *Triceratops*.

Aucune de ces espèces n'existe plus de nos jours – les fossiles nous apprennent que les espèces apparaissent et disparaissent. Cela cadre aussi avec la théorie de l'évolution, qui affirme que les animaux qui ne sont pas bien adaptés à leur environnement sont moins susceptibles de survivre et de se reproduire que les animaux mieux adaptés. Si toute une espèce est mal adaptée à un environnement qui change, elle risque de s'éteindre. L'**extinction** est un élément de l'évolution – une partie naturelle de l'histoire de la vie de la Terre.

Bien que les archives fossiles soient loin d'être complètes, les scientifiques les ont utilisées pour réunir énormément d'informations. De nouveaux fossiles sont découverts sans cesse.

Parfois, d'étonnants **fossiles de transition**, représentant des formes de vie intermédiaires et montrant un mélange de traits, sont mis au jour. Certains de leurs traits sont ceux de leurs ancêtres, d'autres sont ceux de leurs descendants, illustration de l'**évolution à l'œuvre**.

L'***Archéoptéryx*** en est un exemple célèbre. Cette créature de la taille d'un corbeau, découverte deux ans après que Darwin a publié *L'Origine des espèces*, a le bréchet, les ailes et les plumes d'un oiseau, mais les dents, la queue et les griffes d'un dinosaure. Cette forme de transition entre dinosaures et oiseaux modernes démontre que les oiseaux modernes descendent des dinosaures non aviaires à plumes.

Le ***Tiktaalik*** est un autre fossile de transition. Il présente des écailles sur son dos, comme un poisson, mais a une tête et un cou plats, comme un animal terrestre. Ses nageoires sont composées d'os qui correspondent aux os présents chez les animaux terrestres. La vie est née dans les océans, puis, à un moment donné, une créature a rampé sur la terre ferme. Le *Tiktaalik*, qui a l'air d'un poisson capable de marcher, a pu être cette créature-là. Les chercheurs pensent qu'il est la forme de transition entre les poissons osseux et les quadrupèdes terrestres.

Archéoptéryx

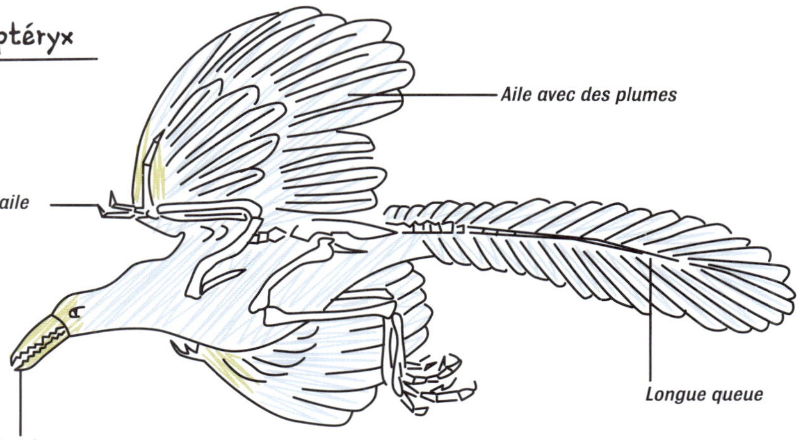

À de rares occasions, les fossiles offrent une trace merveilleuse de l'histoire évolutionniste d'une espèce. On connaît assez bien l'histoire du cheval. De nombreux fossiles montrent l'évolution d'une petite créature des marais, le *Hyracotherium*, devenue le cheval moderne bien plus grand au fil d'une période de quelque 50 millions d'années.

Le cheval a considérablement changé durant son parcours évolutionniste, mais les fossiles montrent que d'autres animaux changent peu. Les crocodiles et les requins, par exemple, n'ont pas beaucoup changé depuis des millions d'années, car ils sont bien adaptés à leur environnement, qui n'a pas non plus beaucoup changé, ce qui cadre avec la théorie de l'évolution.

Évolution du cheval

Des restes fossiles bien conservés montrent l'évolution du cheval moderne à partir d'un animal bien plus petit vivant dans les marais il y a 50 millions d'années.

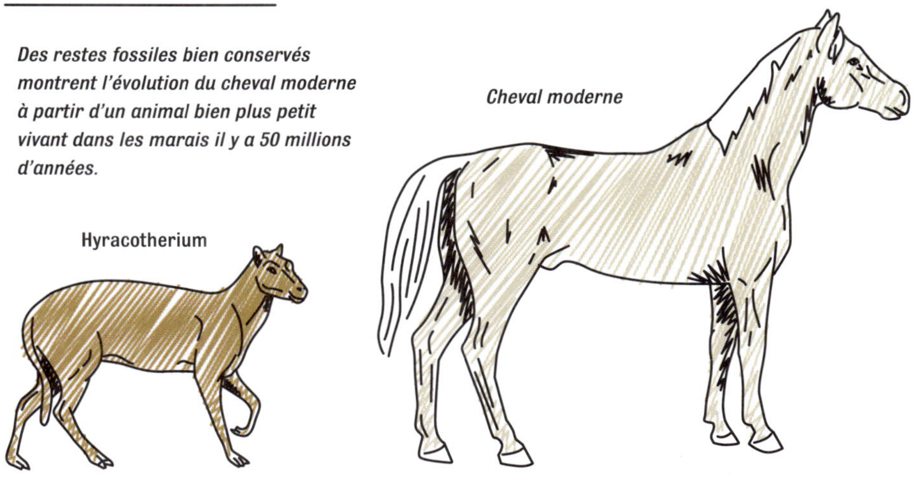

Traits partagés

Lorsque Darwin a proposé sa théorie de l'évolution par sélection naturelle, il a été incapable d'expliquer la manière dont intervient la variation et dont sont transmises les adaptations utiles. Nul ne connaissait encore l'ADN, les gènes ou l'hérédité (*voir* page 100).

Nous comprenons maintenant les lois de l'**hérédité** et le fait que la variation est causée par les **mutations**. La plupart de ces changements aléatoires du code génétique n'ont aucun effet, mais parfois certains comptent. Les mutations peuvent rendre les individus plus ou moins adaptés à leur environnement, et influencer ainsi leur survie et leur chance de se reproduire. Les mutations sont le matériel brut qui alimente l'évolution.

Les généticiens ont comparé les génomes de nombreuses espèces différentes et constaté que les organismes ont bon nombre de **gènes** communs. Des milliers de nos propres gènes, par exemple, sont aussi présents chez d'autres organismes, comme les bactéries et les plantes, car nous les avons tous hérités d'un ancêtre commun très éloigné.

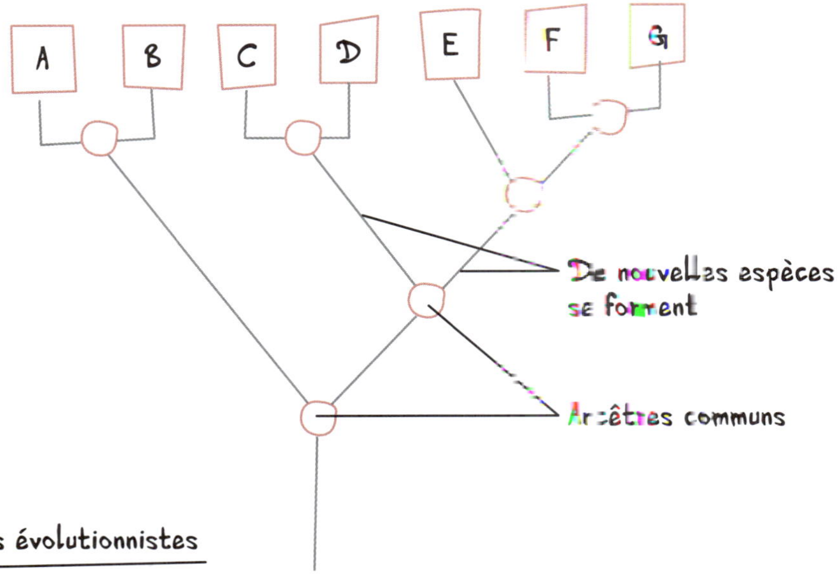

Arbres évolutionnistes

Les arbres évolutionnistes montrent que la vie de la Terre est apparentée et que toutes les formes de vie descendent du même ancêtre commun.

Ces **traits partagés** sont eux aussi des preuves de l'évolution. En les regardant de plus près, il devient évident que certains groupes d'espèces ont plus de gènes en commun que d'autres. Par exemple, nous savons que l'homme partage plus de gènes avec les singes anthropoïdes, comme les gorilles et les chimpanzés – environ 96 % –, qu'avec d'autres espèces. Cela suggère que les singes anthropoïdes sont nos parents les plus proches, découverte confirmée par l'analyse détaillée des fossiles.

Les chercheurs établissent maintenant des **arbres évolutionnistes** précis pour représenter la manière dont les organismes sont apparentés. Les branches sont les points où de nouvelles espèces ont émergé, et les lignes convergentes signalent les ancêtres communs à l'origine de divers organismes. Cela repose sur de multiples séries de preuves, incluant les fossiles et les analyses ADN. L'arbre évolutionniste des primates suggère que les êtres humains et les chimpanzés ont eu un ancêtre commun il y a de 5 à 8 millions d'années.

La théorie de l'évolution prédit que les espèces étroitement apparentées partagent des traits similaires, et c'est précisément ce qui a été découvert. Cependant, des espèces parfois apparentées de très loin partagent des traits inattendus, chose quelque peu curieuse.

Par exemple, les membres de tous les mammifères – humains, chiens, baleines, chauves-souris – présentent le même arrangement des os, même si leurs actions sont très différentes. Les hommes utilisent leurs membres antérieurs pour soulever, les chiens pour marcher, les baleines pour nager et les chauves-souris pour voler.

Membres antérieurs chez les mammifères

Les membres antérieurs des différents mammifères ont un arrangement des os similaire, qu'ils ont hérité d'un ancêtre commun.

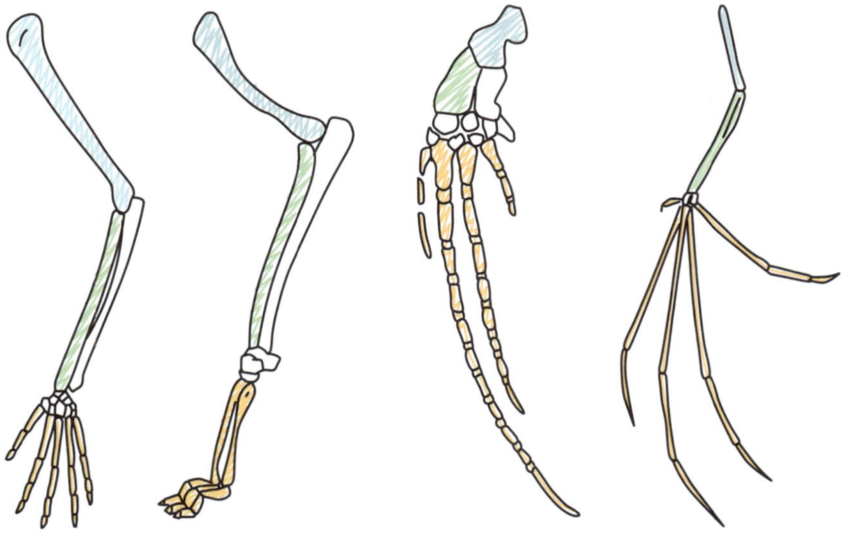

Ces caractéristiques inhabituelles sont logiques uniquement dans le contexte de l'évolution. Les différentes espèces ont le même arrangement des os parce que celui-ci était présent chez leur ancêtre commun il y a des millions d'années.

Une histoire similaire concerne la queue. Tous les embryons des vertébrés, de l'homme aux oiseaux en passant par les poissons, sont munis d'une queue à un moment de leur développement, car leur ancêtre commun en avait une.

Le rôle des **traits vestigiaux** de ce genre est insignifiant ou nul, alors qu'il était bien réel aux débuts de l'évolution.

Traits vestigiaux

Le pli semi-lunaire du coin de l'œil est un trait vestigial hérité d'ancêtres éloignés.

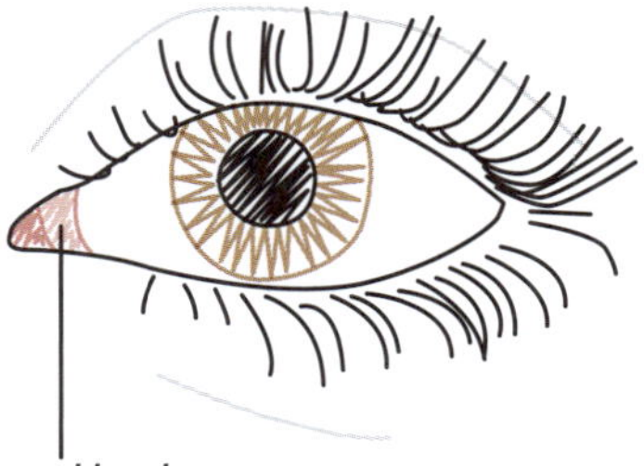

Le petit pli semi-lunaire du coin interne de l'œil humain est un autre trait vestigial. Certains serpents montrent les vestiges d'un pelvis et de membres, car ils ont évolué à partir d'un ancêtre quadrupède qui marchait sur la terre ferme.

Même si les traits complexes sont dus à des combinaisons complexes de gènes, il est parfois possible de déterminer la mutation précise qui cause un changement évolutionniste donné. En 2016, par exemple, les scientifiques ont identifié une mutation, la ZRS, dans une séquence ADN de serpent. Cette infime altération a suffi pour priver ces animaux de leurs membres et les confiner à une vie où ils rampent en ondulant sur leur ventre.

L'évolution à l'œuvre

Bien que l'évolution tende à prendre place lentement, au fil de milliers ou de millions d'années, on la voit quelquefois à l'œuvre. La **phalène du bouleau** est un exemple célèbre. Avant le XIXe siècle, les phalènes du bouleau d'Angleterre montraient une couleur crème avec de petites taches noires. En 1848, un entomologiste de la ville de Manchester a trouvé un individu couleur suie. Au cours des années suivantes, cette variante « mélanique » est devenue de plus en plus répandue jusqu'à remplacer pratiquement les insectes de couleur plus claire dans les zones industrielles vers la fin de ce siècle-là.

Comme les hautes cheminées déversaient des nuages épais de fumée, la suie se déposait sur les troncs des arbres où les phalènes se reposaient durant le jour. Les phalènes de couleur claire étaient désavantagées, car les oiseaux les apercevaient facilement et les mangeaient.

Les phalènes mélaniques, au contraire, étaient parfaitement camouflées contre l'arrière-plan foncé. Elles risquaient moins d'être mangées et avaient plus de chances de survivre et de se reproduire. Avec le temps, comme le mélanisme est transmis par l'hérédité, le nombre de phalènes couleur suie s'est accru dans les zones urbaines et le nombre de phalènes couleur claire a diminué.

Lorsque au milieu du XXe siècle une loi, la Clean Air Act, a été votée, visant à rendre l'air plus pur, les choses ont changé de nouveau. La forme mélanique a décliné dans les zones urbaines et la forme plus claire est devenue plus commune.

L'histoire de la phalène du bouleau montre que les espèces changent au fil du temps en réaction à leur environnement, exemple classique d'évolution par sélection naturelle. En 2016, les scientifiques ont déchiffré la nature et le moment du changement génétique responsable.

Une mutation apparue par hasard en 1819, vers le début de la révolution industrielle britannique, a modifié un gène qui contrôle la couleur de la phalène. Elle a changé son sort et a fait de ce modeste insecte une icône évolutionniste.

Phalène du bouleau

Les ailes sombres offraient un camouflage durant la révolution industrielle qui répandait beaucoup de suie, si bien que les phalènes du bouleau mélaniques sont devenues plus nombreuses.

Avant la révolution industrielle

Durant la révolution industrielle

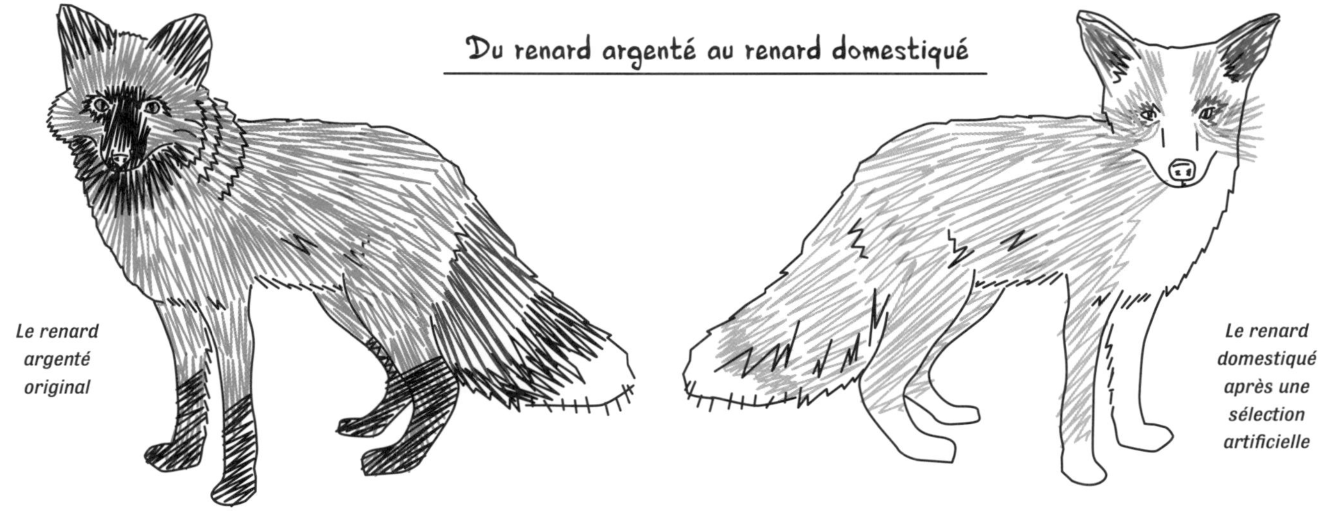

SÉLECTION ARTIFICIELLE

Une expérience inhabituelle menée au fin fond de la Sibérie a démontré elle aussi la manière dont les espèces changent au fil du temps. En 1959, le généticien russe Dmitri Belyaev a pris 130 **renards argentés** dans des élevages locaux et a mis en route une expérience de reproduction.

Les renards, animaux sauvages, glapissaient et tentaient de le happer. Cependant, un petit nombre étaient légèrement moins agressifs. Belyaev a donc fait s'accoupler ces derniers. Lorsque leurs descendants ont grandi, il a fait s'accoupler ceux les moins agressifs. Le processus a été répété maintes fois. À chaque génération, Belyaev ne faisait se reproduire que les individus les plus dociles.

Le changement est rapidement devenu manifeste. En l'espace de quelques générations, les renards ont commencé à geindre, à pousser de petits cris plaintifs et à remuer la queue. La proportion de renardeaux dociles a augmenté à chaque génération, jusqu'à ce qu'à la génération 45 pratiquement tous les renards se comportent en chiens affectueux.

Leur apparence est devenue elle aussi différente. Certains ont développé des marques tachetées, comme celles de certains animaux domestiques. Leurs pattes sont devenues plus courtes, leur museau plus petit et leur crâne plus large. Les renards évoluaient en quelque chose ressemblant moins à un renard et plus à un chien.

Il y avait des variations dans le groupe original d'animaux, mais Belyaev a délibérément laissé se reproduire seulement les animaux choisis. À la différence de la sélection naturelle, où les espèces réagissent aux changements naturels de l'environnement, dans le cas de la sélection artificielle, les espèces réagissent aux changements de leur environnement causés par l'homme.

Tout comme la phalène du bouleau, les renards argentés montrent que l'évolution n'a pas à prendre des milliers d'années. Même un animal qui se reproduit lentement, comme le renard, peut changer considérablement en l'espace d'une vie humaine. Cela montre aussi la manière dont la sélection d'un seul trait – la docilité – peut provoquer des changements comportementaux et physiques, et suggère que nos ancêtres ont pu recourir à une stratégie similaire lorsqu'ils ont commencé à domestiquer les animaux sauvages il y a des milliers d'années.

ÉVOLUTION HUMAINE

Bien que la portée de l'humanité soit universelle (*voir* page 139), nous ne sommes qu'un infime rameau de l'arbre évolutionniste. Comme tous les organismes vivants, nous pouvons remonter notre lignée jusqu'aux premières créatures unicellulaires qui ont vécu sur la Terre il y a plus de 3 milliards d'années, pourtant notre histoire n'a débuté que bien plus récemment.

Il y a quelque 7 millions d'années, l'homme et le chimpanzé avaient un ancêtre commun. Certains de ses descendants ont évolué pour devenir les chimpanzés modernes, d'autres sont devenus des êtres humains : nos plus anciens parents, les **hominidés**, nom donné à l'ensemble de leurs divers descendants. Ces premiers homininés vivaient en Afrique et présentaient un mélange de traits simiesques et humains.

Les australopithèques ont émergé il y a de 4,4 millions d'années à 1,4 million d'années. La plus célèbre est **Lucy**, fossile d'australopithèque femelle découvert en Éthiopie. Bien que son crâne soit de la taille de celui d'un petit chimpanzé, son corps est moins simiesque et plus humain. À la différence de ses ancêtres, Lucy se tenait à la verticale et marchait sur deux jambes. C'est un jalon marquant de l'histoire de l'évolution humaine.

Notre genre, ***Homo***, est apparu il y a de 2,4 millions d'années à 1,5 million d'années. Nous connaissons quelque neuf types différents d'*Homo*, dont *Homo habilis*, *Homo erectus* et *Homo neanderthalensis* (Néandertalien). Bon nombre d'entre eux ont coexisté durant certaines périodes (*voir* page 12).

À la différence des premiers homininés, qui présentaient un mélange de traits simiesques et humains, ces espèces *Homo* étaient bien plus humaines et avaient un cerveau plus gros que celui de leurs ancêtres. Elles ont été les premières à développer des outils sophistiqués en pierre, les premières à maîtriser le feu et les premières à quitter l'Afrique et à explorer le reste du monde.

L'homme moderne – ***Homo sapiens*** – est l'addition la plus récente au genre *Homo*, apparu selon les estimations, il y a quelque 300 000 ans.

À mesure que de nouveaux fossiles sont découverts et que leur ADN est analysé, la complexité de cette histoire devient de plus en plus manifeste. Les études génétiques ont montré, par exemple, que les hommes modernes et les Néandertaliens ont eu ensemble des descendants en Europe il y a des dizaines de milliers d'années.

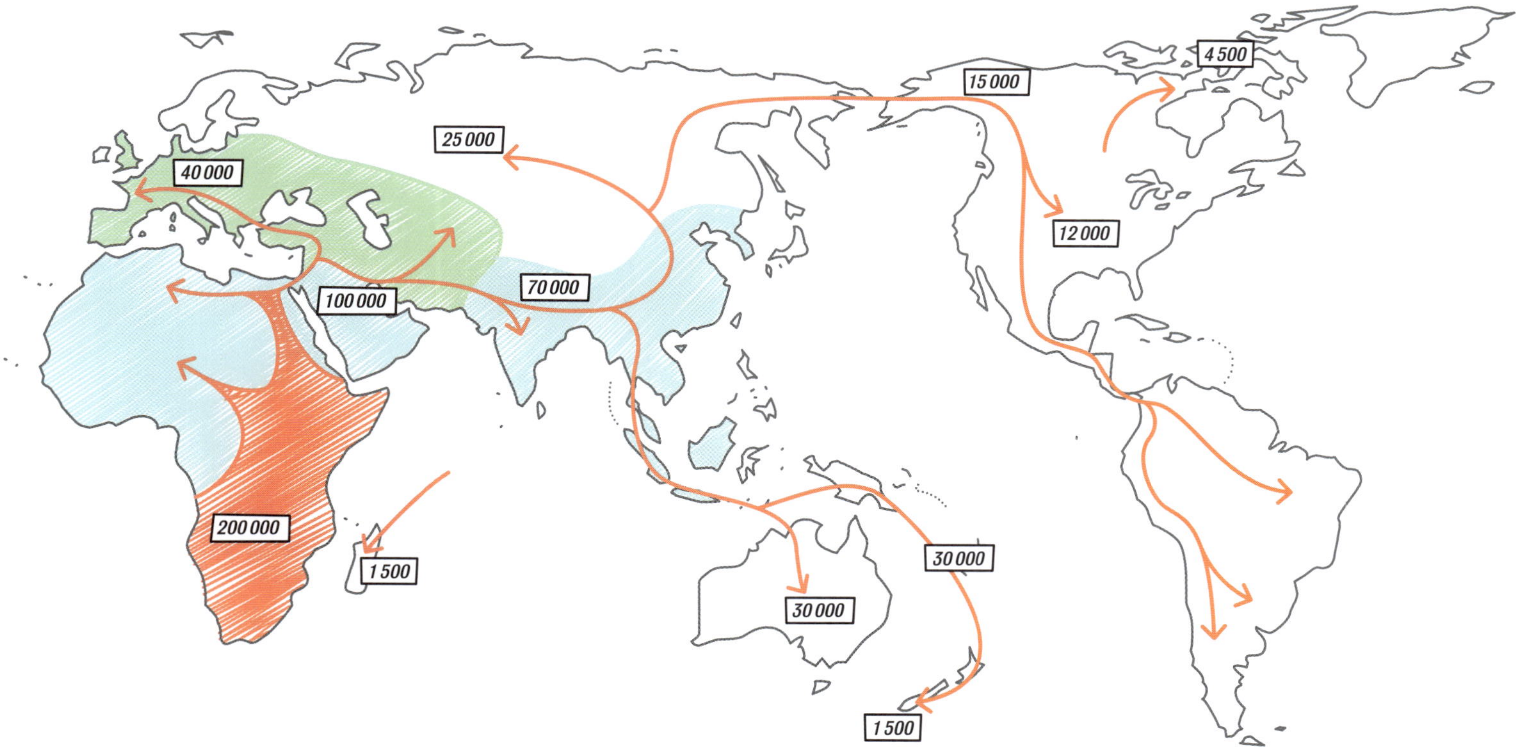

Si vous êtes d'origine européenne ou asiatique, de 1 à 4 % de votre génome est fait d'ADN de Néandertalien. Cela inclut les gènes impliqués dans le système immunitaire et dans la couleur de la peau et des cheveux. La sélection naturelle a favorisé leur persistance en raison de leur utilité.

Les analyses génétiques montrent que les Néandertaliens ont aussi eu des descendants avec les **hommes de Denisova**, espèce éteinte d'homininés qui vivaient dans des parties de l'Asie orientale. Les espèces se recoupent, se déplacent et se croisent. À mesure que nous découvrons davantage au sujet de nos ancêtres, nous constatons que l'arbre évolutionniste humain ressemble moins à un arbre et plus à un buisson touffu !

De nouvelles espèces évoluent et des espèces plus anciennes s'éteignent. Des quelque 20 types connus d'hominien, nous sommes le seul subsistant, et tant que notre espèce survit, elle continue à évoluer.

Homo sapiens

Homo neanderthalensis

Homo erectus

Dissémination de l'homme moderne

Il y a quelque 200 000 ans, les premiers humains sont sortis d'Afrique et se sont répandus lentement à travers le globe.

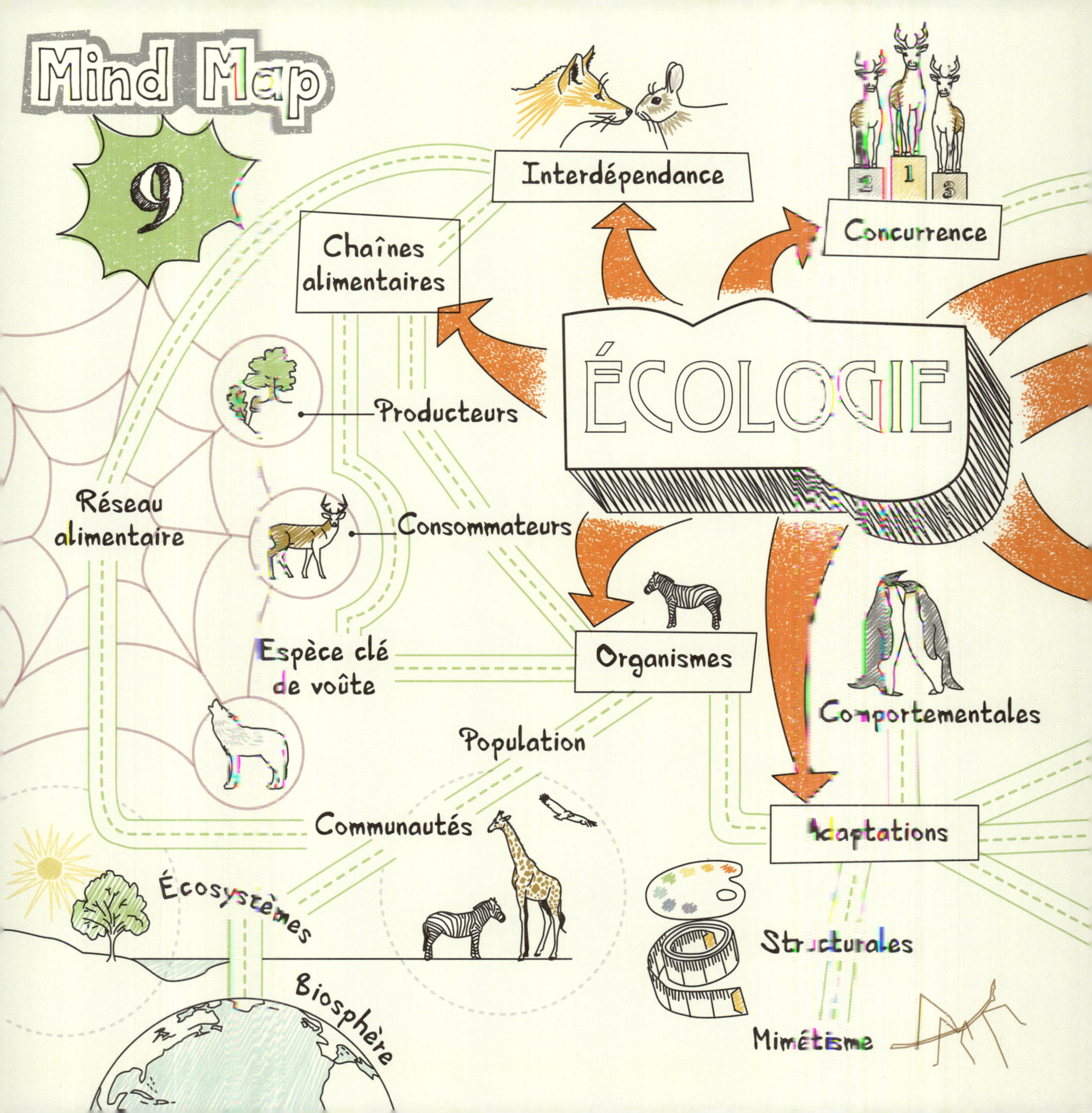
Mind Map
9
ÉCOLOGIE
Interdépendance
Concurrence
Chaînes alimentaires
Producteurs
Réseau alimentaire
Consommateurs
Espèce clé de voûte
Organismes
Population
Communautés
Écosystèmes
Biosphère
Comportementales
Adaptations
Structurales
Mimétisme
1
2
3

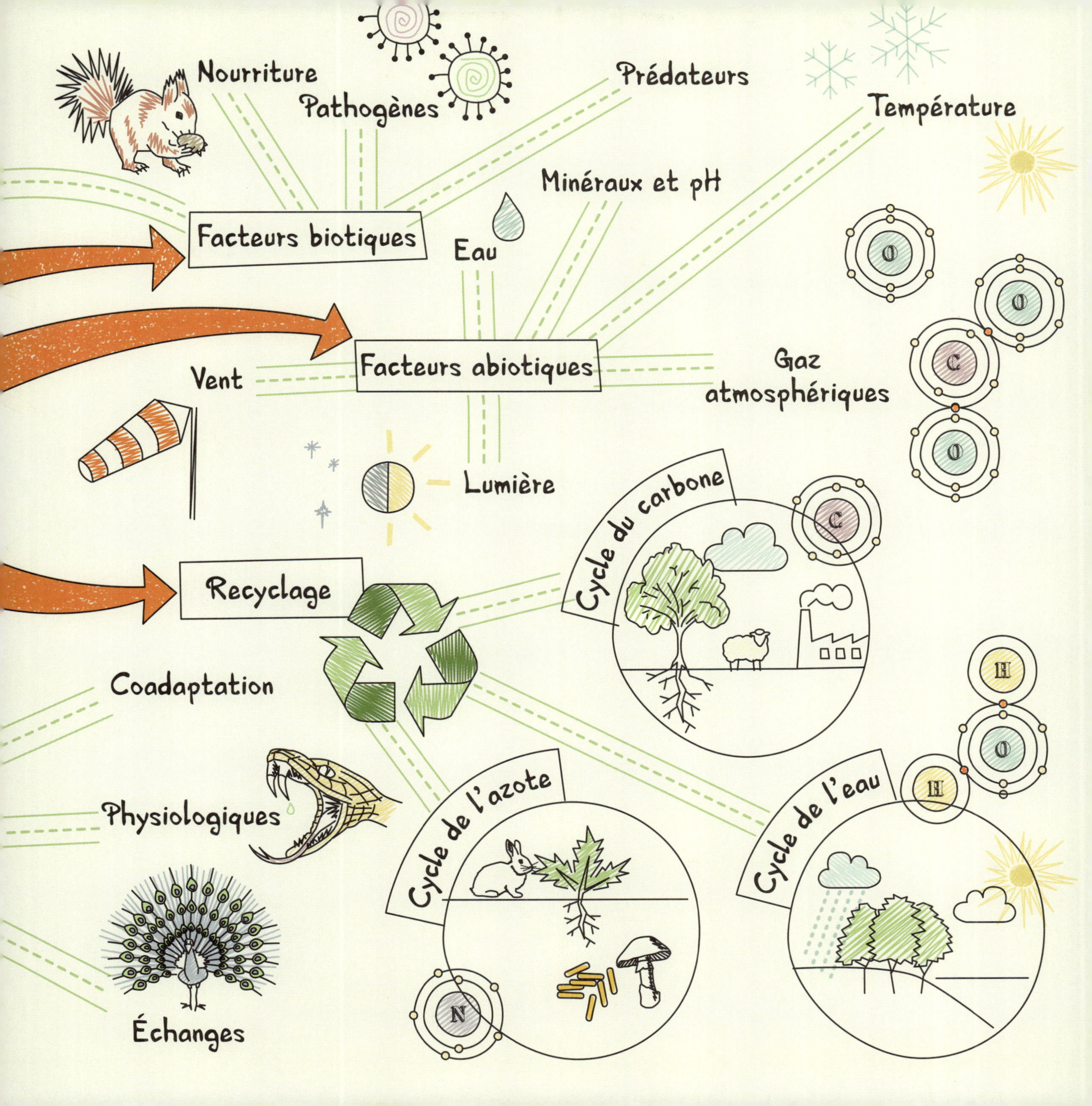

Nourriture
Pathogènes
Prédateurs
Température
Minéraux et pH
Facteurs biotiques
Eau
Facteurs abiotiques
Vent
Gaz atmosphériques
Lumière
Cycle du carbone
Recyclage
Coadaptation
Physiologiques
Échanges
Cycle de l'azote
Cycle de l'eau

L'ÉTUDE DES ÉCOSYSTÈMES

Les organismes vivants ne sont pas isolés, ils interagissent les uns avec les autres, ainsi qu'avec leur milieu, relations qu'étudie l'écologie.

À mesure que l'impact de l'humanité sur la planète s'est accru, l'écologie est devenue de plus en plus significative. Pour minimiser les impacts négatifs de nos actions sur la planète, il est important de comprendre comment les organismes vivants interagissent avec leur environnement.

L'écologie est étudiée à plusieurs niveaux, dont le plus simple est celui d'un **organisme** individuel, où les écologistes se penchent sur les traits utiles apparus suite à la sélection naturelle (*voir* page 110), comme le motif décorant les ailes d'un papillon ou la capacité du guépard à courir très vite, qui aident un organisme à survivre dans un milieu particulier.

Au niveau de la **population**, les écologistes étudient les groupes d'organismes appartenant aux mêmes espèces et qui vivent ensemble. Les scientifiques tentent de découvrir la manière dont la taille, la densité et la structure des diverses populations changent au fil du temps.

Au niveau de la communauté, l'écologie étudie l'interaction des différentes espèces et la manière dont elles vivent ensemble. Les **communautés** incluent souvent des plantes, des animaux et d'autres petits organismes comme les bactéries. Les membres de ces communautés dépendent les uns des autres et sont adaptés au milieu dans lequel ils vivent.

Au niveau suivant, les écologistes étudient les **écosystèmes**, formés de communautés d'organismes vivants et de leur milieu.

La Terre comporte de nombreux écosystèmes très divers, si bien que le niveau final d'étude de l'écologie est planétaire. La **biosphère** est la somme de tous les écosystèmes et les milieux de notre planète. L'écologie globale examine la manière dont les influences à échelle planétaire, comme le changement climatique, jouent sur le fonctionnement et la distribution des organismes à travers la biosphère.

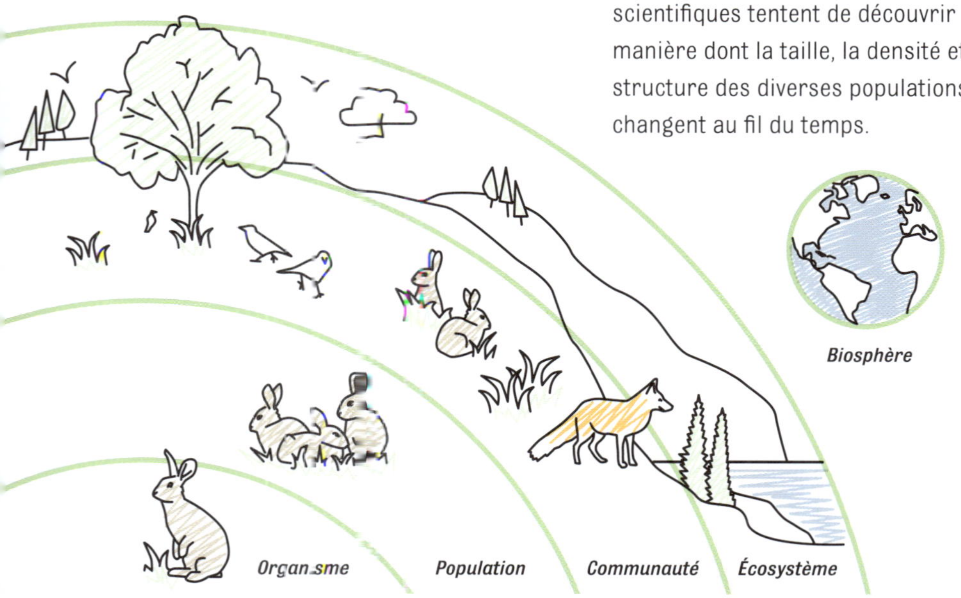

L'objectif de l'écologie

L'écologie opère à plusieurs niveaux différents, du niveau d'un seul organisme à l'échelle de la planète

INTERDÉPENDANCE

Tous les organismes d'un écosystème dépendent les uns des autres, caractéristique essentielle de l'écologie.

Les animaux dépendent des plantes, qui produisent l'oxygène qu'ils respirent, leur fournissent abri pour se cacher, matériaux bruts pour bâtir et nourriture pour l'énergie. Les plantes dépendent des animaux pour leur pollinisation, leurs nutriments et la dissémination de leurs graines. Lorsqu'ils meurent et se décomposent, les animaux deviennent un fertilisant qui contribue à la croissance végétale.

Les organismes vivants font partie des **chaînes alimentaires**, séquences d'organismes interconnectés, où un organisme se nourrit d'un tiers, qui à son tour se nourrit d'un autre, et ainsi de suite. Par exemple, les renards mangent des lièvres, qui mangent de l'herbe.

Si l'un des maillons de la chaîne alimentaire est perturbé, le statu quo change. Par exemple, si tous les renards étaient tués, le nombre de lièvres s'accroît et la quantité d'herbe diminue.

Souvent, les petits changements d'un écosystème ont des répercussions importantes, pas toujours faciles à prédire. Cette indissociabilité est l'**interdépendance**.

Si les facteurs environnementaux ne changent pas beaucoup, un écosystème reste relativement stable. Le nombre d'espèces varie peu, tout comme les tailles des populations des diverses espèces. Ce sont des communautés stables, apparaissant quand des populations vivent en équilibre avec l'environnement. Ces communautés stables sont très importantes.

Les récifs coralliens matures, les chênaies et les forêts tropicales sont des exemples de communautés stables. Bien que l'environnement change au fil des saisons, ces modèles sont réguliers et plus ou moins prévisibles. Une gamme variée d'autres espèces vit dans ce genre de communautés. Quand une grande communauté stable, comme un récif corallien ou une forêt tropicale, disparaît, elle est difficilement remplaçable.

Chaînes alimentaires

Le changement d'un élément d'une chaîne alimentaire a des répercussions pour toutes ses autres parties.

ORGANISMES VIVANTS ET LEUR MILIEU

Les organismes vivants sont influencés par des facteurs biotiques et abiotiques. Les **facteurs biotiques** se rapportent aux organismes vivants, ceux **abiotiques** à des paramètres dont il faut tenir compte. Les deux affectent les organismes individuels et leurs communautés.

Facteurs biotiques

Il y a quatre types principaux de facteurs biotiques : disponibilité de la nourriture, pathogènes, prédateurs et concurrence.

1. **Nourriture**. Les organismes vivants ont besoin d'énergie, fournie par la nourriture. La quantité disponible influence le nombre d'animaux qu'un écosystème peut entretenir. Ainsi, les forêts pluviales tropicales, qui abritent beaucoup de sources alimentaires variées, entretiennent bien plus d'espèces que les déserts, qui disposent de moins de ressources.

2. **Pathogènes**. Quand les agents pathogènes envahissent des territoires nouveaux, les animaux qui y vivent tombent souvent malades. Les pathogènes inédits anéantissent des populations entières. Par exemple, le chytridiomycète, qui se répand autour du globe, décime les populations d'amphibiens et a provoqué l'extinction de plusieurs espèces.

3. **Prédateurs**. Quand des prédateurs nouveaux arrivent, les effets peuvent être dévastateurs. Au XIXe siècle, quand les colons européens ont introduit des chats en Nouvelle-Zélande, les chats redevenus sauvages se sont mis à manger les oiseaux locaux. Depuis lors, ils ont provoqué l'extinction d'au moins six espèces et causé le déclin de plusieurs populations résidentes.

4. **Concurrence**. Les espèces sont parfois en compétition, et parfois une espèce dépasse une autre. La renouée japonaise est un exemple classique. Native d'Asie de l'Est, cette haute plante fait concurrence aux plantes natives dans d'autres régions du globe. Elle est actuellement l'une des pires espèces envahissantes du monde.

Influences vivantes

Les organismes vivants sont influencés par les éléments biotiques qui se rapportent à eux.

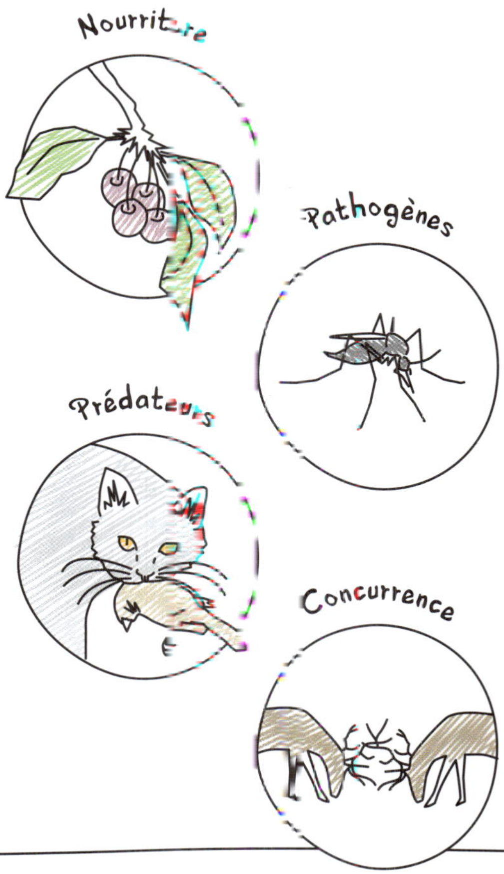

Facteurs abiotiques

Les facteurs abiotiques comptent aussi pour la survie d'un organisme ou d'une communauté. Six sont très importants : gaz atmosphériques, lumière, contenu minéral et pH, température, eau, vent.

1. **Gaz atmosphériques**. Les plantes ont besoin de dioxyde de carbone pour la photosynthèse, les animaux ont besoin d'oxygène pour la respiration aérobie (*voir* pages 60 à 63). Les créatures aquatiques sont spécialement sensibles au taux d'oxygène dans l'eau. Certains invertébrés peuvent survivre avec très peu d'oxygène, alors que les poissons ont besoin d'un taux plus élevé.

2. **Lumière**. L'intensité de la lumière a un grand effet sur les plantes, qui en ont besoin pour la photosynthèse. Certaines aiment la lumière vive, d'autres sont adaptées à l'ombre, grâce à des feuilles plus grandes ou à plus de chlorophylle. Les animaux réagissent aussi à la lumière. Les habitudes diurnes et les cycles de reproduction de beaucoup d'animaux se rapportent à la longueur du jour et à l'intensité de la lumière.

Influences abiotiques

Les influences abiotiques, comme la température et la disponibilité de l'eau, affectent aussi les organismes vivants.

3. **Température**. Les animaux et les plantes ont évolué pour se développer à leurs températures optimales. Les températures basses sont toujours un problème. Dans l'Arctique, par exemple, les plantes sont souvent rabougries et petites, ce qui limite le nombre d'herbivores qui peuvent s'en nourrir, tout comme le nombre de prédateurs qui, à leur tour, mangent les herbivores.

4. **Eau**. Les plantes et les animaux ont besoin d'eau pour survivre. Sans eau, il y peu ou pas de vie. Certaines plantes, comme les cactus, sont adaptées à la pénurie d'eau, d'autres, comme les sarracéniales, poussent mieux dans des conditions humides, marécageuses.

5. **Minéraux et pH**. Certaines plantes, comme les rhododendrons, aiment les sols acides, d'autres, comme la lavande, préfèrent un sol plus alcalin. Les organismes ont aussi besoin de divers minéraux : nitrates pour produire des acides aminés, magnésium pour synthétiser la chlorophylle.

6. **Vent**. L'intensité et la direction du vent affectent de nombreux organismes. La plupart préfèrent des conditions abritées. Ceux qui vivent dans des lieux balayés par les vents, comme les dunes de sable, ont évolué des adaptations utiles, comme les plantes qui poussent en tapis, ce qui les aide à s'ancrer au sol et les unes aux autres.

ADAPTATIONS

La vie est présente pratiquement partout sur la planète, des pôles aux forêts pluviales tropicales et des cheminées sous-marines au sommet de la stratosphère. Les organismes vivants ont des particularités – ces adaptations – qui les aident à survivre dans des conditions spécifiques.

Chat des sables

Ce félin habitant le désert présente plusieurs adaptations qui l'aident à survivre dans des conditions difficiles et chaudes.

Les adaptations émergent *via* le processus d'évolution (*voir* page 110). Celles qui perdurent sont celles qui aident les organismes à survivre et à se reproduire.

Les adaptations peuvent être structurales, comportementales ou physiologiques. Les adaptations **structurales** sont des traits physiques – taille, forme ou couleur. Les adaptations **comportementales** sont des comportements hérités, comme l'accouplement ou la quête de nourriture. Les adaptations **physiologiques** permettent à un organisme de faire certaines choses, comme produire du venin ou tisser une toile. Les caractéristiques générales – croissance, développement et régulation de la température – sont aussi des adaptations physiologiques.

Le chat des sables vit dans les bandes de désert qui s'étirent depuis l'Afrique du Nord, à travers le Moyen-Orient, jusqu'en Asie centrale. C'est le seul chat à vivre exclusivement dans ce type d'habitat, et il a évolué des adaptations spécialisées qui l'aident à subsister là.

Il évite le plus fort de la chaleur en dormant la journée dans des terriers frais, adaptation comportementale. Il se sert du camouflage pour se fondre dans son milieu ; son pelage couleur sable l'aide à s'approcher de sa proie. Ses pattes trapues l'aident à creuser, ses grandes oreilles à entendre de loin, sa morsure puissante à broyer sa proie. La plante de ses pattes est entièrement recouverte de fourrure, ce qui l'aide à se déplacer sur le sable. Toutes ces adaptations sont structurales.

Il n'a pas réellement besoin de boire ; la plupart de son humidité lui est fournie par ses sources de nourriture, adaptation physiologique répandue chez les animaux vivant dans le désert. Ses reins produisent une petite quantité d'urine concentrée, lui permettant de retenir un maximum d'eau.

Les animaux qui vivent dans des endroits froids sont confrontés à des défis différents. Comme ils ont besoin de garder leur chaleur, l'isolation est importante, si bien qu'ils ont des couches épaisses de graisse et/ou de fourrure. Le rapport surface/volume est aussi important. Si un animal a un faible rapport surface/volume, sa perte de chaleur sera moindre. Voilà pourquoi tellement de mammifères arctiques, comme les morses, les baleines et les ours polaires sont relativement grands.

Certaines espèces vont plus loin. Des poissons antarctiques ont évolué la capacité de sécréter des protéines antigel dans leur sang, ce qui les empêche littéralement de geler lorsque la température chute. La grenouille des bois nord-américaine a une approche différente : elle se laisse geler, mais a évolué une manière de protéger ses cellules du dommage causé par le gel et le dégel.

Le **mimétisme** est lui aussi une adaptation, où une espèce évolue pour avoir l'air d'une autre, pour produire ses sons et ses odeurs. Les oiseaux se servent de leur vue pour différencier entre insectes savoureux et nuisibles – donc, certains insectes savoureux ont évolué pour ressembler aux nuisibles. Par exemple, des syrphides ont évolué pour avoir l'air de guêpes ou d'abeilles. La Petite épine se protège en ayant évolué pour avoir l'air d'une fiente.

Syrphide

Leur apparence de guêpe aide les syrphides à éviter la prédation.

Coadaptation

Le tupaïa et la sarracéniale ont évolué des adaptations complémentaires.

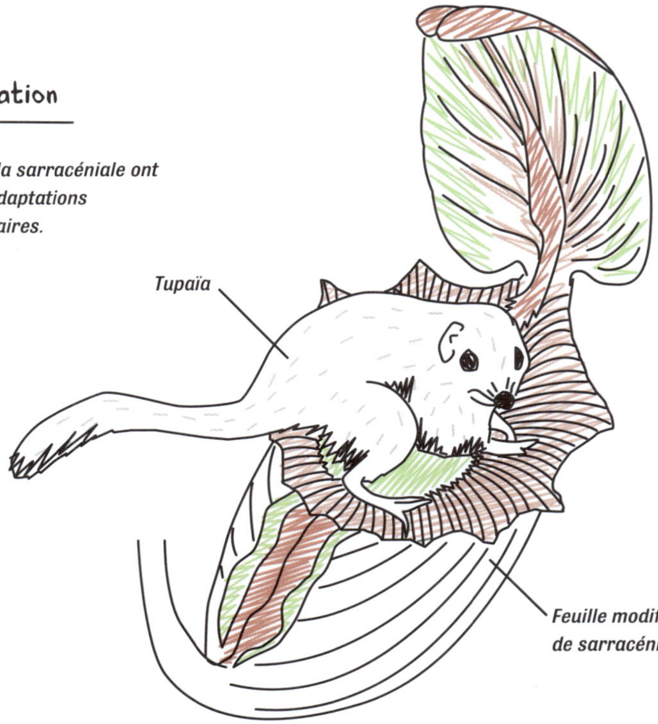

Parfois, les espèces qui évoluent côte à côte développent une **coadaptation**, des adaptations complémentaires. Dans les forêts de nuages des montagnes de Bornéo, le tupaïa et la sarracéniale montrent des coadaptations. Les feuilles modifiées de la plante forment des cruches profondes avec de petits couvercles. Elles servent de toilettes aux tupaïas qui sautent dedans, lèchent le nectar du dos de ces « couvercles », puis défèquent dans les réceptacles étirés. Le tupaïa reçoit une stimulation nutritionnelle très nécessaire, la plante utilise les fèces comme source d'azote. C'est un exemple de mutualisme, car les deux espèces bénéficient de cette interaction inhabituelle.

Les adaptations impliquent souvent des **compromis**. Le long cou de la girafe, par exemple, est une arme formidable et aide l'animal à se nourrir des feuilles des hauts arbres, mais est aussi lourd et requiert de l'énergie pour son entretien. La longue queue du paon l'aide à attirer les femelles, mais est peu discrète et peu maniable. Le corps étiré des salamandres vivant dans un milieu humide les aide à se déplacer dans l'eau, mais accroît le risque d'assèchement de leur peau. Les adaptations présentent des avantages et des désavantages. L'évolution n'apporte pas des solutions parfaites. Le compromis est partout.

CONCURRENCE

Troupe de lions

Les lions vivent en troupes et défendent leur territoire. Leurs rugissements s'étendent de très loin, mettant en garde les autres de ne pas s'approcher.

Quand leurs rôles sont similaires et qu'elles dépendent toutes des mêmes ressources, les espèces sont en concurrence. La concurrence peut intervenir entre membres d'une même espèce ou entre membres d'espèces différentes. Si une espèce est en concurrence avec une autre et perd, elle risque l'extinction, partie naturelle de l'évolution (*voir* page 114).

Concurrence chez les animaux

Les animaux se font concurrence pour la nourriture, le territoire et les partenaires. La nourriture apporte de l'énergie et des matières brutes pour la poursuite des processus cellulaires (*voir* page 54), d'où une compétition acharnée, car l'absence d'énergie équivaut à la mort.

Les herbivores se nourrissent de plantes, d'un seul type ou de types différents. La chenille du papillon Belle-Dame se nourrit sur une large gamme de plantes, incluant les chardons et les orties, alors que la chenille du papillon Argus bleu-nacré se nourrit exclusivement sur le hippocrépide à toupet.

Être difficile sur la nourriture est une stratégie hasardeuse, car une population risque de disparaître si sa nourriture disparaît. Avoir une alimentation variée est une bonne idée, mais signifie que les animaux aux goûts similaires seront en concurrence. L'ortie est une plante sur laquelle se nourrissent habituellement plusieurs espèces de papillon.

Les carnivores mangent de la viande et se font souvent concurrence pour les proies. Aux États-Unis, les coyotes, les renards et les lynx sont en compétition pour les mêmes proies : les petits mammifères. S'ils le peuvent, les coyotes tuent et mangent leurs compétiteurs d'autres espèces.

Beaucoup d'animaux ne reculent devant rien pour établir et défendre un territoire. Les lions vivent en troupe, avec quelques mâles adultes, des femelles apparentées et des lionceaux. Chaque troupe a son propre territoire. Le rugissement du lion est une parade territoriale qui porte sur quelque 8 km, avertissant les autres de se tenir à distance.

Les territoires sont importants, car ils fournissent des ressources vitales, comme la nourriture et un endroit où élever une famille. Beaucoup d'animaux, y compris les lions, utilisent leur urine ou leurs fèces pour marquer les frontières de leur territoire.

La compétition pour les partenaires est aussi féroce. Certains animaux se font concurrence littéralement de front. Les élaphes luttent ramure contre ramure, et le vainqueur gagne les femelles. D'autres ont une approche moins physique. À l'approche de la saison d'accouplement, les mâles kakapo de Nouvelle-Zélande, perroquets très rares incapables de voler, façonnent une dépression en forme de cuvette qui sert d'amplificateur pour le « boom » qu'ils émettent. Les femelles les écoutent, puis s'accouplent avec le mâle qui a émis le meilleur « boom ».

Kakapo

Les mâles kakapo se font concurrence pour les femelles en émettant des « booms » depuis leurs scènes en forme de cuvette.

Concurrence chez les plantes

Tout comme les animaux, les plantes sont parfois en concurrence avec des membres de leur propre espèce et des membres d'autres espèces pour la nourriture, la lumière, l'eau et l'espace.

Les grands végétaux utilisent beaucoup de ressources, comme les minéraux et l'eau, et affaiblissent la lumière qui atteint les plantes voisines. Ces dernières recourent donc à des adaptations.

Par exemple, des plantes fleurissent à des moments différents. Dans les bois, les petites plantes comme les perce-neige et les jacinthes des bois fleurissent tôt dans l'année, avant que les grands arbres qui les entourent aient développé leur feuillage. Cela leur assure l'accès à la lumière, tandis que les feuilles mortes qui se décomposent sur le sol de la forêt sont une source de minéraux.

Une autre manière de se faire concurrence est d'avoir une haute taille ou de larges feuilles à la superficie étendue. Les deux stratégies aident à utiliser au mieux la lumière disponible et à alimenter la croissance *via* la photosynthèse. Certaines plantes évitent la compétition pour l'eau grâce à de longues racines qui accèdent à l'eau aux profondeurs du sol, d'autres ont un large réseau de racines peu profondes qui puisent dans les sources d'eau plus proches de la surface.

Parfois, si ses graines tombent trop près de lui, un arbre se retrouve en compétition avec ses descendants. Les plantes ont donc évolué des stratégies pour disséminer leurs graines. Les graines de l'érable sont des hélicoptères, leur forme leur permettant de tourner en tombant et d'être portées par le vent.

Les plantes carnivores poussent souvent dans les sols pauvres en nutriments, comme les marais acides, où elles sont en concurrence pour ces rares ressources. Leur adaptation extrême les aide à survivre. La dionée est connue pour attirer les insectes entre les mâchoires de ses feuilles modifiées. Les poils déclencheurs à l'intérieur du piège réagissent au toucher lorsqu'un insecte se pose, et le ferment. L'ensemble du processus prend moins d'une seconde.

RÉSEAUX ALIMENTAIRES ET ESPÈCES CLÉS DE VOÛTE

Le monde est rempli d'organismes qui en mangent d'autres ; ce sont des **consommateurs**. Ceux qui produisent leur propre nourriture, comme les plantes, sont des **producteurs**. Les chaînes alimentaires commencent toujours par un producteur et finissent par un consommateur. On les représente sous forme de diagramme en barres (*voir* ci-dessous), où chaque niveau du diagramme est une population de la chaîne alimentaire. Les barres sont à l'échelle, donc une grande barre signifie que plus d'organismes sont présents.

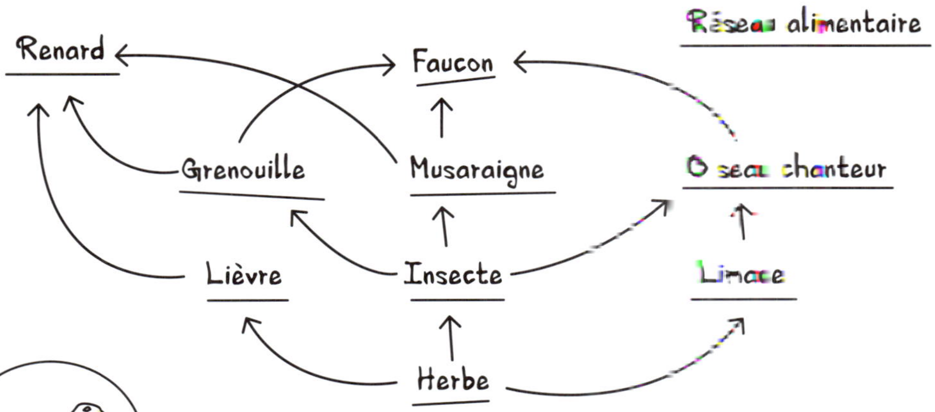

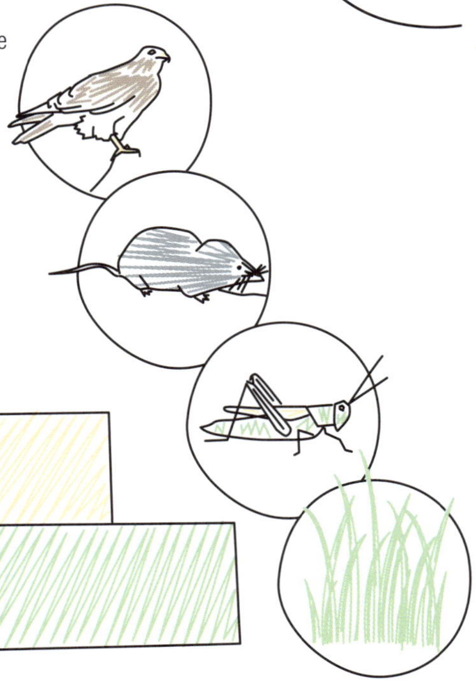

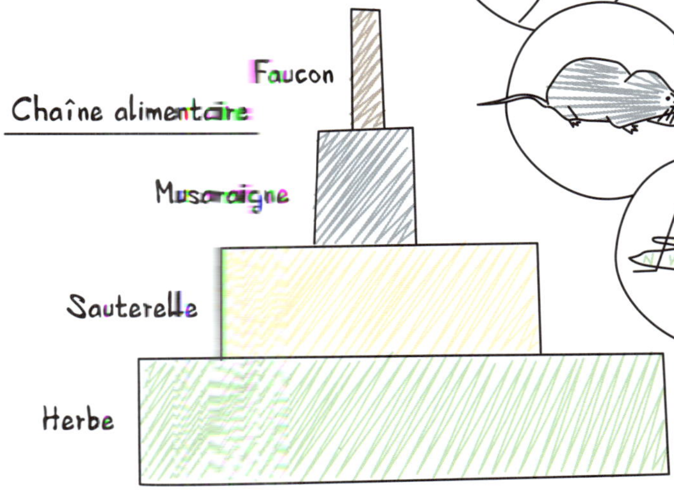

Souvent, ces diagrammes ressemblent à des pyramides, mais parfois la forme globale est moins évidente si le producteur en bas est une grande plante ou si l'un des animaux de la pyramide est très petit.

Les chaînes alimentaires sont utiles, car elles aident à visualiser certaines des relations entre espèces qui, en réalité, sont bien plus compliquées que juste « le renard mange les lièvres qui mangent de l'herbe ». Les chaînes alimentaires interagissent les unes avec les autres et, si on les réunit, on est face à un **réseau alimentaire** (*voir* ci-dessus).

Les réseaux alimentaires montrent qu'une proie peut avoir de multiples prédateurs et les prédateurs des proies multiples, ce qui aboutit parfois à des situations intéressantes. Si un type de proie disparaît, par exemple, les prédateurs survivront en mangeant une autre, ce qui aura des répercussions sur le reste du réseau alimentaire.

Les **espèces clés de voûte** sont des éléments essentiels de ces réseaux alimentaires. Une espèce clé de voûte est toute espèce végétale ou animale qui joue un rôle unique et crucial dans le fonctionnement d'un écosystème. Comme la clé de voûte d'un pont, qui, sans elle, s'effondrera, si une espèce clé de voûte est écartée d'un écosystème, celui-ci soit s'effondre, soit devient radicalement différent. Le loup est une telle espèce, car il influence beaucoup d'autres espèces : coyotes, antilopes, élans, castors, oiseaux.

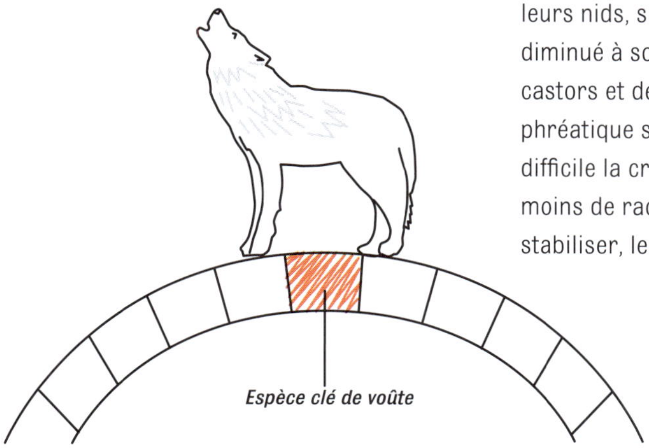

Les loups du Parc national de Yellowstone

Les loups sont un bon exemple d'espèce clé de voûte. Au début du XXe siècle, tous les loups du Parc national de Yellowstone (États-Unis) ont été exterminés, car les éleveurs étaient inquiets pour leur bétail. Les années suivantes, l'écosystème a changé à mesure que les autres membres du réseau alimentaire du loup se sont adaptés au changement.

Sans loups pour leur faire concurrence, la population de coyotes s'est accrue. Les coyotes se nourrissaient de la population d'antilocapres, dont le nombre a diminué. Sans loups pour les manger, la population d'élans a augmenté et les espèces que les élans préféraient – arbres à feuilles caduques, comme le tremble et le saule – ont été fortement surpâturées.

Il y avait donc moins de bois pour que les castors bâtissent leurs barrages et moins d'endroits où les oiseaux puissent bâtir leurs nids, si bien que leur nombre a diminué à son tour. Avec moins de castors et de barrages, la nappe phréatique s'est réduite, rendant plus difficile la croissance des arbres. Avec moins de racines des arbres pour les stabiliser, les berges des fleuves et les flancs des coteaux ont commencé à s'éroder.

En 1995, les autorités ont décidé de réintroduire les loups à Yellowstone. Quatorze animaux ont été relâchés, et l'écosystème a changé de nouveau.

Les élans ont appris à se tenir loin des vallées et des ravins où les loups pouvaient les piéger, si bien que ces zones ont commencé à se régénérer. De jeunes pousses ont grandi et sont devenues des arbres. Leurs racines ont contribué à la consolidation des berges, qui se sont moins érodées ; le lit des fleuves est devenu moins changeant.

Les oiseaux et les castors sont revenus. Les castors ont construit des barrages et créé des étangs offrant des habitats aux poissons, aux amphibiens et aux reptiles. Les loups ont tué les coyotes, si bien que le nombre de petits mammifères s'est accru, ce qui a fait augmenter le nombre de faucons, de belettes et de renards.

La biodiversité est montée en flèche, tout cela parce qu'on a laissé revenir une seule espèce. Les défenseurs de l'environnement comprennent maintenant la valeur qu'ont les espèces clés de voûte pour le remodelage des milieux, mais aussi pour les espèces qui y vivent.

RECYCLAGE

La planète recycle des choses depuis des milliards d'années. Toute la vie de la Terre est faite de quelques composantes de base : carbone, azote et eau. Les organismes vivants obtiennent ces matières de l'environnement et les utilisent pour des processus vitaux comme la croissance puis, à leur mort, les rendent à l'environnement, où elles deviennent les composantes de la vie future. Le cycle de l'azote, le cycle du carbone et le cycle de l'eau sont trois types importants de recyclage global.

L'azote est recyclé sans cesse par les actions des bactéries, des champignons, des plantes et des animaux.

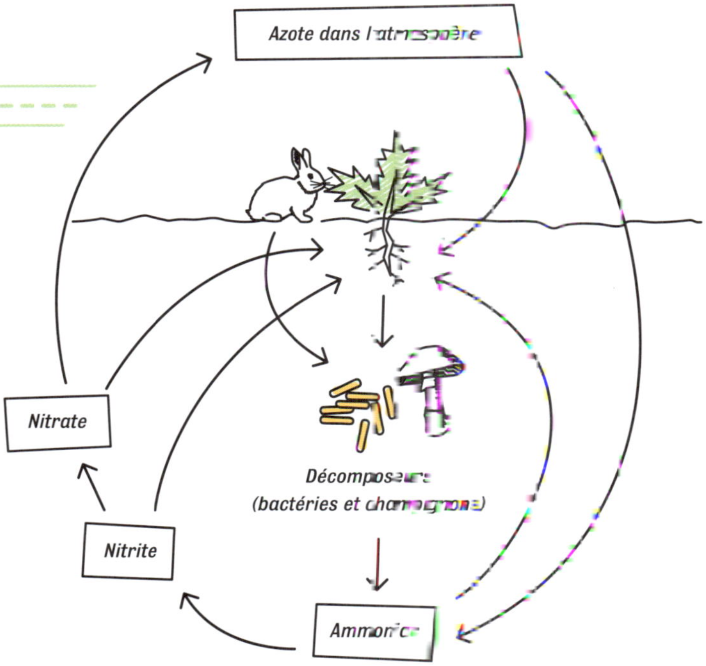

Le cycle de l'azote

Les organismes vivants ont besoin d'azote pour synthétiser les acides aminés et les acides nucléiques (*voir* page 27). L'azote constitue environ 80 % de l'atmosphère de la Terre, mais les organismes vivants ne peuvent pas l'utiliser tel quel et doivent le convertir en une variante biologiquement utile.

Les bactéries et d'autres microbes se chargent de la fixation de l'azote atmosphérique en le convertissant en ammoniac, absorbé par les plantes. Un certain volume de l'ammoniac du sol est modifié davantage par les bactéries du sol, qui le convertissent en nitrite, puis en nitrate, lors d'un processus de nitrification. Les plantes absorbent ces molécules simples et les utilisent pour synthétiser des protéines et alimenter leur croissance.

Quand les animaux mangent des plantes, ils obtiennent cet azote-là, qui leur sert à la synthèse des protéines et les aide à grandir, sans cependant rester à jamais dans leur corps. Une partie est excrétée sous forme d'urine et de fèces. Quand l'animal meurt, les matières organiques azotées de son corps sont converties en azote gazeux par d'autres organismes, souvent en plusieurs étapes.

Les organismes qui décomposent les plantes et les animaux morts sont des décomposeurs. Le processus débute quand ceux qui se nourrissent de détritus, comme les asticots et les vers, décomposent les organismes morts. Des organismes plus petits, bactéries et champignons, digèrent tout, se servant de certains nutriments pour grandir et se reproduire, et produisant du dioxyde de carbone, de l'eau et des ions minéraux en tant que déchets.

Le carbone est recyclé constamment entre les organismes vivants et l'environnement.

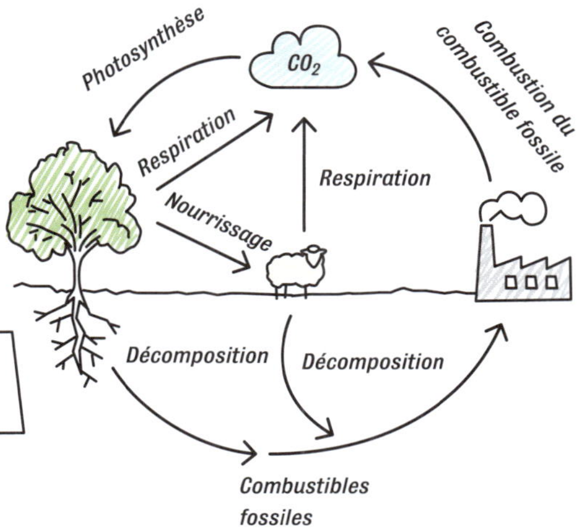

Le cycle du carbone

Toute la vie de la Terre est à base de carbone, élément vital présent dans l'environnement.

Une partie de ce carbone combiné à d'autres éléments se trouve dans les roches carbonées, une partie se trouve dans les combustibles fossiles, formés à partir d'organismes morts il y a des millions d'années.

Du dioxyde de carbone gazeux (CO_2) entre dans la composition de l'air. Le dioxyde de carbone, produit de la respiration, arrive aussi dans l'atmosphère en tant que produit secondaire de la combustion des combustibles fossiles. Les organismes vivants rendent aussi du carbone organique à l'environnement lorsqu'ils produisent des déchets et quand ils meurent.

Les plantes et les algues vertes équilibrent le tout en retirant le dioxyde de carbone de l'atmosphère *via* la photosynthèse. Ce carbone est ensuite passé aux animaux *via* les chaînes et les réseaux alimentaires.

Le cycle de l'eau

L'eau est un autre composé indispensable dont dépend la vie. Lors de l'évaporation, le Soleil transforme l'eau liquide en vapeur, qui monte dans les airs et, à mesure qu'elle refroidit et se condense, forme des nuages. Le vent pousse les nuages au-dessus des terres, et l'eau retombe sous forme de pluie, de neige, de grêle ou de grésil.

Une partie de l'eau retombe dans les rivières et les fleuves et retourne dans la mer. Une partie s'infiltre dans le sol. La nappe phréatique s'accumule dans les roches souterraines, les aquifères, dont beaucoup de gens dépendent pour leur eau potable. Une partie de l'eau reste dans les strates peu profondes du sol, où elle est accessible aux plantes.

Les plantes absorbent l'eau du sol : c'est la transpiration végétale. En laissant s'évaporer l'eau de leurs feuilles, les plantes peuvent absorber en continu l'eau du sol. Lorsque les plantes et les animaux respirent, ils renvoient la vapeur d'eau directement dans l'atmosphère. Les animaux rendent aussi l'eau à l'environnement dans l'urine, les fèces et la transpiration (chez les mammifères).

L'eau est toujours en mouvement. Elle s'évapore dans les airs, tombe en tant que pluie et retourne dans la mer, puis le processus recommence.

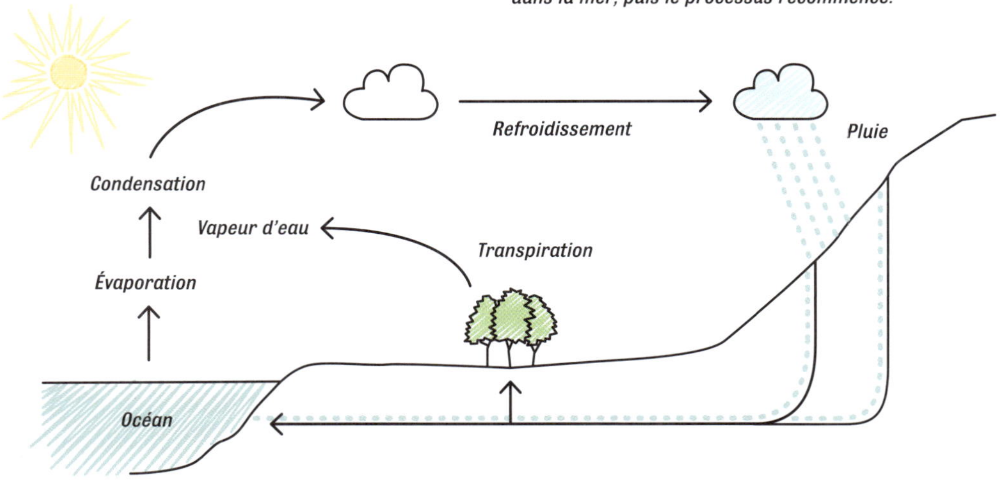

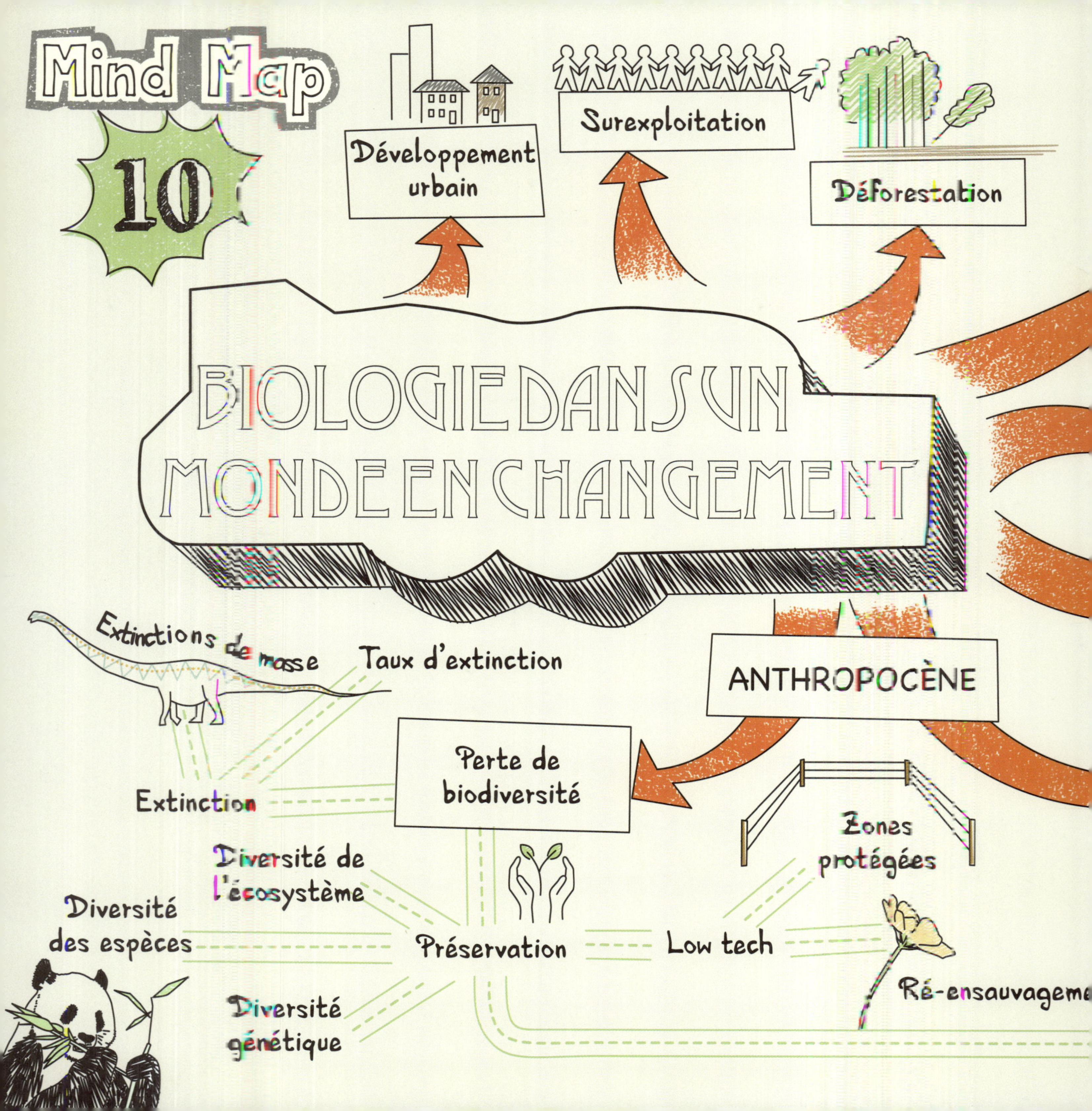

Mind Map
10
BIOLOGIE DANS UN MONDE EN CHANGEMENT
Développement urbain
Surexploitation
Déforestation
ANTHROPOCÈNE
Perte de biodiversité
Extinctions de masse
Taux d'extinction
Extinction
Zones protégées
Diversité de l'écosystème
Diversité des espèces
Préservation
Low tech
Ré-ensauvageme
Diversité génétique

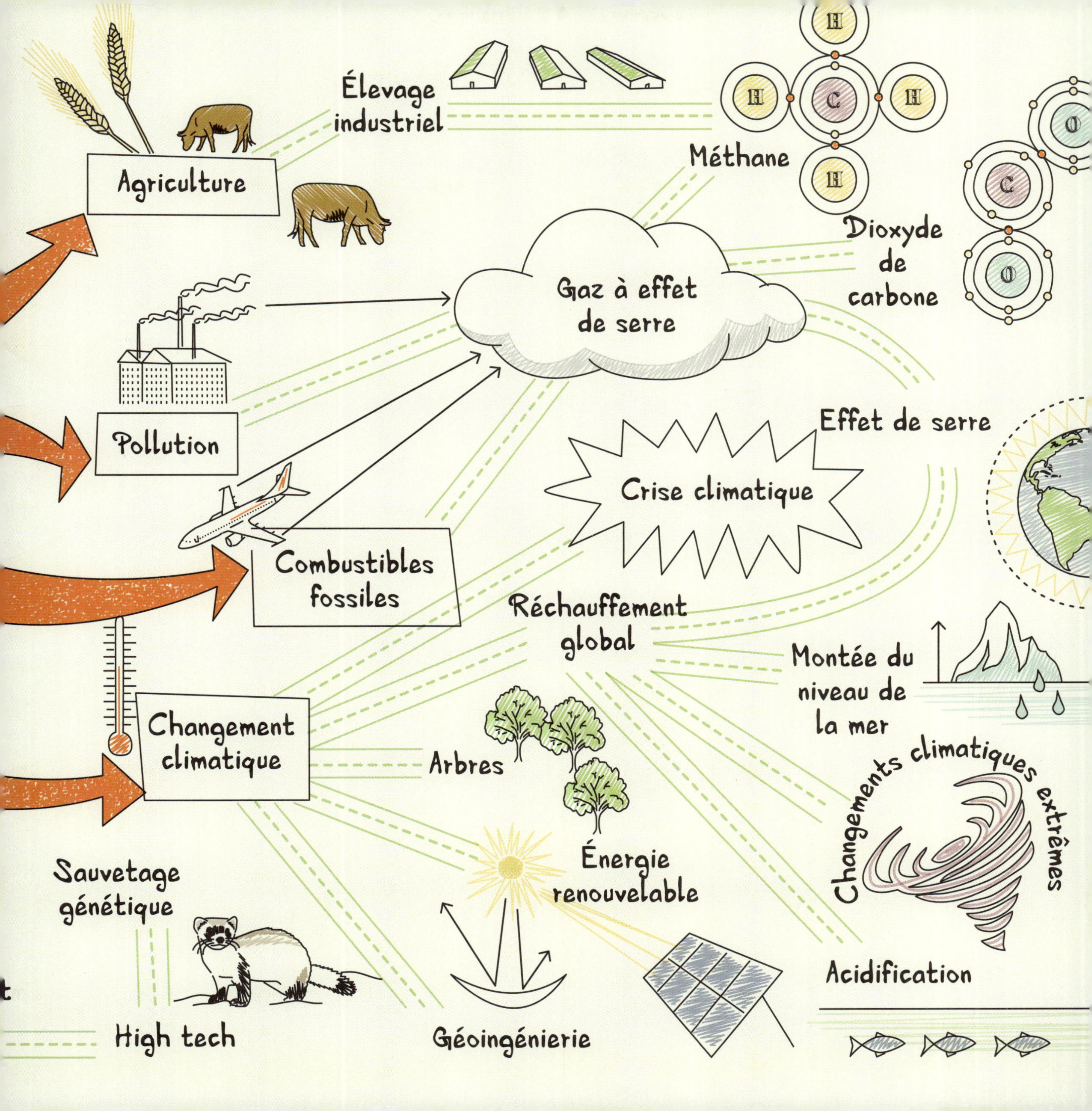

Élevage industriel
Agriculture
Méthane
H
H
C
H
H
O
C
O
Dioxyde de carbone
Gaz à effet de serre
Pollution
Effet de serre
Crise climatique
Combustibles fossiles
Réchauffement global
Montée du niveau de la mer
Changement climatique
Arbres
Changements climatiques extrêmes
Énergie renouvelable
Sauvetage génétique
Acidification
High tech
Géoingénierie

LA VIE DANS L'ANTHROPOCÈNE

Anthropocène	il y a	
Holocène	11700 années	Cénozoïque
Pléistocène	1,8 million	Cénozoïque
Pliocène	5,3 millions	Cénozoïque
Miocène	23 millions	Cénozoïque
Oligocène	34 millions	Cénozoïque
Éocène	56 millions	Cénozoïque
Paléocène	66 millions	Cénozoïque
Crétacé	146 millions	Mésozoïque
Jurassique	200 millions	Mésozoïque
Trias	252 millions	Mésozoïque
Permien	299 millions	Paléozoïque
Carbonifère	359 millions	Paléozoïque
Dévonien	416 millions	Paléozoïque
Silurien	443 millions	Paléozoïque
Ordovicien	485 millions	Paléozoïque
Cambrien	542 millions	Paléozoïque
Protérozoïque	2,5 milliards	
Archéen	4,6 milliards	

Les géologues divisent l'histoire incommensurable de la Terre en ères, partagées à leur tour en époques.

La vie a émergé durant l'archéen, qui a débuté il y a 4 000 millions d'années. Les eucaryotes et les formes complexes de vie (*voir* page 16) sont apparus durant le protérozoïque, qui a débuté il y a 2 500 millions d'années.

Nous vivons actuellement dans l'holocène, subdivision de l'ère la plus récente. L'holocène couvre les 11 700 dernières années d'histoire, mais selon certains scientifiques il est arrivé à sa fin. Pour eux, notre planète a récemment changé au point qu'elle est tout à fait différente de celle de l'holocène. Comme ces changements sont dus à l'homme, ils pensent que cette nouvelle époque devrait être appelée **anthropocène**, « l'âge de l'homme ».

Depuis leurs humbles origines, dans le berceau de l'Afrique, les hommes modernes se sont répandus à travers le globe (*voir* page 121). La Terre est maintenant la demeure de 7,7 milliards d'individus, dont l'impact collectif est immense.

Il n'y a pas si longtemps, nous avons abattu des forêts et déblayé d'énormes superficies de terre pour y construire des villes, des centres commerciaux et des usines. Nous avons construit des barrages et détourné des fleuves. Nous avons arraché des minerais, des métaux et d'autres ressources naturelles aux profondeurs de la Terre.

Nous avons produit assez de béton pour couvrir la surface de la Terre d'une strate épaisse de 2 mm. Plus de 8 millions de tonnes de plastique finissent dans les océans chaque année. On estime que vers 2050 il y aura plus de déchets plastiques que de poissons dans l'océan.

Nos actions perturbent le cycle global des éléments nécessaires au soutien de la vie. Au début du XXe siècle, les hommes de science ont découvert comment maîtriser l'azote de l'air et fabriquer des fertilisants et d'autres produits chimiques. Le procédé Haber-Bosch, de son nom actuel, retire autant d'azote de l'atmosphère que l'ensemble des processus naturels de la Terre.

Cela cause de graves problèmes environnementaux. Les fertilisants riches en azote s'écoulent des champs dans les fleuves et les océans, créant des zones mortes où la vie est incapable de subsister. Il y a plus de 400 de ces zones mortes dans les océans, dont la plus grande, dans le golfe d'Oman, a presque la taille de la Floride et s'élargit sans cesse.

Le cycle du carbone est perturbé (*voir* page 135). Suite aux actions humaines, la concentration de dioxyde de carbone dans l'atmosphère est maintenant plus élevée qu'elle l'a été au fil des 800 000 dernières années, ce qui cause le réchauffement global et le changement climatique.

L'homme est aussi directement responsable du changement de la configuration de la vie de la Terre. Chaque année, le secteur agricole produit quelque 4,8 milliards d'animaux d'élevage et 4,8 milliards de tonnes des cinq principales cultures du monde : canne à sucre, maïs, riz, blé et pommes de terre. Nous sortons aussi 80 millions de tonnes de poissons des océans et produisons la même quantité grâce à la pisciculture.

Ce faisant, nous conduisons à l'**extinction** la faune et la flore du monde. Les populations de mammifères, d'oiseaux, de poissons et de reptiles ont diminué en moyenne de 60 % depuis 1970, et les taux d'extinction augmentent.

Ères géologiques

Différentes formes de vie ont évolué durant les diverses périodes géologiques. Elles sont visibles dans les diverses strates de roche.

CHANGEMENT CLIMATIQUE

Pendant des millions d'années, le cycle du carbone a été parfaitement équilibré. Le volume de dioxyde de carbone produit par les organismes vivants équivalait au volume qu'ils utilisaient. Les plantes se servent du **dioxyde de carbone** pour la photosynthèse, et de vastes quantités de dioxyde de carbone sont dissoutes dans les océans. Les plantes et l'eau agissent comme des puits de dioxyde de carbone.

L'effet de serre

Les taux accrus de dioxyde de carbone dans l'atmosphère de la Terre causent le réchauffement global.

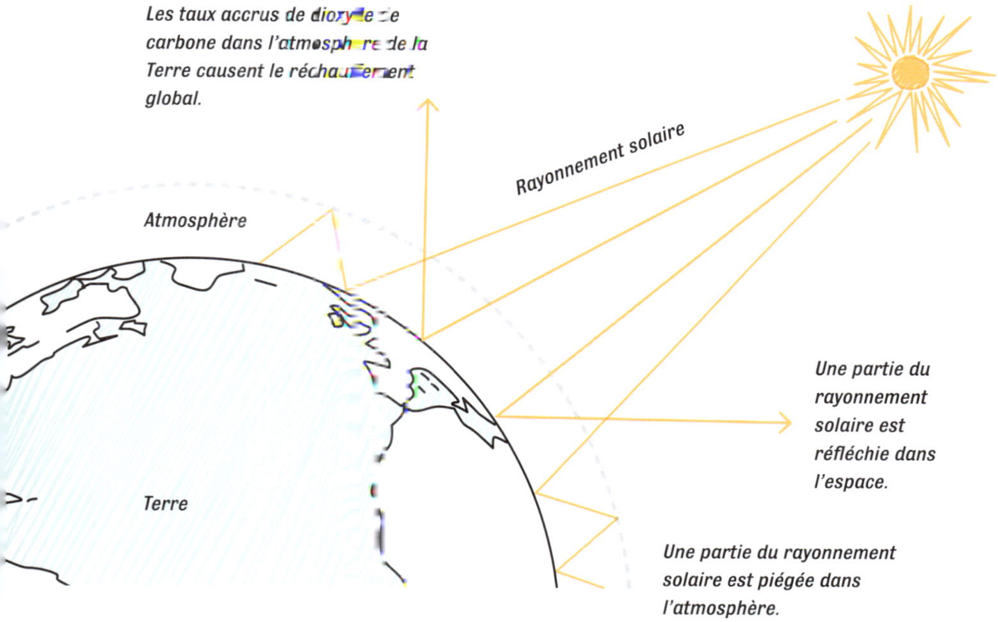

Cela signifie que les taux de dioxyde de carbone atmosphérique sont restés plus ou moins les mêmes pendant très longtemps. Actuellement toutefois, la concentration de dioxyde de carbone atmosphérique s'accroît à cause de l'activité humaine.

Le dioxyde de carbone est libéré dans l'atmosphère par la combustion des **combustibles fossiles** comme le charbon et le pétrole. En même temps, la **déforestation** est un problème, car nous abattons des forêts, ce qui laisse moins de végétaux pour absorber ce surplus.

Depuis la révolution industrielle, nous avons ajouté quelque 2,2 trillions de tonnes de dioxyde de carbone à l'atmosphère, augmentant son taux de plus d'un tiers. Maintenant, la concentration atmosphérique de dioxyde de carbone est plus élevée qu'à tout moment des 800 000 dernières années, ce qui conduit au **réchauffement global**.

Comme le dioxyde de carbone s'attarde dans l'atmosphère, il piège une partie de la chaleur du Soleil dans un **effet de serre**. Tant le dioxyde de carbone que le méthane sont des **gaz à effet de serre**. La chaleur générée par l'effet de serre a rendu possible la vie de la Terre, mais l'excès de réchauffement est dangereux. Les animaux d'élevage et les rizières dégagent du **méthane**.

Le méthane et le dioxyde de carbone s'accumulent dans l'atmosphère, ce qui exacerbe l'effet de serre et fait monter les températures mondiales. La planète est actuellement environ 1 °C plus chaude qu'elle l'était à l'époque préindustrielle.

Au cours de ces 22 dernières années, on a connu vingt des années les plus chaudes depuis le début des relevés météo, les quatre en tête de liste, entre 2015 et 2018. Si cette tendance continue, les scientifiques estiment que la planète risque de se réchauffer d'environ 5 °C vers 2100.

Une montée de la température de quelques degrés n'a pas l'air de grand-chose, mais le réchauffement qui a déjà pris place a un effet considérable.

Le climat change. Nous connaissons plus de **changements climatiques extrêmes** moins prévisibles. Pour beaucoup de gens, les inondations, les tempêtes et les orages intervenus dans le monde entier au début du XXIe siècle en sont la preuve.

Les océans absorbent beaucoup de ce surplus de chaleur, ce qui fait fondre les glaces polaires. Les glaciers fondent eux aussi, faisant monter le **niveau de la mer**. Il s'est élevé d'environ 20 cm au cours du siècle dernier. Les inondations détruisent les maisons et les habitats.

Températures mondiales moyennes

La planète s'est réchauffée d'environ 1 °C depuis l'époque préindustrielle.

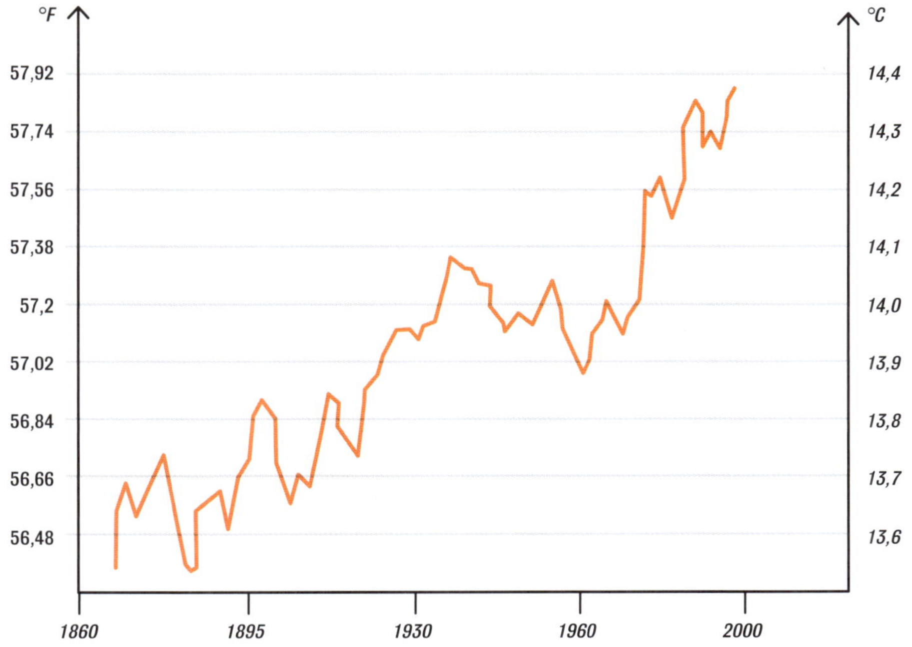

Les scientifiques estiment maintenant que les mers du monde pourraient s'élever de plus de 2 mètres vers 2100.

À mesure que les océans absorbent le dioxyde de carbone, ils deviennent plus acides. Cette **acidification** des eaux de la surface de l'océan s'est accrue de quelque 30 % depuis le début de la révolution industrielle. La chimie des océans est modifiée et les cycles de vie de beaucoup d'organismes marins sont affectés. Sur la terre ferme, les animaux et les plantes s'efforcent de suivre le rythme du changement climatique.

Les climatologues ont suggéré de tenter de limiter le réchauffement global à 1,5 °C, mais des comptes rendus récents signalent que cela semble de moins en moins possible. Selon eux, le chiffre de 3 °C est plus probable. La société doit maintenant décider comment attaquer ce problème, car on ne parle plus de changement climatique, mais de **crise climatique**.

Gérer la crise climatique

De nombreux gouvernements admettent le dommage causé par les taux accrus des gaz atmosphériques à effet de serre et s'efforcent de limiter leur émission.

Un engagement mondial est nécessaire pour rester en dessous de l'augmentation de 1,5 °C de la température ; pour beaucoup de gens, cet objectif est réalisable.

Montées alarmantes de la température

Les gouvernements tentent de limiter le réchauffement global à 1,5 °C au-dessus des niveaux préindustriels.

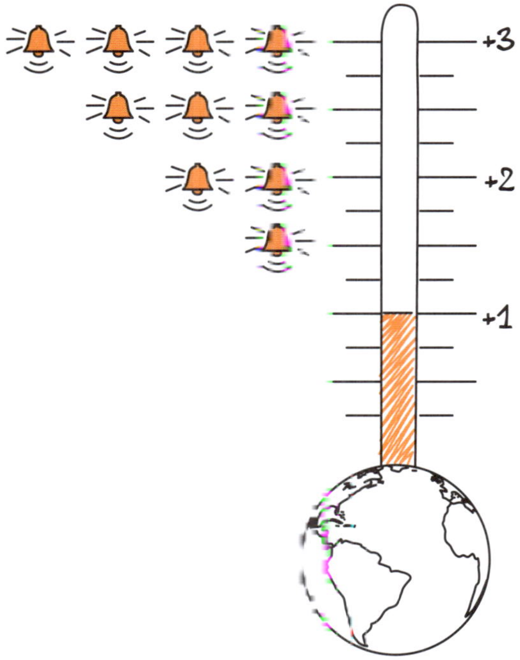

En 2018, le Groupe d'experts intergouvernemental sur l'évolution du climat (GIEC) a publié un rapport important. Il esquissait ce qui est susceptible de se produire si le réchauffement atteint 2 °C ou plus, et ce que la société peut faire pour prévenir cela.

Réchauffée de 2 °C, la planète deviendra un endroit extrêmement différent. La majorité des récifs coralliens périront, l'Arctique sera de moins en moins couverte de glace en été. Énormément d'animaux disparaîtront, les récoltes diminueront de façon spectaculaire dans certaines régions du monde et des centaines de millions de gens devront quitter leurs terres suite à la montée du niveau des mers.

Selon le rapport du GIEC, il faudra des « changements rapides, d'une grande portée et sans précédent dans tous les aspects de la société » pour prévenir tout cela.

Les émissions mondiales de gaz à effet de serre doivent être radicalement réduites. Cela implique d'abandonner les combustibles fossiles pour des sources d'énergie renouvelable comme l'énergie éolienne et l'énergie solaire. Pour rester dans la limite de 1,5 °C de réchauffement, on estime que vers 2050 les sources d'**énergie renouvelable** devront couvrir jusqu'à 85 % des besoins en électricité. Il faut aussi planter plus d'**arbres** pour aider l'absorption du dioxyde de carbone de l'atmosphère.

Vers 2050, la planète doit arriver à « zéro émissions ». Autrement dit tout dioxyde de carbone encore dégagé dans l'atmosphère devra être aspiré et stocké sous la terre. Cette technologie est actuellement en cours de développement.

Les sources d'énergie renouvelable, comme le pouvoir éolien, peuvent contribuer à combattre le changement climatique.

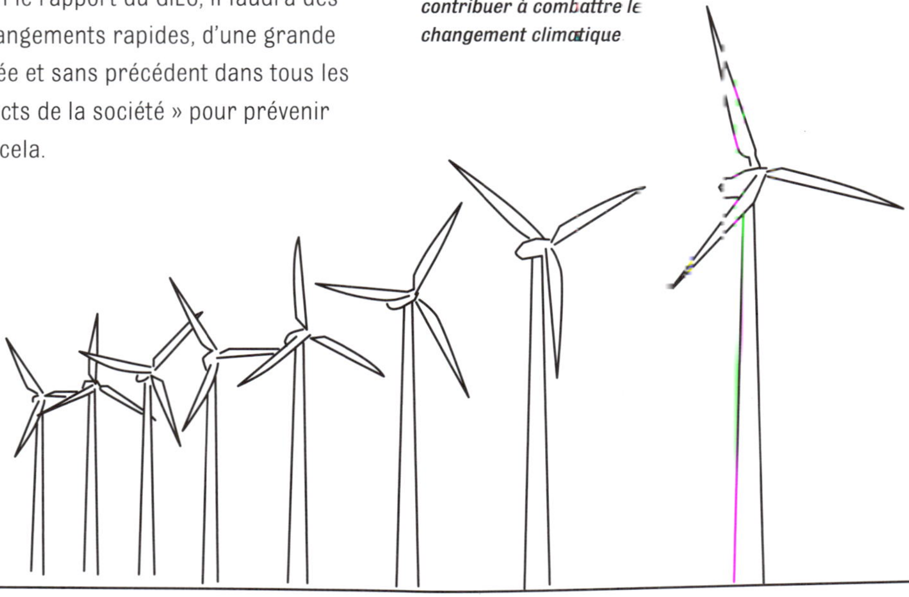

Géoingénierie

Les scientifiques cherchent des manières supplémentaires de réduire le réchauffement global grâce à la technologie.

Cette géoingénierie repose sur deux approches essentielles. La première cherche à retirer le dioxyde de carbone de l'atmosphère en utilisant des arbres artificiels, machines qui convertissent le dioxyde de carbone et l'eau en d'autres produits plus utiles. Une autre option est la fertilisation des strates supérieures des océans avec des nutriments qui stimulent l'activité du phytoplancton. Celui-ci absorbe le dioxyde de carbone de l'atmosphère et l'utilise pour la photosynthèse. L'idée est qu'à sa mort, le phytoplancton se dépose sur le plancher marin en séquestrant le carbone.

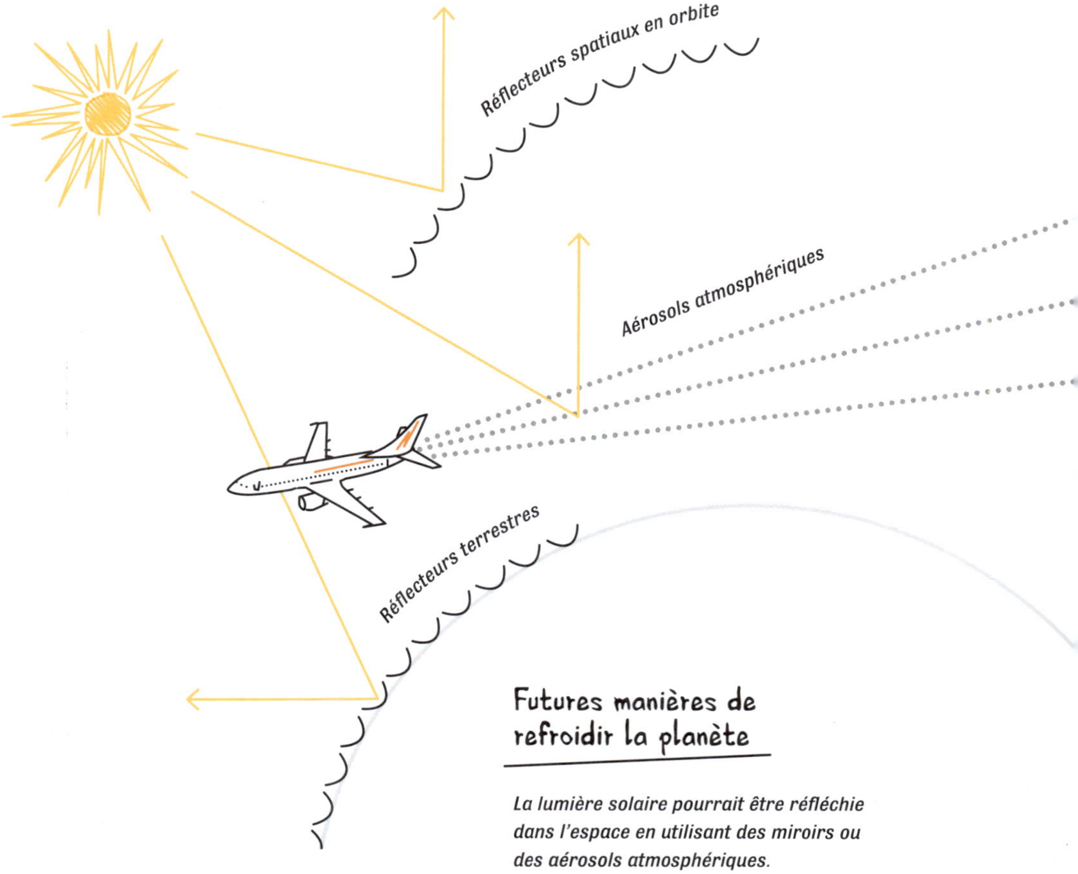

Futures manières de refroidir la planète

La lumière solaire pourrait être réfléchie dans l'espace en utilisant des miroirs ou des aérosols atmosphériques.

La seconde approche propose de refroidir la planète en réfléchissant davantage de l'énergie du Soleil dans l'espace. On pourrait y parvenir en plaçant d'énormes miroirs réfléchissants sur la Terre ou dans l'espace, ou en injectant des aérosols réfléchissant le Soleil dans les couches supérieures de l'atmosphère pour imiter l'action refroidissante des volcans.

Les deux approches sont sujettes à controverse. Certains doutent de leur efficacité et mettent en garde contre les conséquences imprévisibles. Par exemple, l'utilisation des aérosols réfléchissants pour réduire la quantité de lumière solaire qui atteint la Terre pourrait ralentir la croissance des plantes, ce qui poserait problème à la production alimentaire mondiale, en plus de changer le climat. Une étude a suggéré que l'injection d'aérosols dans l'air pourrait causer de profondes modifications des précipitations, y compris de la mousson indienne.

Les critiques de la géoingénierie soulignent par ailleurs que ces stratégies s'attaquent aux symptômes plutôt qu'aux causes du changement climatique, mais pour leurs partisans elles pourraient laisser un peu plus de temps pour maîtriser les émissions de carbone. En attendant, la plupart conviennent que le changement climatique ne sera pas réglé par une solution miracle et que les solutions envisagées doivent être examinées avec grand soin.

EXTINCTION ET PERTE DE BIODIVERSITÉ

La colombe voyageuse, appelée aussi tourte voyageuse ou pigeon migrateur, était jadis l'espèce la plus nombreuse d'Amérique du Nord, sinon du monde. Au XIXe siècle, le nombre de colombes voyageuses était ahurissant. Des volées de centaines de millions d'oiseaux bloquaient le Soleil et noircissaient les cieux. Puis, un jour, elles ont disparu. La dernière colombe voyageuse, une femelle nommée Martha, est morte au jardin zoologique de Cincinnati le 1er septembre 1914.

L'**extinction** est monnaie courante. Plus de 99 % de toutes les espèces qui ont jamais vécu sur Terre ne sont plus là. De nouvelles espèces évoluent tout le temps et des anciennes disparaissent, supplantées ou incapables de s'adapter au changement.

Un certain **taux d'extinction** est normal, mais parfois il augmente et un grand nombre d'espèces disparaissent en un laps de temps relativement court. Ces événements sont des **extinctions de masse**. Depuis l'apparition de la vie sur la Terre, cinq extinctions de masse se sont produites. La plus célèbre et la plus récente est intervenue quand un astéroïde massif est entré en collision avec la Terre il y a quelque 65 millions d'années. Elle a causé la disparition des dinosaures et de trois quarts de toutes

les espèces vivant à l'époque. La plus considérable extinction de masse a pris place il y a quelque 250 millions d'années, quand les températures plus chaudes et l'une des plus grandes éruptions volcaniques s'étant jamais produites ont anéanti 95 % de toutes les espèces.

Actuellement, selon beaucoup de scientifiques, nous nous dirigeons vers une sixième extinction de masse, causée par nos actions. Au moins 680 espèces de vertébrés ont été conduites à l'extinction depuis le XVIe siècle, dont la colombe voyageuse. Les chasseurs tiraient sur les oiseaux, les assommaient et les piégeaient, puis les vendaient comme nourriture. Pendant un moment, les colombes voyageuses ont été la source de protéines la moins chère d'Amérique.

Les taux d'extinction actuels sont mille fois plus élevés qu'avant l'apparition de l'homme. On estime qu'un million d'espèces risquent l'extinction, bon nombre dans les prochaines décennies : 40 % des amphibiens, 33 % des coraux formant des récifs, 25 % des mammifères et 14 % des oiseaux.

L'image est moins nette pour les insectes, mais plusieurs études ont documenté leur déclin et des estimations modérées suggèrent qu'au moins une espèce sur dix est menacée d'extinction.

Cette situation est due à plusieurs causes. La **pollution**, le changement climatique, les espèces envahissantes et le **développement urbain** jouent tous un rôle, mais les facteurs les plus considérables de perte de biodiversité sont l'agriculture et la **surexploitation**.

La surexploitation implique l'abattage, la chasse, la pêche et la cueillette d'espèces dans la nature d'une manière les rendant non viables. Les populations affectées n'ont pas le temps de grandir de nouveau, de se reproduire ou de se reconstituer.

L'**agriculture** est l'autre grand problème. La manière dont nous produisons notre nourriture a un effet profond sur le monde naturel. Les forêts sont abattues pour laisser la place à de nouvelles cultures, comme le palmier à huile et le soja. Les forêts, puits de carbone vitaux, sont détruites, et des espèces emblématiques comme les jaguars, les éléphants et les orangs-outans perdent leurs habitats.

À ce jour, deux tiers des 70 milliards d'animaux d'élevage du monde proviennent d'**élevages industriels**. L'élevage est responsable de 14,5 % des émissions mondiales de gaz à effet de serre, plus que le secteur mondial du transport. L'élevage industriel ne nuit pas seulement à la faune et à la flore, il fait empirer le changement climatique.

La santé de nos écosystèmes se détériore rapidement, énorme problème. Le monde naturel nous fournit nourriture, énergie, remèdes et matériaux. Il nous offre air pur, eau douce et sols pour nos cultures. Il règle le climat, distribue l'eau douce et nous assure des services essentiels comme la pollinisation et le contrôle des nuisibles. Les écosystèmes de la Terre sont les seuls puits naturels dont nous disposons pour absorber le dioxyde de carbone que nous lançons dans l'atmosphère. La nature est vitale pour notre survie.

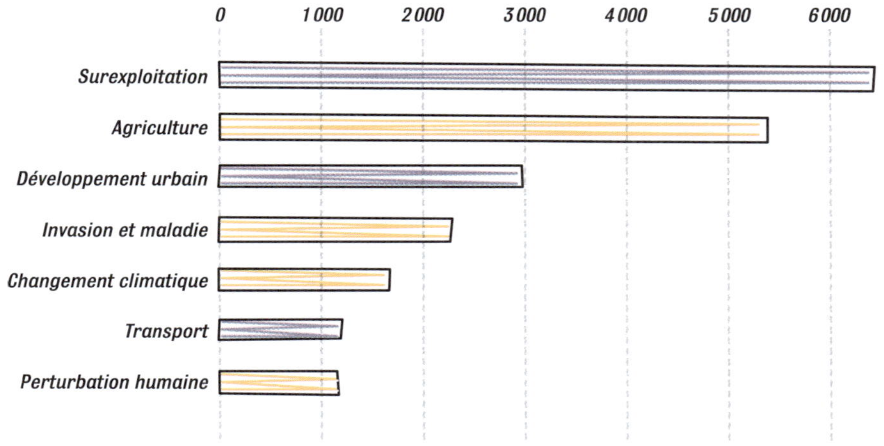

Activités menaçant la faune et la flore

Ce diagramme montre le nombre d'espèces affectées par seulement sept activités différentes. La surexploitation et l'agriculture sont les facteurs les plus importants menaçant actuellement la biodiversité.

Gérer la perte de biodiversité

À mesure que la biodiversité de la Terre nous glisse entre les doigts, les gens deviennent de plus en plus conscients de son importance. Les espèces avec lesquelles nous partageons notre planète sont irremplaçables, si bien que certains travaillent assidûment pour endiguer la perte de biodiversité. La **préservation** moderne se focalise sur trois niveaux différents : diversité génétique, diversité des espèces et diversité de l'écosystème.

La **diversité génétique** se réfère au degré de variation génétique des groupes d'organismes vivants. Lorsque les populations décroissent et que les espèces sont issues de la même souche, la diversité génétique diminue, mettant leur avenir en danger, car elles seront moins capables de réagir au changement environnemental.

La **diversité des espèces** concerne le nombre d'espèces existantes. On parle d'espèces qui sont « en danger » ou « menacées ». Les espèces en danger sont celles qui risquent le plus de s'éteindre, alors que les espèces menacées sont celles qui risquent d'être en péril dans un avenir proche.

La **diversité des écosystèmes** concerne tous les écosystèmes de notre planète – forêts, déserts, récifs coralliens, mangroves. Les défenseurs de l'environnement prennent en compte tous ces niveaux au fil de la surveillance des changements écologiques et de la prise de décision quant à la préservation d'espèces et d'écosystèmes.

Parfois, les approches simples, peu techniques, **low tech**, comme protéger les habitats essentiels, ont connu une extraordinaire réussite. En 1992, par exemple, le gouvernement canadien a interdit temporairement la pêche de la morue le long de sa côte Est, après 500 ans d'une pêche qui avait fortement réduit la population de morues. Des dizaines de milliers de personnes ont perdu leur travail, décision difficile qui a cependant payé. Maintenant les stocks sont en train de se reconstituer. Les poissons avaient simplement besoin d'un peu de temps.

De nombreuses espèces en danger vivent maintenant dans des **zones protégées**, où elles sont plus ou moins en sécurité. Les quelque 1 000 gorilles de montagne subsistants, par exemple, vivent dans les parcs nationaux protégés de deux régions d'Afrique.

Gorilles de montagne

Le nombre de gorilles de montagne s'accroît grâce à leur préservation.

RÉ-ENSAUVAGEMENT

Le ré-ensauvagement est une autre approche simple de la protection, qui crée des espaces naturels où les espèces sauvages peuvent s'épanouir et les gens se reconnecter à la nature.

Parfois, la nature a besoin d'un coup de main. Si le but est de créer un bois, des arbres doivent être plantés. Si le but est de créer des routes pour la migration des poissons, des barrages doivent être retirés. Parfois, une espèce clé de voûte manquante doit être réimplantée. Puis, avec le temps, à mesure que les processus naturels s'enclenchent, la nature peut être peu à peu laissée à elle-même.

La biodiversité s'accroît lorsqu'on permet aux processus naturels de s'établir et aux réseaux alimentaires de devenir plus complexes (*voir* page 132). Actuellement, le ré-ensauvagement, moyen efficace et rentable d'accroître la variété et le nombre d'espèces en train de s'essouffler, est encouragé.

Aux États-Unis, l'exemple le plus célèbre de ré-ensauvagement est la réimplantation des loups dans le parc national de Yellowstone (*voir* page 133), qui a eu un effet très positif sur la biodiversité locale.

Les bénéfices du ré-ensauvagement

Lorsque les cochons Tamworth ont été introduits sur le Knepp Estate britannique, ils ont créé les conditions parfaites pour que les papillons Grand Mars changeant prospèrent.

Lorsque des cochons Tamworth errent librement sur une grande superficie de terres rendues à la nature dans le Sud de l'Angleterre, ils encouragent aussi la biodiversité. Les cochons fourragent dans le sous-bois, créant les conditions parfaites pour que les jeunes saules poussent. À leur tour, ces jeunes végétaux sont une source de nourriture pour le papillon Grand Mars changeant, qui prospère maintenant sur ce site. Le Knepp Estate est la principale zone britannique de reproduction pour cet insecte rare.

En Europe continentale, l'organisation Rewilding Europe a pour objectif de faire revenir à la nature quelque 10 000 km^2 de terres vers 2020. De grandes espèces sont réimplantées dans leurs anciens habitats. Les bisons d'Europe – impressionnantes bêtes qui erraient jadis depuis la Russie centrale jusqu'à l'Espagne – ont été réintroduits dans plusieurs parties de l'Europe centrale et de l'Est. Des castors ont été relâchés à plus de 150 occasions. Les ours vivent maintenant dans plus de vingt pays européens, et les loups se sont répandus à travers une bonne partie du continent.

Le ré-ensauvagement diffère des méthodes traditionnelles de protection, qui tendent à se focaliser sur des superficies de terre gérées et protégées. Ses partisans imaginent de vastes réseaux de terre réservés à la nature. Cela fait du ré-ensauvagement un sujet de controverse, car pour certains les espèces nouvellement réimplantées pourraient supplanter la faune et la flore locales et entrer en conflit avec les agriculteurs.

SAUVETAGE GÉNÉTIQUE

Putois à pieds noirs

À mesure que la science progresse, les défenseurs de l'environnement se tournent de plus en plus vers les approches **high-tech** pour la préservation de la biodiversité du monde. Le putois à pieds noirs est un excellent exemple. Ce petit carnivore bagarreur, qui habitait jadis les Grandes Plaines de l'Amérique du Nord, était au seuil de l'extinction à la fin des années 1980 en raison de la maladie et de la chasse de sa principale source de nourriture, le chien de prairie.

Les défenseurs de l'environnement ont donc capturé tous les animaux sauvages restants et ont établi une colonie de reproduction en captivité, démarche osée, car sans précédent à l'époque.

Ils ont permis à sept fondateurs de se reproduire naturellement, mais ont aussi utilisé l'insémination artificielle. Le sperme des mâles clés a été utilisé pour inséminer les femelles clés, afin de minimiser les effets du croisement des animaux de même souche et de gérer la diversité génétique de la population émergente. Maintenant, trente ans plus tard, plus de 9 000 putois captifs sont nés, dont la moitié ont été relâchés dans la nature.

Cette histoire a tous les ingrédients d'une réussite, mais un problème subsiste. Même avec l'insémination artificielle, les défenseurs de l'environnement s'inquiètent du manque de diversité génétique de l'espèce, si bien qu'ils proposent une solution encore plus radicale.

Chien de prairie

Les scientifiques disposent de cellules des deux animaux originaux, morts sans se reproduire. S'ils utilisaient les cellules pour le clonage (*voir* page 23), ils créeraient des répliques génétiques de ces animaux et faire passer le nombre de la population de fondateurs de sept à neuf, ce qui ferait une grande différence.

On débat pour savoir si la manipulation génétique pourrait aider les espèces en danger (*voir* page 105). On pourrait modifier l'ADN du putois à pieds noirs pour le rendre immune à la maladie qui le menace encore. De même, des espèces d'amphibiens verraient leur génome modifié pour résister à la chytridiomycose qui les détruit actuellement. C'est le **sauvetage génétique**.

Comment pouvons-nous aider la planète ?

À mesure que nous entrons dans l'anthropocène, le changement climatique et la perte de biodiversité sont parmi les problèmes les plus urgents de notre planète. Les deux reposent sur des processus biologiques fondamentaux et sont étroitement liés.

Un changement mondial est nécessaire pour résoudre ces problèmes, mais les choix que nous faisons en tant qu'individus peuvent aussi contribuer à changer les choses. Voici cinq astuces pour vous aider à réduire votre impact environnemental sur la planète.

1 Mangez moins de viande

Les études suggèrent que la meilleure manière de réduire votre impact environnemental est de manger moins de viande. Mangez davantage de végétaux et moins de viande, de meilleure qualité, provenant des animaux élevés en pâturage, de manière bio. Achetez des produits de saison, locaux, pour diminuer les émissions de carbone créées par le transport des aliments autour du globe.

2 Gaspillez moins

Chaque année, les habitats des pays riches jettent plus de 200 000 tonnes de nourriture. Avec un peu de planification et un solide appétit, cela est totalement évitable.

3 Abaissez le thermostat

Un rapport du GIEC a révélé qu'on tend à surestimer le potentiel d'économie d'énergie de l'éclairage et à sous-estimer l'énergie utilisée pour chauffer l'eau. Mettez un pull et chauffez votre maison avec de l'énergie provenant de sources renouvelables.

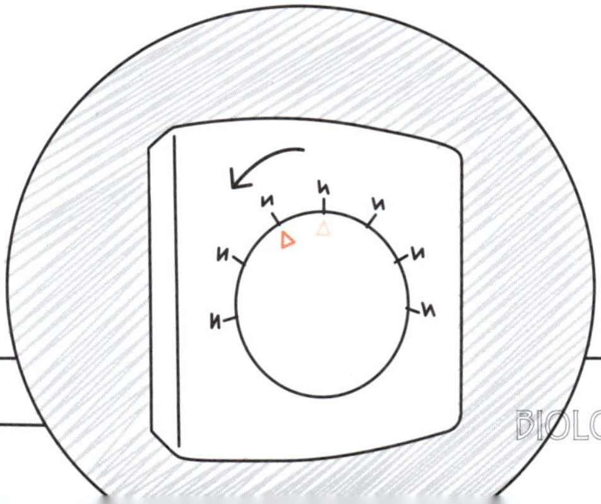

4 Changez vos déplacements

Marchez et roulez à vélo pour les distances courtes. Utilisez les transports publics ou le covoiturage pour les grandes distances. Prenez le train ou le bus au lieu de l'avion.

5 Incluez la faune et la flore

Retournez votre jardin à la nature sauvage en semant des fleurs locales et des plantes attirant les pollinisateurs. Creusez une mare ; elle attirera beaucoup d'insectes et d'autres invertébrés.

GLOSSAIRE

Adaptation. La capacité des organismes vivants à se spécialiser pour s'adapter à leur environnement.

ADN. Acide désoxyribonucléique, constituant essentiel des chromosomes, qui renferme l'ensemble des instructions permettant à la cellule de fonctionner. Il est formé de deux brins enroulés en hélice.

Allèles. Formes différentes d'un gène.

Acides aminés. Substances qui, assemblées en chaînes, forment les protéines.

Angiosperme. Groupe de plantes à graines, incluant les graminées, les arbustes et la plupart des arbres, dont les graines sont enfermées dans un fruit.

Anthropocène. L'ère géologique dans laquelle nous vivons actuellement, où l'homme est devenu la force prédominante qui façonne la planète.

Archées. Créatures unicellulaires primitives, l'une des trois divisions principales de la vie.

ARN. Acide ribonucléique, similaire à l'ADN. Molécule qui transfère les instructions de l'ADN pour être exécutées par la cellule.

Arthropodes. Invertébrés munis d'une enveloppe externe dure, par ex. insectes, araignées et crustacés.

Autosome. Chromosome non sexuel, possédant un homologue identique chez les deux sexes.

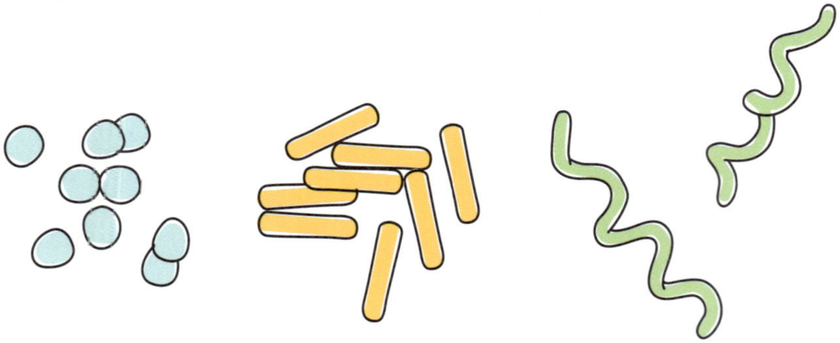

Bactéries. Créatures unicellulaires simples, l'une des trois divisions principales de la vie.

Biodiversité. Diversité des espèces qui existent dans un milieu.

Biosphère. L'ensemble des organismes vivants de la planète.

Cancer. Maladie due à une croissance cellulaire incontrôlable.

Cellule souche. Cellule pluripotente donnant naissance à des cellules ayant des fonctions différentes.

Chaîne alimentaire. Suite d'organismes liés par leurs habitudes de nourrissage.

Champignons. Formes de vie eucaryotes, comme les levures et les moisissures.

Changement climatique. Récente augmentation des températures mondiales causée par l'utilisation des combustibles fossiles et divers autres processus ; appelé aussi réchauffement global.

Chlorophylle. Pigment vert présent chez les végétaux, qui s'en servent pour produire des nutriments.

Chloroplastes. Infimes structures présentes dans les cellules végétales et dans certaines algues, où prend place la photosynthèse.

Chromosome. Support des gènes, formé d'une longue molécule d'ADN associée à des protéines. Ils sont appariés deux par deux dans le noyau de la plupart des cellules.

Chromosome sexuel. Chromosome qui détermine le sexe d'un organisme.

Coadaptation. Deux espèces distinctes qui, ayant évolué côte à côte, développent des adaptations complémentaires.

Combustible fossile. Combustible naturel, comme le charbon ou le gaz, formé au fil de millions d'années à partir des restes d'organismes vivants.

Communauté. Groupe comportant des populations d'espèces différentes.

CRISPR-Cas9. Méthode permettant de modifier précisément l'ADN des organismes vivants.

Débat inné-acquis. Tentative de déterminer l'influence de la génétique et de l'environnement sur la croissance et le développement.

Diffusion. Mouvement des particules d'une zone plus concentrée à une zone moins concentrée.

Diploïde. Cellule qui contient deux jeux de chromosomes ; les cellules dermiques sont diploïdes.

Écologie. Étude de l'interaction entre des organismes vivants et leur environnement.

Écosystème. Association d'une communauté d'organismes vivants et d'un environnement physique en constante interaction.

Effet de serre. Accumulation de chaleur dans l'atmosphère, causée par des gaz comme le dioxyde de carbone et le méthane.

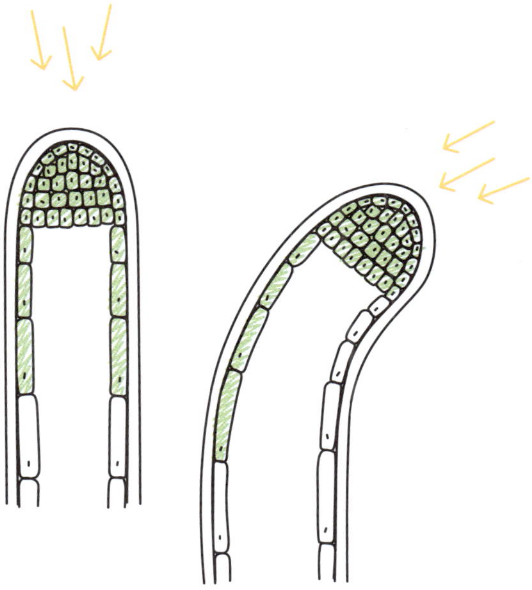

Endospore. Structure résistante, dormante, produite par certaines bactéries pour survivre dans des conditions difficiles.

Enzyme. Type de protéine qui accélère les réactions biochimiques.

Épigénétique. Tout facteur qui peut modifier l'activité des gènes sans changer la séquence ADN.

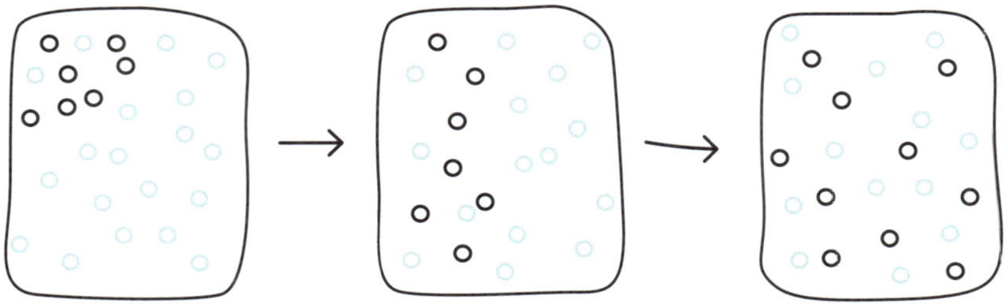

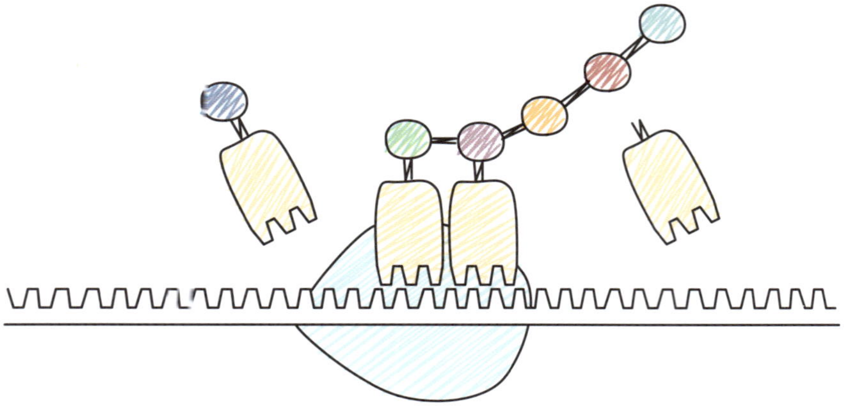

Espèce. Ensemble d'organismes vivants aux caractéristiques similaires, féconds entre eux.

Espèces clés de voûte. Organismes qui ont un effet majeur sur leur écosystème. Leur disparition ou leur réintroduction cause un changement à tous les niveaux de l'écosystème.

Eucaryote. Organisme complexe au noyau entouré d'une membrane, une des trois divisions principales de la vie.

Évolution. Processus par lequel toute vie change au fil du temps, ayant pour conséquence l'apparition de formes nouvelles.

Extinction. Disparition totale d'une espèce.

Extinction de masse. Extinction d'un grand nombre d'espèces au cours d'une période relativement courte.

Fécondation. Union d'un ovule et d'un spermatozoïde, créant une nouvelle vie.

Fossile de transition. Fossile aux caractéristiques intermédiaires de deux groupes différents d'organismes ; preuve de l'évolution à l'œuvre.

Gamète. Cellule sexuelle spécialisée, comme le spermatozoïde ou l'ovule, dont l'union avec un gamète de l'autre sexe aboutit au zygote.

Gaz à effet de serre. Gaz comme le dioxyde de carbone et le méthane, qui contribuent au réchauffement planétaire.

Gène. Segment d'ADN qui comprend la séquence codante pour une protéine. Unité de transmission héréditaire de l'information génétique.

Génome. Ensemble des gènes d'une cellule ou d'un organisme.

Géoingénierie. Grandes approches reposant sur la technologie, visant à trouver une solution au changement climatique.

Gibbérelline. Phytohormone impliquée dans la croissance et le développement des végétaux.

Gravitropisme. Capacité des racines d'un végétal à s'enfoncer dans le sol.

Gymnosperme. Groupe de plantes à graines, comme les cycas et les conifères, dont les graines sont nues.

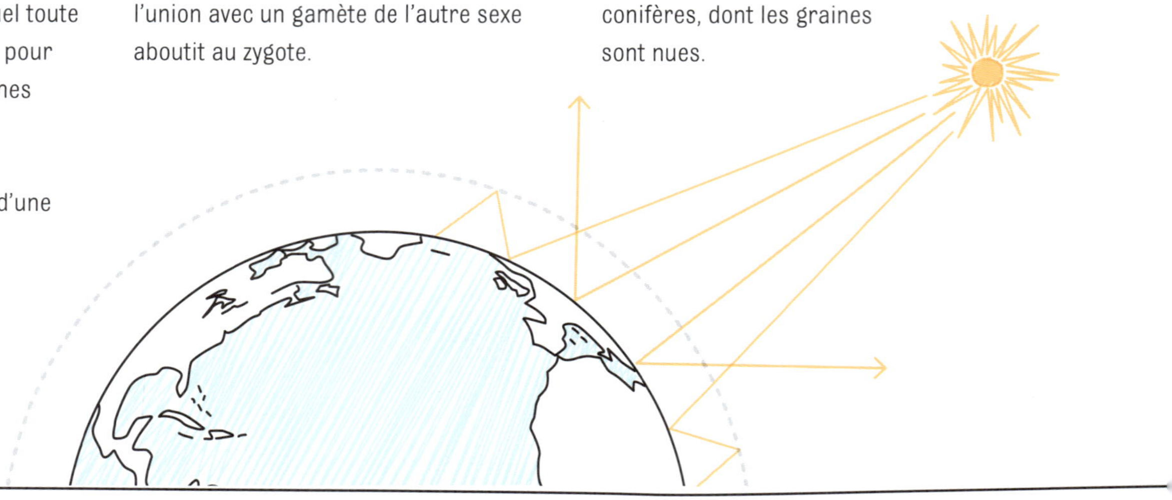

Haploïde. Cellule ne contenant qu'un jeu de chromosomes ; le spermatozoïde et l'ovule sont haploïdes.

Hérédité. Transmission des traits génétiques des parents aux descendants.

Hétérotrophie. Capacité à absorber les nutriments directement de l'environnement ; les champignons sont hétérotrophes.

Hétérozygote. Organisme présentant deux allèles différents pour un gène donné.

Homéostasie. Capacité des organismes vivants à maintenir un milieu interne stable, constant.

Homininés. La lignée de l'homme.

Homozygote. Organisme qui possède deux allèles identiques d'un gène.

Hormone. Substance sécrétée par une glande endocrine dans le sang, exerçant une action spécifique.

Hydrate de carbone (glucide). Sucre simple, comme le glucose ou le fructose, qui forme la base de sucres plus complexes.

Lipide. Composant fondamental de la matière vivante.

Maladie non transmissible. Maladie, comme le diabète, qui ne passe pas entre les individus.

Maladie transmissible. Maladie, comme le rhume, répandue de personne à personne.

Méiose. Processus de division cellulaire en deux étapes qui aboutit à la production de spermatozoïdes et d'ovules.

Métabolisme. Ensemble des réactions chimiques qui prennent place dans tous les tissus des organismes vivants.

Mitochondries. Infimes structures générant de l'énergie, présentes dans les cellules. La respiration cellulaire prend place dans les mitochondries.

Mitose. Forme de division cellulaire donnant deux cellules filles ayant le même nombre de chromosomes que la cellule parente.

Mutation. Modification permanente et héréditaire de la séquence ADN.

Mycorhize. Champignon souterrain qui vit en symbiose avec les plantes.

Neurone (cellule nerveuse). Cellule spécialisée qui transmet l'information aux autres cellules.

Neurone moteur. Cellule nerveuse qui véhicule l'information du cerveau et de la moelle épinière au reste du corps.

Neurone relais. Cellule nerveuse qui transmet l'information entre les neurones sensoriels et les neurones moteurs.

Neurone sensoriel. Cellule nerveuse qui véhicule l'information des organes des sens au cerveau et à la moelle épinière.

Nucléotides. Unités chimiques qui forment l'ADN.

Noyau. Centre de contrôle de la cellule ; structure qui contient l'ADN à l'intérieur de la cellule.

Organisme multicellulaire. Organisme comportant plus d'une cellule.

Osmose. Mouvement des molécules d'une solution diluée vers une solution concentrée à travers une membrane partiellement perméable ; type de diffusion.

Pathogène. Micro-organisme, comme les bactéries ou les virus, qui provoque une maladie.

Phloème. Type de tissu de transport végétal qui véhicule les nutriments autour de la plante.

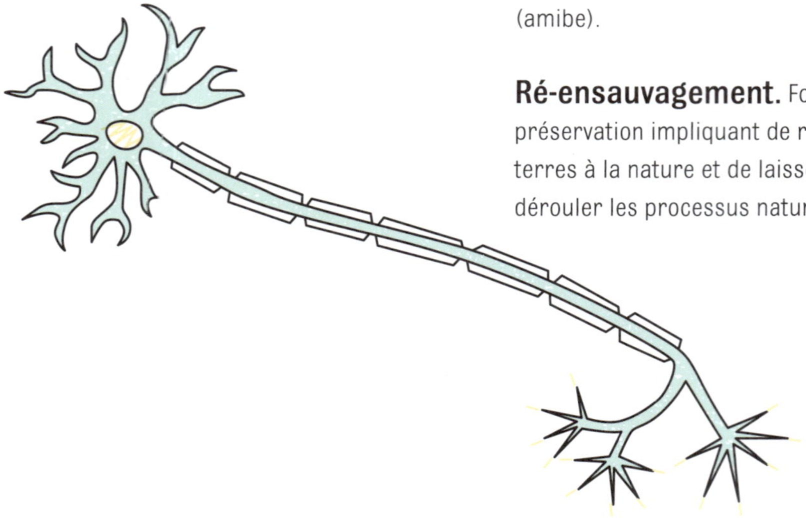

Photosynthèse. Processus de synthèse des nutriments à partir de l'eau et du dioxyde de carbone de l'atmosphère, en utilisant la lumière solaire comme source d'énergie et dégageant de l'oxygène. Prend place chez les plantes vertes.

Phototropisme. Orientation de la croissance des végétaux vers la lumière.

Population. Ensemble des organismes de même espèce vivant sur un territoire donné.

Procaryote. Organisme unicellulaire dont le noyau est dépourvu de membrane.

Protéine. Molécule constituée par l'enchaînement d'un grand nombre d'acides aminés.

Protiste. Organisme unicellulaire eucaryote, végétal (diatomée) ou animal (amibe).

Ré-ensauvagement. Forme de préservation impliquant de rendre des terres à la nature et de laisser se dérouler les processus naturels.

Réflexe. Réaction rapide à un événement, qui n'est pas sous contrôle conscient.

Reproduction asexuée (clonage). Forme de reproduction qui produit des copies fidèles du parent.

Reproduction sexuée. Forme de reproduction qui produit des descendants dont l'information génétique provient des deux parents.

Respiration cellulaire. Ensemble des réactions biochimiques permettant de produire l'énergie nécessaire à la cellule vivante à partir des nutriments. La respiration aérobie implique l'oxygène, à la différence de la respiration anaérobie.

Réticulum endoplasmique. Réseau d'infimes conduits présent dans les cellules ; impliqué dans la synthèse des protéines et des lipides.

Ribosomes. Infimes structures présentes dans le cytoplasme, constituées d'ARN et jouant un rôle clé dans la synthèse des protéines.

Sélection naturelle. Processus au cours duquel les organismes bien adaptés à leur environnement survivent et se reproduisent davantage que les organismes moins bien adaptés. Au fil du temps, ce processus aboutit au changement.

Stomate. Organe microscopique des cellules végétales, percé d'un infime orifice, servant aux échanges gazeux.

Symbiose. Relation étroite entre deux ou plusieurs organismes.

Système digestif. Système spécialisé dans la digestion de la nourriture, commençant à la bouche et finissant à l'anus.

Système nerveux central. Partie du système nerveux comportant le cerveau et la moelle épinière.

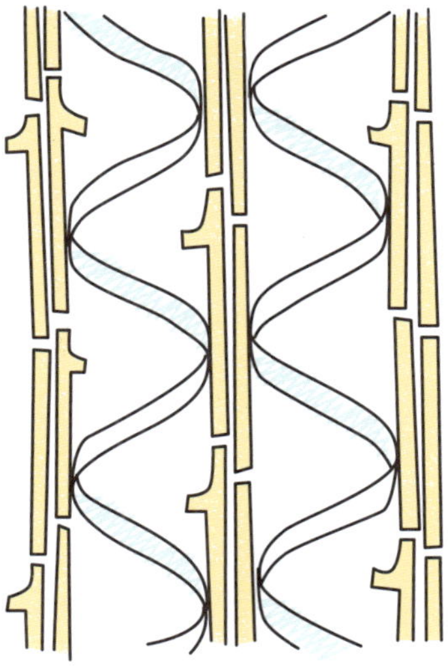

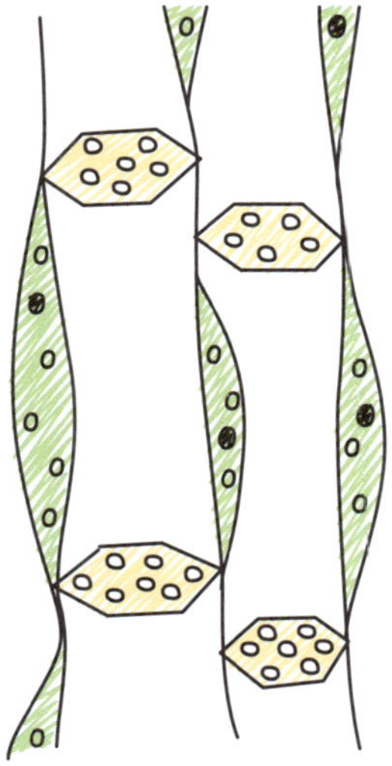

Système nerveux périphérique. Ensemble des nerfs qui transmettent l'information au cerveau et à la moelle épinière.

Taxonomie. Science des lois de la classification de la vie.

Traits vestigiaux. Traits qui n'ont plus de rôle actuel, alors qu'ils en avaient un dans un passé lointain.

Transcription. Mécanisme au cours duquel est produit l'ARN messager à partir de la copie de l'un des brins de la molécule d'ADN.

Traduction. Mécanisme au cours duquel les protéines sont synthétisées grâce à la lecture du message génétique inscrit dans l'ARN messager.

Transport actif. Mouvement des molécules à travers une membrane cellulaire, d'une région de faible concentration à une région de haute concentration, processus requérant de l'énergie.

Troubles complexes. Affections comme les maladies cardiaques et les AVC, influencées par divers facteurs génétiques et environnementaux.

Variation. Toute différence entre cellules, organismes ou groupes d'organismes, causée par des facteurs génétiques ou environnementaux. Élément clé de l'évolution.

Vertébré. Tout animal ayant une colonne vertébrale.

Vitesse du métabolisme. Mesure de la rapidité de l'action du métabolisme.

Voie anabolique. Voie moléculaire qui bâtit de plus grandes molécules à partir de molécules plus petites.

Voie catabolique. Voie moléculaire qui décompose les grosses molécules en molécules plus petites.

Xylème. Type de tissu de transport végétal qui conduit l'eau depuis les racines jusqu'aux feuilles.

Zygote. Cellule diploïde formée par la fusion de deux gamètes de sexe opposé.

INDEX

Remerciements

Merci à Kate Duffy et à Lindsey Johns pour leur excellent savoir-faire éditorial et artistique. Je remercie aussi ma famille et mon chien d'avoir été là.